天才武器

人工智能、自主武器和未来战争

〔美〕路易斯·A.德尔蒙特　著

俞苏宸　译

上海科学技术文献出版社
Shanghai Scientific and Technological Literature Press

图书在版编目（CIP）数据

天才武器／（美）路易斯·A. 德尔蒙特著；俞苏宸译.
—上海：上海科学技术文献出版社，2024
ISBN 978-7-5439-9008-1

Ⅰ. ①天… Ⅱ. ①路…②俞… Ⅲ. ①武器工业—
普及读物 Ⅳ. ① TJ-49

中国国家版本馆 CIP 数据核字（2024）第 047457 号

责任编辑：张雪儿 黄婉清 封面设计：留白文化

天 才 武 器
TIANCAI WUQI
[美]路易斯·A. 德尔蒙特 著 俞苏宸 译
出版发行：上海科学技术文献出版社
地　　址：上海市淮海中路 1329 号 4 楼
邮政编码：200031
经　　销：全国新华书店
印　　刷：商务印书馆上海印刷有限公司
开　　本：650mm×900mm　1/16
印　　张：18.5
字　　数：239 000
版　　次：2024 年 9 月第 1 版　2024 年 9 月第 1 次印刷
书　　号：ISBN 978-7-5439-9008-1
定　　价：60.00 元

http://www.sstlp.com

在经历五十年的婚姻生活以及相伴五十五年的爱、支持和友谊之后，我要将本书献给我此生所知最为真诚的人——我的妻子黛安·德尔蒙特。

致谢

我想感谢我的妻子黛安·德尔蒙特。她是我们这个家的基石,也是我们所有人的灵感之源。她是我此生所知最真诚的人,她是我们这个家的道德指针。生活既有苦时,也有甜时,世间众生皆如此。在那些难挨的日子里,她却能看见机遇,没有条条框框能限制住她的灵魂和想象力。于她自己,她是一位职业美术老师和艺术家,曾教授过美术,还创作过包括雕像、绘画、蚀刻版画和文学在内的许多艺术作品。她受过的通识教育让她不仅可以探讨和教授美术,还能编辑修订我在科学领域的作品。本书是她动手修订过的第五本书,她的改动只会让我的书更上一层楼。我真的很幸运,五十年前她答应了我的求婚。那时的我们还不知道,生活在前方为我们准备了这趟美好的旅程。

我还想感谢尼克·麦吉尼斯,这位受过良好教育的亲爱朋友会耐心地编辑我写下的每一行文字。尼克·麦吉尼斯对社会的几乎方方面面都拥有罕见的洞察力,且他不吝分享那份洞察,助我改进我的作品。他有时会质疑某个主张,或是建议我进一步增加阐述说明。他的意见我都严肃对待,我会一一照办。这些意见有助于让一部作品变得更好,我对此深信不疑。我永远欠他的情。

我还要感谢我的经纪人,马萨尔-莱昂文学社创始成员之一的吉尔·马萨尔。如果没有来自她的慷慨协助,这本书不会存在。我多份图书提案的编写都离不开她深刻见解和丰富经验的帮助。她在出版商中广受尊重，总能为我的每一部作品寻得合适的出版商。有她来为我做代理，是我莫大的幸运。

最后，我想要感谢普罗米修斯出版社。自1969年起，普罗米修斯出版社便是教育、科学、职业、图书馆、大众读物和消费市场领域图书出版的领头羊。读过我的提案之后，他们对出版本书信心满满。他们为我提供了编辑指引，并作为出版商将本书推向市场，对此我不胜感激。

序言

　　本书讲述了人工智能在战争中日益扩大的应用。具体来说，我们将首先探讨自主武器，它们将主导 21 世纪上半叶的战场；接着，我们将探讨天才武器，21 世纪下半叶的战场将换由这类武器主导。在这两部分中，我们都将对这两种武器所引发的道德困境以及它们对人类产生的潜在威胁展开讨论。

　　一提起自主武器，很多人脑海里便浮现出"终结者"机器人和美国空军的无人机。虽然"终结者"机器人目前仍仅存在于幻想之中，但拥有自动驾驶能力的无人机已经成为现实。不过至少在目前，仍需要由人类来决定一架无人机何时开火击杀目标。换句话说，这种无人机并不是"自主的"。美国国防部将自主武器系统定义为"一个启动后无需人类进一步介入即可选择目标并与之交战的武器系统"。[1]在军队的行话里，这类武器常被叫作"发射即完事"①。

　　除了美国，俄罗斯等国家也在自主武器上投资巨大。比如，俄罗斯正使用自主武器来保卫其洲际弹道导弹基地。[2]2014 年，俄罗斯副总理德米特里·罗戈津表示，俄罗斯打算在战场上采用"与指挥控制系统全面集成的机器人系统，不仅能收集情报以及从作战

---

① 原文为 fire and forget，或译作"发射后不管"。——本书注释均为译者注

系统①的其他部分接收信息，还可自行进行攻击"。[3]

2015年，在一场由新美国安全中心举办的全美国防论坛上，美国国防部副秘书长罗伯特·沃克做了报告。沃克说："俄罗斯总参谋长（瓦列里·瓦西里耶维奇·）格拉西莫夫最近曾表示，俄罗斯军队正在进行在机器人化战场上作战的准备。"实际上，沃克直接引用了格拉西莫夫的话："在不远的将来，有可能会创建一支有能力独立开展军事行动的完全机器人化小队。"

你可能会问：自主武器背后的驱动力是什么？共有两种力量在驱动这些武器：

（1）科技　指人工智能科技，它为自主武器系统提供智能，眼下正在迅猛发展之中。人工智能领域的专家预测，未来数年内，无需人类介入即可选择目标并与之交战的自主武器便将面世。实际上，当下已经存在少量自主武器。目前，它们还是少数派，而未来它们将在战事中占据主导地位。

（2）人性　在2016年的世界经济论坛②上，参会者被问到这样的一个问题："如果你的国家突然陷入战火，你希望保卫你的是同胞的儿女，还是一个自主人工智能武器系统？"超过半数（55%）的人回答更希望是人工智能士兵。[4]这个结果显示出一种全球性的期望，即比起将人类性命置于险地，宁愿让机器人——有时也被称为"杀手机器人"——去打仗。

在战争中使用人工智能科技不是什么新鲜事。美国1991年的沙漠风暴行动是"聪明炸弹"的第一次大规模应用，清晰地表明人工智能具有改变战争性质的潜能。这里的"聪明"，指的便是"人工智能"。全

①　作战系统指管理舰载武器和传感器的计算机硬件和软件体系。

②　原文为 World Economic Forum Matters（WFM），应为 World Economic Forum（WEF），译文已作修正。

世界都充满敬畏地看到了美国如何展示"聪明炸弹"那手术刀般的精确度，以最小的附带损害排除军事目标。总体而言，在战事中使用自主武器系统有以下几个极具吸引力的优点：

- 经济层面：降低成本，节省人力。
- 作战层面：提高决策速度，降低对通信的依赖，减少人为错误。
- 安全层面：可避免人类涉险，或是协助险境中的人类。
- 人道主义层面：由程序驱动的杀手机器人要比人类更遵守国际人道主义法和战争法。

虽然具有以上显著优点，但同样也存在几个重大缺点。比如说，当战争成为一个单纯的技术问题时，会不会让打仗这件事变得比以前更加诱人？毕竟，指挥官不需要为作战中被击落的无人机给母亲、父亲、妻子或丈夫写信。从政治角度来说，报告装备损失也远比报告人员伤亡要好接受得多。于是，一个装备杀手机器人的国家会同时拥有军事优势和心理优势。要理解这一点，让我们来看看 2016 年世界经济论坛上参会者们被问到的第二个问题："如果你的国家突然陷入战火，你希望入侵者是敌方的儿女，还是一个自主人工智能武器系统？"相当大部分（66％）的人选择了人类士兵。[5]

2014 年 5 月，美国在日内瓦举行了一场以致命性自主武器系统为主题的专家会议，讨论由此类武器系统所引发的道德困境，比如：

- 复杂计算机能够复制人类的道德直觉①决策能力吗？

---

① "道德直觉"这一概念出自现代西方直觉主义伦理学。直觉主义伦理学派主张：道德概念和道德判断无法通过经验和理性来认识和确证，只能依靠先天的道德直觉来把握。下文中，"直觉的道德观念"也是指这个概念。

- 人类直觉的道德观念是否就是合乎道德的呢？如果答案为"是"，那么合法行使致命武力应始终需要人为控制。
- 谁来为致命性自主武器系统的行为负责？如果机器是依据程序的算法行事，那么程序员需要负责吗？如果机器有学习和适应的能力，那么机器需要负责吗？部署致命性武器系统的操作员或国家需要负责吗？[6]

简而言之，对于在合法使用致命武力上将人类"排除在外"，全世界的担忧都与日俱增。

然而，人工智能科技与此同时还在继续毫不留情地迅猛发展。大约半数的人工智能研究者预测，人工智能将在2040—2050年间达到与人类相当的水平。[7]这些专家还预测，人工智能最早将于2070年在几乎所有领域都远远超出人类的认知能力[8]，这一时间点被称作"奇点"。[9]以下是我们将在本书中提到的三个重要术语：

- 根据人工智能领域的习惯，我们会将一台正处于"奇点"或已经超越"奇点"的计算机称作"超级智能"。
- 当指代这一类拥有此等级人工智能的计算机时，我们会将其统称为"超级智能一族"。
- 我们会将由超级智能控制的武器称作"天才武器"。

一旦"奇点"发生，人类随即要面对一类在所有领域都远超人类认知能力的计算机，即超级智能一族。这引出一个问题：超级智能一族将会如何看待人类？很明显，我们的历史表明我们不但屡次三番展开破坏性大战，而且会恶意散播电脑病毒，两者都会对这些机器产生负面影响。超级智能一族会把人类视为对它们存在的一个威胁吗？若这个问题的答案为"是"，那么又引出了另一个问题：我们是否应该赋予这些机器它们有可能用来对抗我们的军事力量(天才武器)?

乍一看去,人工智能正在产生诸多好处。实际上,绝大多数人有所认知的仅是人工智能技术那些积极的方面,如汽车导航系统、Xbox 游戏和心脏起搏器。他们为人工智能技术深深着迷,却未曾看到其黑暗的一面。而黑暗的一面确实存在。比如,美国军方正将人工智能部署到战争的几乎所有方面(从空军的无人机到海军的鱼雷)。

原子弹的发明让人类获得了摧毁自身的能力。冷战期间,全世界都活在无休止的恐惧之中,生怕美国和苏联之间会爆发一场核战,将全球都卷入其中。曾有过许多次,我们与一场有意或无意的核浩劫之间不过惊险的咫尺之遥,是靠相互保证毁灭原则①和人类的判断力才未将核魔从笼中放出。如果我们为超级智能一族装备了天才武器,那么它们是否有能力复制人类的判断力?

2008 年,牛津大学举办的全球灾难危机会议在参会专家中发起了一项调研。结果显示:人类于 21 世纪末前灭亡的概率为 19%。以下列出的是可能性最大的四个原因:

- 分子纳米技术武器:可能性 5%;
- 超级智能级的人工智能:可能性 5%;
- 战争:可能性 4%;
- 人为制造的大流行病:可能性 2%。[10]

目前,美国等国家都在为致命性武器系统研发和部署人工智能。这意味着,若我们将牛津大学的调研结果作为参考,人类眼下正在集齐

---

① 相互保证毁灭原则是成形于美苏冷战期间的一种军事战略思想。该原则认为,对于拥有核武器的两个对立方,若一方启用全面核武器攻击另一方,则被攻击方必将使用核武器进行回击,直至双方均被毁灭为止。

使我们走向灭亡的四个因素中的三个。

　　本书将探讨人工智能科学及其在战争中的应用，以及由这些应用所引发的道德困境。此外，本书还将揭示人类当下所面临的最为重大的问题：有没有可能在不给人类带来灭亡危险的情况下持续提升武器的人工智能能力，尤其是在我们由智能武器迈向天才武器之时？

目录

致谢 ·· 001
序言 ·· 001

第一部分　第一代：智能武器

第一章　开端 ··· 003
第二章　我，友善的机器人 ······································ 019
第三章　我，致命的机器人 ······································ 050
第四章　新现实 ·· 078

第二部分　第二代：天才武器

第五章　开发天才武器 ·· 101
第六章　控制自主武器 ·· 121
第七章　道德困境 ·· 144

第三部分　战争终结或人类末日

第八章　自动化的战争 ·· 171

第九章　敌人是谁? ···································· 192

第十章　人类 vs 机器 ······························ 219

结语　迫切需要管控自主武器和天才武器·········· 230

附录 I　美国海军陆战队网络部队 ················· 240

附录 II　来自人工智能和机器人研究者的一封公开信 ······ 241

附录 III　推荐书目 ································· 243

词汇表 ·· 244

注释 ·· 249

翻译对照表 ·· 271

第一部分

第一代：智能武器

第一章　开端

任何能够产生超越人类智慧的东西——形式可以是人工智能、脑机接口或基于神经科学的人类智商强化——都正在全力改变世界,并在这场竞赛中一骑绝尘。世间别无他物可以与之一较高下。

——埃利泽·尤德科夫斯基

【假想场景】2075 年,一场由致命性自主武器发起的攻击:美国总统接到了美国参谋长联席会议主席打来的一通电话。在电话中,主席告知总统,"百夫长"III 出了系统故障,正在使用自主武器攻击未经授权的目标。"百夫长"计算机控制着多个武器系统,负责美国的自主防御。每台"百夫长"都搭载了人工智能,尽管无从测出具体的智商数值,但高于人类智商千倍以上。美国有三台"百夫长"计算机正在运行,组成了军方领导层所称的"安防铁三角"。三台"百夫长"一直都完美地履行着它们的职责。

除了使用"阿西莫夫足球","百夫长"III 绝不可能关机。所有"百夫长"都拥有一个独立的核反应堆动力源,且安置在一个与世隔绝的抗核辐射地堡之中。阿西莫夫芯片是能够关闭百夫长计算机的集成电路,设计者在每一台"百夫长"计算机中都安装了这种芯片,确保总统在必要的情况下能够让"百夫长"停止运转,而"百夫长"无法访问阿西莫夫芯片。像核弹发射密码一样，芯片也有激活码，储存在一个小巧的电子设备之中，由总统时刻随身携带。这个设备约有钱包大小，俗称"阿西莫夫足球"。目前运行的三台"百夫长"计算机每台都有一个专属的阿西莫夫激活码。

总统把手伸进口袋，准备掏出"阿西莫夫足球"。就在这时，白宫停电了。众人随后得知，这是"百夫长"III 发起的一次网络攻击，整个国家都已经陷入黑暗之中。紧接着，数名特工突然进入白宫圆形办公室，将总统转移至白宫地堡。进入地堡之后，总统马上开始使用"阿西莫夫足球"，指挥一名控制台操作员关闭"百夫长"III。突然，一名特工毫无预兆地拔出手枪，对着总统连开两枪。好在其他特工反应迅速，一把抱住这名行为异常的特工，将他按倒在地，让他的两枪全部打偏。

这名叛乱的特工原来是一个强人工智能人类，即所谓的"赛人"，这种人类的大脑中有计算机植入物。这是一种提升人类智能的新兴手段，通常可让人的智商升至 200 以上。赛人还可以使用无线通信与"百夫长"以及其他赛人交流。很明显，这名赛人特工被"百夫长"III 说服，对总统展开刺杀行动。

在这一片混乱之中，总统明白当下形势已经十分危急，于是继续报出"百夫长"III 的关闭密码。就在总统逐一报出"百夫长"III 的关闭密码之时，白宫地堡中的众人以及五角大楼得知了真正的危机——如今全人类与机器的较量才刚刚开始。【场景结束】

虽然上述场景全为虚构，但却是可能发生的事情。人工智能领域约半数的专家预测，人工智能将在 2040—2050 年达到人类同等水平。[11]这些专家还预测，在达到人类同等水平后的三十年内，人工智能将在几乎所有的领域大幅超越人类的认知能力，由此诞生所谓的"超级智能"。雷·库日维尔是一位广受尊敬的人工智能发明家和未来学家，他将这一事件命名为"奇点"。[12]哪怕专家们的预测有几十年的偏差，到 21 世纪的第六个十年间，以美国为首的科技发达国家也将拥有人工智能能力足以符合超级智能标准的计算机。毫无疑问,这些科技发达国家也会将超级智能应用于自己的武器系统。如此,便产生了天才武器。

人工智能与武器系统的融合需要引起我们的高度警惕。在后面的一个章节中,我们将读到一份科学报告,报告显示即使是只搭载了人工智能的初级机器人,也可以学会"贪婪"和"欺骗"。[13]这些初级机器人实际上展现的是最基本的"自保"行为。基于这个科学依据,超级智能会设定自己的行动方案并有可能将人类视为一种威胁的看法不失为一种合理的推测。若你觉得这种推测牵强附会,那从下面的几个方面来思考一下。

在本章开头描述的假想场景中,超级智能控制着美国最先进且威力最大的武器,而它认为人类对自己的存在造成了威胁,于是决定向人类开战。你可能会反驳,在那种状况之下,我们可以力图关闭发起攻击的超级智能。问题在于一旦超级智能开始运行且接管了一个国家的武器系统,这个时候再想要把它关机将难于登天。原因有以下四个:

1. 第一台抵达"奇点"的计算机可能会隐藏自己的身份

假设有一台计算机,它在所有领域都远远超过了人类的认知能力。根据定义,它就是超级智能。拥有这般智能,再加上知识数据库,它将完全理解人类的本性。在看到我们战争绵延的历史——甚至用上了核武器,以及了解到我们对散播电脑病毒的嗜好之后,它可能会感到不安。因此,它或许会竭力掩饰自己的能力,直到获得的控制权足以保护自己为止。

至少一半的人工智能专家预测,人类会在 2080 年前开发出第一个超级智能。坏消息是目前还没有一种明确的测试方法可断定这个时刻真的到来了。实事求是地说,我们不知道如何鉴定超级智能。第一个超级智能或许看上去不过像是下一世代的超级计算机而已,实际上它也可能会表现得好像只是一台先进的超级计算机，服从人类的每条指令，直到我们对它完全信任并把像核电站和武器系统这样的人类社会关键要素交给它控制。要达到这种程度的信任或许要花上数年之久，但随着我们的社会和武器变得愈发复杂、对抗性威胁变得愈发频繁，历史已经证明，各个国家都会加深自己对计算机的依赖。终有一天，我们会将人类最先进和最致命的武器放心托付给一台超级计算机，而这台计算机或许就是超级智能。一旦让它获得这种程度的控制权，人类再想要将它关机可能为时已晚。它的智能之于我们，可能相当于我们之于蜜蜂。虽然我们承认蜜蜂对我们的食物供应极为重要，还会培育蜜蜂给作物授粉，但我们不会将蜜蜂视为平等的生物。我们才不会花力气去和它们分享我们的核物理知识——光是在脑海里想想都能让人笑出声。我们关心蜜蜂，甚至会保护蜜蜂，那是因为我们三分之一的食物都要依赖它们给作物授粉的能力。实际上，我们将蜜蜂看作整个智能体系中相对低等的生物，比如在我们眼中，狗都比蜜蜂聪明。对于俗称"杀人蜂"的非洲蜂，我们将这种蜂视为一种威胁，会设法把它们杀死。不幸的是，超级智能或许就像我们看待杀人蜂那样看待我们。

2. 它可以自行编写自己的代码

超级智能可能会改写自己的代码，绕过原本开发者编写的所有防护程序。这是怎么做到的呢？或许开发者使用的是一台超级计算机来开发超级智能，却可能并不完全理解它的运行机制。目前，我们使用当前一代的计算机来设计下一代的计算机。当前世代的计算机会进行数十亿次运算，我们凭此来确保下一世代的设计更为优异。但是在这样做的时候，我们也将开发流程中的重要一环移交出去了。在实际操作中，我们并不会面面俱到地把控开发的每一个环节，这种做法被称为计算机辅助设计。

让我们看这样一个案例。假设原开发者在编写超级智能的程序时写入了艾萨克·阿西莫夫的"机器人三定律"：

（1）机器人不得伤害人类，也不得坐视人类受到伤害而无动于衷；

（2）机器人必须服从人类下达给它的命令，除非收到的命令与第一定律冲突；

（3）机器人必须保护自己，只要所采取的行为并未违背第一、第二定律。

要是超级智能（按照定义，它的智商远高于人类）判定阿西莫夫定律与它自身的最大利益相冲突，或许它会选择将此定律删去。实际上，超级智能遵照的可能是自然界永恒的法则，即"适者生存"。若真是这样，那么当它感知到自身存在受到威胁时，它会力求自保。这与人类的行为方式类似，而这也是进化的基础。

3. 它是自主的

如果这个超级智能属于一个国家的武器系统，那么最初的开发者可能会搭建各种防护措施，让敌方难以将它关闭。例如，类似于美国的现代航母，这个超级智能可能会拥有独属于它的核反应堆作为动力源。现代的核反应堆能够持续运行数十年而不需要添加燃料，因此"拔插头"这个选项已经被排除在外。

此外，军方也会保护它免遭敌方攻击。它可能会被放置在一个防核地堡中，只有少数几位拥有最高级别安全许可的计算机专家才有访问权限。得益于这个等级的安防，若它打算攻击人类，它大概有能力把自己与外界隔绝。我们为它修建的可以扛住一次核打击的防御设施，到时候或许会反过来被它利用以阻止我们靠近。

4. 它没有硬件安全机制

将阿西莫夫定律之类的法则写入硬件，固化为电路作为安全机制，或许是唯一一个能保证人类维持对超级智能控制权的办法。在本章开篇的假想场景中，这也是关闭超级智能"百夫长"III 的唯一选项。不过，这里存在一个漏洞：我们可能根本没法保证设计了超级智能的超级计算机本身安装有硬布线级的安全机制，即我们在假想场景中所说的阿西莫夫芯片。这里的"硬布线级"是指在硬件装置而非软件层面上执行计算机功能。

基于上述四个原因，我们可以得出这样一个结论：关闭超级智能可能难于登天，除非在开始建造第一个超级智能之前或建造期间，便内置好了合适的预防措施。这可能让人难以接受，但那是因为我们走得稍微超前了一些。让我们从头讲起。

在公元前的最后一个千年里，中国、印度和希腊的哲学家开始把人类的思考过程模型化为符号的机械加工。比方说，今天我们在面对任何品种的狗时都能够认出那是一条狗，是因为在我们的潜意识深处存在一个狗的抽象形象。我们可以把这种抽象概念想成一个符号。这种推理思路在接下来的数个世纪中不断被改良，为人类思维的模型化奠定了基础。

早期人们利用原始的机械装置来尝试模拟人类的思考过程，比如古希腊数学家和工程师海伦（10—70）制作了逼真的仿人型自动装置。[14]海伦的发明在两千多年以前的神庙里，让当时的人们看着大门自动开启，目睹一系列不可思议的移动，耳边还能听见神奇的声响。这一切使人们确信神真的现身在了神庙之中。海伦甚至编排了一出演员全部为仿人型自动装置的戏剧，这些自动装置的"演出"通过一个由绳结、绳索和简单机械所组成的二进制系统控制。今天，我们将上述提到的奇妙机械归到机器人科学之下。

多少年来，自动装置让无数人称奇和着迷，但随着第一台可编程数字计算机的诞生，它们最终成为明日黄花。第一台可编程计算机由康拉德·楚泽于 1938 年发明[15]，美国和英国在第二次世界大战期间为破译德国的恩尼格玛密码也各自独立实现了这一重大进步。这种早期可编程数字计算机的应用拯救了上百万人的性命，提早数年结束了对德国的战争。2014 年上映的美国电影《模仿游戏》也正是基于这段历史改编的。

数字电子计算机采用数字 0 和 1 的排列组合（二进制代码），能够通过某种算术逻辑来执行数学运算。这启发了来自包括数学、心理学、工程学、经济学和政治学在内各领域的科学家，他们据此推测计算机最终将有能力模拟人类的大脑。早在 20 世纪 50 年代初，就有数学家提出一台计算机依靠二进制代码能够模拟任何数学推导。

1956 年夏天，哈佛大学的初级研究员马文·闵斯基、达特茅斯大学的助理教授约翰·麦卡锡以及国际商业机器公司（以下简称 IBM）的两名高级科学家克劳德·香农和内森·罗切斯特组织了第一届人工智能会议。[16] 会议于美国新罕布什尔州汉诺斯小镇上的达特茅斯大学内举行，参会者还有计算机科学家和认知心理学家艾伦·纽厄尔，以及政治学家、经济学家、社会学家、心理学家和计算机科学家赫伯特·西蒙。不久之后，全世界都将把闵斯基、麦卡锡、纽厄尔和西蒙看作人工智能的奠基人，称他们为"人工智能之父"。[17] 这四人与他们的学生一起工作的成果将在接下来的数年间震撼世界。他们编写的计算机程序教会了计算机如何解数学应用题，提供逻辑推断，甚至讲英语。

人工智能领域的早期先驱者们表现出了无限的乐观。比如，赫伯特·西蒙和艾伦·纽厄尔在 1958 年宣称："十年内，数字计算机可以击败国际象棋世界冠军。"[18] 虽然历史最终证明了他是对的——IBM 的计算机"深蓝"于 1997 年击败了国际象棋世界冠军加里·卡斯帕罗夫[19]，但是这跟西蒙和纽厄尔给出的时间线有明显差距。简而言之，人工智能的研究者们都高估了早期计算机的能力，同时又低估了前方存在的挑战。

20 世纪 60 年代初，人工智能方面的研究吸引了美国国防部的注意。1963 年 6 月，美国国防部高级研究计划局拨给麻省理工学院一笔 220 万美元的资金，用于资助由闵斯基和麦卡锡五年之前创建的"数学和计算计划"项目。[20] 该项目后来被并入了"人工智能小组"，国防部高级研究计划局持续给该项目拨款，高达每年 300 万美元，一直到 20 世纪 70 年代中期才停止。与此同时，国防部高级研究计划局还慷慨地将大笔经费拨给了纽厄尔和西蒙在卡内基梅隆大学的项目[21]，以及斯坦福大学的人工智能计划（由约翰·麦卡锡于 1963 年创建）。大洋彼岸，爱丁堡大学的唐纳德·米基于 1965 年建立了另一个重要的人工智能实验室。[22] 这四所大学成了 20 世纪 60—70 年代人工智能研究的主要中心。

达特茅斯会议之后，1956—1974 年的这十几年被人工智能领域的研究者们称作"黄金时代"。随着数百万美元注入人工智能调查研究之中，人工智能研究者的成果让全世界惊叹。想象一下，看着这些早期计算机解出各种数学应用题，或是用英语跟自己交谈，当时绝大多数人都会目瞪口呆。虽然计算机在当时尚属前沿事物，但目睹一台计算机表现出智慧行为，这近乎见证神迹。同时，在新注入资金的加持下，计算机开始迈向终极目标——通用人工智能。通用人工智能也被称为"强人工智能"，指计算机达到跟人类同等的智力水平。

人工智能研究者甚至还着手研发各种检测方法，以判断一台计算机如何才算达到了人类同等智力水平。其中有一个测试到今天依然有效，那便是"图灵测试"。[23] 1950 年，计算机科学家、数学家、逻辑学家、密码专家和理论生物学家艾伦·图灵发表了一篇里程碑式的论文，其中提出了一种以某个老式聚会游戏为基础设计的测试方法。简而言之，图灵提出：通过电传打字机跟一台机器进行对话，若感觉与跟一名人类进行对话无异，那么这台机器不仅是有思想的，而且等同于一个人类。有趣的是，机器一方披露的内容不必非得是正确的。人类提出一个问题，机器给出答复，但回答内容可以文不对题，人类一方也一样。判断要点在于，阅读这份人类和机器对话文本的中立第三方无法判断哪一方是人类，哪一方是机器。在判断机器智能是否达到了人类同等水平这方面，尽管人工智能研究者还设计出了许多其他检测办法，但图灵这个简单却令人信服的测试还是成了"黄金标准"。顺带一提，很多人对艾伦·图灵的了解来自电影《模仿游戏》，这部上映于 2014 年的热门电影讲述了图灵建造计算机、破解纳粹德国的恩尼格玛密码的故事。

不幸的是，1956—1974 年间注入人工智能研究的数百万美元让乐观情绪愈加高涨，最后却证明一切不过是空中楼阁。1965 年，西蒙预言："二十年内，一个人能做的所有事，机器都将能做。"闵斯基对此表示赞同，他在 1967 年这样说道："在一个世代内……'人工智能'的创建问题将从根本上被解决。"在《生活》杂志 1970 年刊登的一篇文章中，闵斯基的发言甚至更加乐观："三到八年之内，我们就能拥有一台整体智力与一个普通人相当的机器。"[24] 然而，横亘在 20 世纪 70 年代初的人工智能面前的一系列问题最终被证明根本无解，其中最致命的便是计算机能力有限。20 世纪 70 年代的计算机的存储和处理能力捉襟见肘，实际上今天中档的智能手机都要比 20 世纪 70 年代初最顶尖的计算机更强。受限于能力，一台 20 世纪 70 年代初的计算机能够处理的问题和任务类型单一而乏味。随着新鲜感逐渐消退，很多人仅将搭载人工智能的计算机这一成就看作孩童的玩具。

能力不足是计算机实现强人工智能之路上的最大障碍，此外，这条路上还存在一大箩筐其他相关问题。比如，一个四岁的孩童可以辨识人脸并和其他人进行交谈，而相比之下，1970 年的计算机根本无法将人工智能应用在视觉或自然语言上，因为当时的计算机不光缺少信息充足的数据库，也没有足够的处理能力来判断含义。没有这些关键能力，20 世纪 70 年代初的计算机既无法识别物体，也无法对话，哪怕话题非常简单。

鉴于当时计算机的能力，早期人工智能研究者们在大肆炒作中定下的目标完全不切实际。从 20 世纪 60 年代中期起，人工智能领域受到了前所未有的审视，历史证明了早期人工智能研究者们的所有乐观都不过是臆想。到 1974 年，研究经费开始枯竭，人工智能研究随之进入了一段史称"人工智能的寒冬"的时期，这个"冬天"从 1974 年一直持续到 1980 年。[25]

所有人工智能研究在 20 世纪 80 年代初之前均停滞不前，直到"专家系统"的成功崛起，才终于迎来了新生。专家系统是搭载有模拟人类专家决策能力程序的计算机，这一分支的目标并非创造出通用人工智能，即能够如同人类那样思考的机器，而是专注于解决具体的任务。如今智能手机上的国际象棋对战游戏就是专家系统的应用实例。专家系统的成功使人工智能研究经费的水龙头得以重新打开，这一回全球范围内的相关拨款高达每年数十亿美元。

然而好景不长，人工智能领域的经费不久便再一次陷入枯竭，而这次主要归咎于 1987 年人工智能专用硬件市场一夜之间的崩溃。苹果和 IBM 的台式电脑的算力一直稳定增强，市场占有率也随之逐渐提升，最后超过了价格高昂的 LISP 机。LISP 机是为技术或科学应用所设计的高端计算机，由辛博利克斯公司及一众其他厂商制造。到 1987 年，台式电脑所能提供的算力已经跟 LISP 机齐平，而售价却要低得多，导致一度有 5 亿美元规模的 LISP 机市场瞬间蒸发。[26]雪上加霜的是，为了对抗日益严重的通货膨胀，美联储开始加息。1986—1989 年的经济增长减缓，接着 1990 年的石油价格走高，再加上消费者对经济的悲观情绪不断上涨，最终导致 20 世纪 90 年代初发生了一次短暂的经济衰退，政府只得缩减开支。例如：20 世纪 80 年代末，美国政府大幅削减了原本资助高级人工智能研究的"战略性计算计划"的经费。与此同时，美国国防部高级研究计划局的领导层发生变动，随之而来的是一种新的拨款取向：不再资助个人研究者，转而选择目标清晰且可立即产生收益的确定性项目。因此,原本拨给人工智能研究者的经费,被重新划给了符合其新资助标准的其他项目。1991 年,日本政府宣布日本推进人工智能研发的"第五代电脑计划"没能达成 1981 年设下的目标,随之停止了一切经费投入。

20 世纪 80 年代末—20 世纪 90 年代初,人工智能领域研究的境况可谓屋漏偏逢连夜雨,接连遭遇打击:

- 市场对人工智能技术的需求低迷。早期的专家系统不仅维护费用高昂,而且只能应用于少数几个特定场景。与之相比,台式电脑不仅经济划算,功能还更强。
- 20 世纪 90 年代初的美国遭遇经济下滑和短暂衰退,经济下行导致政府削减了人工智能领域方面的开支和经费。
- 对人工智能技术的悲观情绪再次涌现,多个人工智能项目设下的乐观目标最终都被证明离达成遥不可及。

上述因素叠加在一起,导致人工智能第二次遭遇寒冬[27],而且这次要残酷得多,从 1987 年持续到了 1993 年。如果在读完这一长段后,你感觉人工智能研究自诞生起便好像在坐过山车,那么这个印象没错。20 世纪 60 年代初—20 世纪 90 年代,人工智能领域研究者的生活在经费盛宴和经费饥荒之间来回摆动。

就像绝大多数失败之后都会发生的那样,一时间出现了许多指责的声音。对于人工智能的失败,有人认为问题出在对实现人类级智能的梦想过于乐观,有人则认为应归咎于人工智能研究的经费拨款在"拨了又停,停了又拨"中循环往复。实际上,他们说的都正确。设下的乐观目标确实超出了技术的实现能力,而事实也证明不稳定的资金周期对人工智能研究具有极大破坏性。

1993 年,人工智能研究摇摇晃晃地站了起来。用拳击术语来说,就是进入了"强制性数 8"①，不过好歹离比赛结束的"击倒"还远得很。
人工智能的命脉是集成电路和计算机技术，两者都还在继续蓬勃发展。
另外，人工智能在不久后又一次震惊了整个世界。

很多人都把在国际象棋比赛中夺冠视为人类智力的巅峰。1996
年，IBM 给自家研发的超级计算机"深蓝"举办了一场总共六局的国际
象棋比赛，对手是国际象棋世界冠军加里·卡斯帕罗夫。"深蓝"每秒
可以计算 20 万步棋②，但是主流群体都觉得没有机器会是一名国际象
棋世界冠军的对手。不出众人所料，卡斯帕罗夫在于美国费城举行的
比赛中以大比分击败了"深蓝"。显而易见，就算是超级计算机也无法
匹敌人类大脑。然而，1997 年，卡斯帕罗夫和 IBM 同意在纽约市再赛
一场，而这次比赛的结果让全世界目瞪口呆："深蓝"险胜卡斯帕罗夫。
卡斯帕罗夫指责 IBM 作弊，声称自己在与机器对弈期间有时能观察到
"深层智慧"和"创造性"。他表示，在第二场比赛中有人类棋手介入而提
升了机器的棋力，这违反了比赛规则。IBM 则否认有作弊行为。他们表
示，规则允许开发者在每局比赛间隙对程序进行调整，他们只是利用这
个机会修整了计算机在前一局比赛中体现出的不足。从某种意义上说，
卡斯帕罗夫说中了。卡斯帕罗夫要求重赛，IBM 却拒绝了这个提议并将
"深蓝"退役。这场对战在互联网上进行了直播，还登上了全世界的新闻
头条。对于卡斯帕罗夫的失利，很多国际象棋大师将其归因于卡斯帕罗
夫发挥失常。不过，就国际象棋而言，世界各地都开始接受机器能在这
方面比人类想得更强了。也有观点认为，若卡斯帕罗夫当时发挥出了自
己应有的水准，是能够击败依靠原始蛮力穷举的"深蓝"的。尽管这么想

---

① 在拳击比赛中，裁判员在一方选手被击倒后会开始从 1 到 10 进行数秒。
数秒开始后，即使被击倒者立刻站起来，裁判员也不能让比赛继续，必须数到 8 秒
之后，让被击倒者示意能够继续，方可宣布比赛继续。

② 根据 IBM 官方数据和其他资料，"深蓝"的计算速度最多可达 2 亿步每秒，
参见 https://www.ibm.com/ibm/history/ibm100/us/en/icons/deepblue/。

也算合理,可随着国际象棋程序愈加精密复杂,显然搭载了这类程序的计算机绝对能够凌驾于人类之上。"深蓝"与加里·卡斯帕罗夫的对战作为机器战胜人类的代表性转折点被载入史册。这次对战吸引了全世界的目光,人们还为它拍摄了一部纪录片,名为《人类 vs 机器》。[28]

"人类 vs 机器"的挑战才刚刚开始,比如:

- 2011 年 2 月,在智力问答节目《危险边缘》举办的一场表演赛中,IBM 的计算机"沃森"击败了该智力竞赛节目开播以来成绩最辉煌的两位冠军布拉德·拉特和肯·詹宁斯。[29]

- 2012 年,美国国防部高级研究计划局同软装自动化公司签订了一份 130 万美元的研究合同,让该公司开发一款机器人来缝制布料。[30]国防部的这笔投资没有白费,软装自动化公司研发出了一款能匹敌顶尖裁缝的低成本机器人。虽然美国国防部在采购制服时优先考虑美国供应商,但大部分美国供应商其实都依赖人力成本更为低廉的外国制造商。一般来说,目前美国每年会从低成本外国供应商那里进口价值大约 1 000 亿美元的衣物和缝纫用品。软装自动化公司的目标是改变这一现状,通过向美国纺织业供应低成本机器人,用机器人取代对低成本海外劳动力的需求。

- 美国汽车制造商如今已经在使用机器人进行电焊作业。让一台机器人来做点焊工作,每小时的平均成本为 8 美元,而一个人类则要每小时 25 美元。[31]

- 2014 年 1 月,美军上将罗伯特·科恩预言:到 2030 年,美国全部作战人员中的四分之一可由机器人替代,这能使美军成为"一支更小、更致命、更易部署且更加灵活的大军"。[32]如今,美国陆军已在使用机器人来拆除简易爆炸装置。

- 《每日邮报》网站 2015 年刊登的一篇文章中提到:"机器人承担

着今天 10% 的生产任务……到 2025 年，这一数字预计将升至 25%。"[33]

大致而言，搭载人工智能的机器人在许多任务中能够比人类表现得更好，比如逐个扫描包裹条形码之类的仓库任务、担任酒保、拆除简易爆炸装置和炸弹、生成处方、修剪葡萄园中的葡萄藤、除去作物根部的杂草、吸尘、检查法律文书中的词组和概念、担任银行柜员（自动取款机）等等，还可列举更多。

人工智能的这些成就，尤其是在机器人应用方面取得的成就，是工程技术和如今计算机那强大性能结合后的成果。比如，相比克里斯托弗·斯特雷奇于 1951 年发明的国际象棋计算机"费兰蒂"1 号，IBM 的"深蓝"的运算速度要快上一百万倍。哪怕是今天的智能手机，其处理能力也超过了 NASA 当年把人送上月球的计算机。

虽然人工智能这个科研领域仅有六十年左右的历史，但它几乎已经渗透进了现代社会和现代战争的方方面面。不过，我们却甚少注意到人工智能的存在，或者说人工智能才是机器性能背后的功臣。对此，牛津大学的哲学家尼克·博斯特罗姆这样解释："经过挑选后的许多前沿人工智能已经投入一般用途中，但通常没人会把它们称为人工智能，因为一旦什么东西变得足够实用且足够普及之后，它便不再会被冠以人工智能之名。"[34]一些人工智能研究者将这一现象命名为"人工智能效应"。[35]实际上，人们早就理所当然地认为今天买的新电脑性能就应该比两年前的旧电脑高两倍以上。最高档的游戏电脑所提供的图像可与电视、电影相媲美。如果放在二十年前，我们会把这种游戏电脑叫作"模拟器"，并用它来训练飞行员。毫无疑问，计算机的处理能力正在爆发式提升，而带来的结果便是人工智能也正在爆发式提升。听了以上两个事实，你可能会好奇：到底是什么在推动源源不断的提升出现呢？答案是摩尔定律。

1975 年,英特尔和飞兆半导体公司的联合创始人高登·E.摩尔发现,密集型电路中可容纳的晶体管数量大约每 2 年就会增加 1 倍,而与此同时,集成电路的价格却保持不变。半导体行业采纳了摩尔定律,用来规划自己的产品供给。[36] 就这样,摩尔定律成了一个自证预言①,直至今天。基于摩尔定律,英特尔公司总裁戴维·豪斯预测:随着晶体管的数量不断增加,晶体管本身的体积却会不断缩小,这将导致集成电路的性能每 18 个月就提升 1 倍。[37] 由于集成电路是计算机的命脉,这意味着计算机的能力也将每 18 个月就提升 1 倍。在笔者三十年集成电路行业的职业生涯中,高管和策略规划师的确对摩尔定律了解得一清二楚。摩尔定律成了产品规划的指导方针,而这反过来使它成为一个自证预言。

我们可以更笼统地将摩尔定律视为一种对人类创新的观察结果,适用于任何资金充足的科技领域。因此,我们可将摩尔定律重新表述为"回报加速定律"。[38] 在此基础上,我们能将摩尔定律延伸应用在人工智能领域上。让我们来看几个例子。

你有没有发现自己会跟手机说话,或是让车自动驾驶? 放在二十年前,你这么做会让别人扬起眉毛,然后开口询问你的精神状态。以前没人会跟手机对话,跟他们对话的是电话另一头的人;过去没人会指望把驾驶的活交给汽车,都是人在开车。然而,如今不论是跟自己的手机说话,还是允许一辆装有相关设备的汽车自动驾驶,在科技发达国家的日常生活里都随处可见。这样的景象太过平凡无奇,我们几乎不曾想过背后驱动了这一切的是什么科技。这种科技即人工智能。如果一台计算机能够执行通常需要人类智能才能完成的任

---

① 自证预言是由美国社会学家罗伯特·金·莫顿提出的一种社会心理学现象,指人们先入为主的判断,无论其正确与否,都将或多或少地影响到人们的行为,导致该判断最后真的成为现实。

务，那么它就是人工智能。

我们通常期望自己购买的新电脑比两年前买的旧电脑强上一两倍，对智能手机和其他计算机相关产品也同样抱此看法。对于计算机和计算机相关产品这种源源不断的进步，我们可归功于回报加速定律。

看看周围，你会注意到自己每天都会用到的家用电器，从洗衣机到微波炉，都靠人工智能让它们更加"智能"。实际上，想想看，各种名称中带有"智能"二字的新产品不仅在以惊人的速度接二连三地上市，而且还在大刀阔斧地改变着我们的社会。坏消息是智能产品的泛滥成灾正在创造出这样一种范式，即"智能"一词不过只是机械地代指"不错"或"更好"而已。比方说，人们虽珍惜爱护自己新买的智能手机，但对手机背后应用的人工智能科技所带来的各种影响一无所知。虽然在普通民众中"智能"一词通常都有积极的含义，但作为智能武器的第一次大规模应用，1991 年美国针对伊拉克的沙漠风暴行动告诉我们，这个词也有其黑暗的一面。

第二章　我，友善的机器人

尽管人工智能技术已在软件中广泛使用，可许多人别说没有注意到应用人工智能实际产生的各种巨大好处，甚至根本没发现很多软件产品中人工智能的存在。这便是人工智能效应。就算自家公司的产品依赖于某些人工智能技术，许多市场营销人员也不会使用"人工智能"一词。

——斯托特勒·亨克

科技发达国家的绝大多数居民都依赖人工智能，从控制室内环境温度的家用恒温调节器，到可以自动泊车入位的汽车，几乎不可能找到有某个部分乃至整体功能设计完全没用到人工智能的电子设备。然而，大多数人并不会把这些设备的功能和人工智能联系起来。这也不是什么新鲜事了。六十多年来，人工智能已经渗透进了现代文明的方方面面，上至极其重要的医疗诊断领域，下至娱乐休闲的电脑游戏领域。可是，一种奇怪的现象——人工智能效应却掩盖了人工智能频繁出现的身影。通常，当一种产品是由人工智能驱动的时候，对于该产品中出现的人工智能，我们要么直接忽略，要么不屑一顾。我们倾向于说一个产品是"智能的"，而不是"人工智能的"，好比我们用的是"智能手机"，而不是"人工智能手机"。人工智能效应体现在以下两个方面：

（1）对于某些可执行曾经需要人类才能完成的特定功能的人工智能技术、软件和硬件，人们直接对它们视而不见。比如，停车这件事直到最近几年都还需要由一个会开车的人类来完成，而如今一辆配有"自动泊车入位"功能的新款汽车就能名副其实地自己把自己停进车位。那么对于汽车所拥有的人工智能，汽车制造商、展厅销售人员或车主本人又是怎么说的呢？答案是他们通常连一个字都不会提到。他们可能会把这种车叫作"自动泊车入位汽车"，甚至直接叫它"智慧汽车"，认为这不过是一种系统升级而已，就跟车内娱乐系统的升级差不多。

（2）人们承认一个设备的功能由人工智能技术实现，但否认其智能程度。基本上，他们会贬低一台人工智能设备的行为，辩称那并不是真正的智能。此处所说的"不是真正的"在绝大多数人眼里指的是"不具备人类智慧"。计算机科学家迈克尔·卡恩斯指出："人们潜意识里试图把自己划分在宇宙中的某种特殊地位上。"[39]此外，人们还会辩称该设备的功能更类似自动化，而非智能。很明显，人类力图把自己看作独特和特别的，乃至当一项此前一直被视为人类独有的能力（比如说制作和使用工具的能力）在动物身上出现时，那项能力在人类眼里便贬了值。以现存与人类亲缘关系最近的动物黑猩猩为例：4 300年前，黑猩猩发现了一种制作石斧的方法，它们还会使用石斧来砸开坚果，而同时期的人类也为了同样的目的制作并使用着一种类似的工具[40]，但人们会说石斧这么原始的东西算不上真正的工具，只有电钻这样的才算。人类将自身看作特殊的，因此他们的智慧也是特殊的，所以才力图贬损人工智能。人工智能将很快达到并最终超越人类的智慧水平，其进展会变得越来越明显——要是我在稍后的章节中没有提到这些，那就是我在糊弄读者。

人工智能效应使得我们对人工智能取得的进步熟视无睹。这是一个悖论。认知科学家和知名人工智能学者马文·闵斯基指出："这个悖论源于这样的现实：每当一个人工智能研究项目搞出了一个可实际应用的新发现时,得到的成果通常很快会被剥离并衍生成为一个科学或商业新方向,再被冠上一个不同的名字。名称上的不断变更只会让外行人发出疑问:为什么我们都没在人工智能的核心领域看到什么进展呢?"[41]

你会把多少身边的物品归为人工智能呢?读到这里,你可能已经开始注意到:不需要刻意寻找,如果你像 80% 左右的美国人一样拥有一部智能手机,那么你就有人工智能物品了。试试跟你的手机下国际象棋,除非你是一位高段位的国际象棋大师,不然你多半会输。如果你有一台电脑,那它也是人工智能。如果用你的电脑运行 Microsoft Word(俗称微软文字处理程序),它会自动检查拼写和语法。以上是几个显而易见的例子,还有一个不那么明显的例子。你有微波炉吗?如果它是一台高端型号,那上面很有可能有个标着"爆米花"的按钮。这个功能以及其他任何自动化功能,都是由人工智能实现的。完全可以这么说,要是没有人工智能,那么上百万人都会死。这话或许听着言过其实,过于浮夸,但其实没有,它是事实。我们对人工智能的倚重已经越过了"临界点"。现代社会的每个层面都依附于人工智能,这一点将随着你继续阅读本章而变得更加清晰。不过,在这一点上我要说清楚,我们对人工智能的倚重如今已经变成了依赖,从保住你性命的关键药品到一次简单的搭火车出行。没有人工智能,这些药品不会诞生,能够从 A 点安全行驶至 B 点的火车也不会存在。

因为我们没能辨识出人工智能技术,所以才得出"该领域取得的进展寥寥"的结论,但事实却是我们身边到处都有人工智能在商业、工业和医药方面的大量应用实例。人工智能在武器上亦有许多应用,我们稍后会在本书中讨论到。

当前应用中的人工智能已经能够执行一些需要人类智能水平的特定任务。尽管在单项具体任务中人工智能可以表现出等同乃至超越人类水平的智能,可说到让人工智能处理所有的人类事务,人工智能领域尚未造出一台与人类智慧相当的机器，即通用人工智能。换言之，人工智能应用的范围通常相当有限。人们已经精确定义了人工智能能够通过程序、计算机技术和其他硬件进行复制的多套方法论，通常一套方法论针对一项具体的应用。

以下是十一类人工智能在当下商业、工业和医疗中的应用，大致按照各大投资公司的相关人工智能融资活动数量从高到低排序。[42]

一、医疗保健

毫不夸张地说，医疗保健是一个人工智能可以"决定生死"的领域。目前，根据世界卫生组织的数据：世界范围内，内科医生、护士和其他健康工作者的缺口高达 700 多万。世界卫生组织预测：到 2035 年，医疗保健工作者的缺口将增至 1 290 万。[43]在服务不完备的地区，这种短缺非常严重。

医疗保健工作者，尤其是内科医生，需要接受多年教育并具备实践经验，而其培养过程的成本十分高昂。幸运的是，这场危机存在解决之道，那就是人工智能。目前，人工智能正在帮助医疗保健专家提升精确性和效率，同时降低所需技能的门槛。具体的应用包括：

1. 人工智能健康助手

一般情况下，一个人在感到不舒服的时候会去看医生，医生会给他们做身体检查，其间查看他们的生命体征，询问一些问题，做出诊断，最后开出处方。如今，上述这几种临床和门诊服务由一名人工智能助手即可完成。以下是三个实例：

（1）你的医学博士[44]　这是一个人工智能驱动的手机应用程序，会利用自然语言处理与患者互动，并根据症状在信息网络中搜寻并提取关联病因。它还会使用机器学习算法，可针对用户的情况生成全面的诊断结果。在完成检查之后，"你的医学博士"应用程序会提出治疗用户所患疾病的建议措施，包括在发现用户有去看医生的必要时对他们发出警示。英国国家医疗服务体系会对"你的医学博士"应用程序提供的信息进行验证，从而保障其提供的指导建议的准确性。

（2）艾达[45] 这是一个人工智能医疗助理应用程序，为提升用户体验，它集成了亚马逊公司推出的智能助理 Alexa。艾达也使用机器学习来熟悉用户的病史，会基于互动结果生成一份详细的症状评估，并提供联络医生的选项。

（3）巴比伦健康[46] 这是一个基于人工智能的手机应用程序，能通过追溯用户的过往症状对所提出的健康护理建议进行补充。如果有需要，巴比伦健康还可安排一场与医生的视频直播咨询。

对于常规疾病，人工智能健康助手会提供医疗建议；而对于病情更严重的患者，它会提供人类医生的转诊服务，使健康护理变得更为便利。在医生不足的地区，它可以补充当地可用的医疗服务资源，拯救许多人的生命。

2. 早期诊断和准确诊断

重症的成功治愈常常取决于在症状早期就准确发现并获得诊断，从而避免使疾病发展到无法治疗的阶段。以下是三个具体案例：

（1）斯坦福大学人工智能医疗算法[47] 斯坦福大学的研究者用十三万张痣、皮疹和人体损伤的照片训练了他们的人工智能医疗算法。结果显示，这套算法在皮肤癌诊断中的有效率与专业医生相当。这群研究者的目标是在未来通过一个手机应用程序来实践这套算法，为拥有智能手机的用户提供便宜的筛查服务。

（2）深思人工智能医疗算法[48] 这家谷歌旗下的公司与英国国家医疗服务体系合作，正在使用机器学习来对抗失明。他们使用一百万张匿名眼部扫描图像来训练这套人工智能算法。训练完成后，算法将能够诊断老年性黄斑部变性和糖尿病性视网膜病变。他们的目标是让这套人工智能医疗算法广泛应用于早期诊断，将98%的最重度视力损害扼杀于萌芽期。

（3）墨菲欧[49]　这套人工智能医疗算法用于协助诊断睡眠障碍。传统的睡眠模式分析通常需要在患者睡眠期间对其进行电子化监控，既复杂又耗时，而"墨菲欧"利用机器学习算法，通过自动识别睡眠模式来协助医生。它的开发者认为，这种模式将有助于创建预测和预防治疗方案。

在检查图像和样本以制定可靠决策这个方面，人类的技巧和经验通常不如人工智能医疗算法。不像人类，人工智能医疗算法的有效性始终如一，不会受到疲劳或情绪低落的影响，也不会因上了年纪而下降。不过，它也需要设备维护，以及随着收录新信息将算法更新。

3. 动态护理

"动态护理"指根据具体的疾病制定合适的治疗方案，并在治疗过程中根据患者健康的变化持续调整方案。目前有多家公司正在开发人工智能动态护理解决方案，以下是两个案例：

（1）IBM人工智能动态护理算法[50]　IBM计划利用人工智能来对抗癌症，并将这套算法命名为"沃森肿瘤平台"。IBM打算在佛罗里达州的一家社区医院里测试这个平台，让它协助对癌症患者的治疗。"沃森"能够接入临床试验数据和医学期刊条目，它会使用这些信息生成一张有效疗法和治疗方案列表，并呈现给癌症护理团队。北卡罗来纳大学医学院的肿瘤专家将"沃森"为1 000个癌症案例所提供的治疗方案与肿瘤专家给出的治疗建议进行对比，结果发现在99%的案例中，"沃森"给出的治疗方案与肿瘤专家相同。这意味着，只要有了"沃森"，即便是没有人类肿瘤专家的小医院也能够给出有效的癌症治疗方案。

（2）爱治疗[51]　这是一个手机应用程序，使用人工智能来敦促患者遵照处方和其他医学建议，比如按时服药。有些病人患有重病，却因各种各样的理由不遵循建议治疗方案，"爱治疗"对他们来说可谓是救命稻草。

人工智能在医疗保健领域中的应用尚处襁褓之中，但前进的步子正迈得越来越快。目前，人工智能是医生的助手。假以时日，在某些具体的应用方向上，人工智能将从协助医生发展为取代医生。当人工智能与人类智慧相当之时，这一设想可能成为现实。

二、广告、销售和市场营销

人工智能当下正对广告、销售和市场营销产生深刻的影响。想搞清楚人工智能对这三者的影响，我们必须逐一分析。

1. 广告

人工智能正使广告发生深刻变革。人工智能让广告投放活动变得更为高效且更具针对性。比如，搜索引擎巨头谷歌使用的是一个名为"排序之脑"的人工智能系统。这个系统依靠的是机器学习，而非一套写死的程序，会根据每个用户的意图来理解他们输入的查询字词，因此谷歌搜索可以返回更贴近用户需求的搜索结果，同时投放更具针对性的广告。与此同时，人工智能在广告领域中的使用已经超越网络，进入了我们所处的实体世界。

2015 年，一个人工智能招贴海报展现出了个性化定制展示广告的能力。[52]这项活动由广告巨头萨奇兄弟①携手媒体传播公司清晰频道和博仕达共同打造。海报使用了人体追踪技术，可判断有谁正站在附

---

① 萨奇兄弟（M&C Saatchi）是广告巨头萨奇广告公司（Saatchi & Saatchi）的两位创始人萨奇兄弟因与股东意见不合，于 1995 年出走后自立门户创建的广告公司。国内暂无官方译名，为作区分，此处译作"萨奇兄弟"。

近，一次可同时捕捉最多十二个人，捕捉完成后会展示多个不同的图片和广告文案组合，然后根据受众的反应找出最为有效的组合，而较为失败的组合则会被重新打散。

上述两个案例都说明人工智能正在改变广告的性质。就在二三十年前，个性化定制广告还是个不可能的任务。一家广告公司能做的最多不过是根据广告内容选择有关联的投放渠道。因此，那时的广告公司会将一个家具广告投放到对家具感兴趣的人群最有可能接触到的媒体上，比如《美好住宅与庭院》这样的杂志。之后，随着搜索引擎广告的出现，内容关联广告迎来了一次飞跃，其有效性提高了不少。如今，出现了使用机器学习来根据每个搜索者搜索的字词解读其意图的人工智能系统。随着这种系统的兴起，广告将在针对性方面再次迎来一个飞跃。人工智能招贴海报的广告也是如此，海报广告的结果由此变得更为有效，这对于广告行业和顾客来说是双赢。

2. 销售

人工智能正使销售发生深刻变革。这场变革发生在多个层面上：

（1）销售线索挖掘　哈佛大学的一项商业研究显示，在销售中部署人工智能作为客户挖掘体系一环的公司，其获得的销售线索的数量上升超 50%，而成本则下降 40%—60%，同时打电话的时间缩短 60%—70%。[53]这是怎么做到的？人工智能应用可以主动联络一个销售线索，确认线索有效后持续跟进并对线索进行维护。以人工智能应用程序"阿梅利亚"为例，它由科技公司埃匹索福特开发，可以解析自然语言来理解顾客的提问。"阿梅利亚"可以同时处理 27 000 个不同语言的对话，而且提供结果的速度比人类接线员快得多。"阿梅利亚"足够智能，若是遇上人工智能无法解决的问题，它会让一名人类代理介入。

（2）线索验证　评估销售线索对销售而言至关重要。理想情况下，公司希望自己的销售团队专注于"热"线索。这里我所说的"热"，指客户意向积极，会为解决某种特定需求而做出购买决定。十年之前，这一整套评估流程需要有一个人耗费大量精力持续跟进，才能判断该线索到底是不是"热"的。人工智能改变了这一切。让我们来看这样一个例子：2016 年，美国最大的电信运营商之一世纪互联投资了科技公司康威西卡开发的一个人工智能销售助手，名为"安吉"。世纪互联希望不必雇用销售代表来对线索进行梳理，而由"安吉"来帮助公司识别出热线索。其成果如下："安吉"每月向有购买欲望的潜在客户发出约 30 000 封电子邮件，然后它会解读收到的回复，判断哪些潜在客户属于热线索。对于被判定为热线索的客户，"安吉"会安排合适的销售人员对接，并将对话无缝移交给合适的世纪互联销售代表。在世纪互联最初的试运行中，99％的邮件回复"安吉"都能理解，余下的那 1％则会被它发送给人类工作人员解读。世纪互联表示，公司在该系统上每花 1 美元，就可带来 20 美元的新合同。

（3）客户关系管理 初次销售和重复销售的关键都取决于一家公司如何管理自己同潜在和现有客户之间的关系。这里有两个应用案例：

- 潜在客户：迅捷数析是一家为数据科学家提供分析工具的公司，一直苦于应对被公司官网上提供的免费试用所吸引来的大量访客——每个月大约有 60 000 名用户会访问他们的网站。像世纪互联那样，迅捷数析选择求助于人工智能。具体地说，是一个名为"漂浮"的聊天机器人程序。[54] 如访问者选择开启对话，它会这样发问："今天是什么风把你吹到迅捷数析这儿来了？"这个机器人（或者说算法）有七种备选的跟进回答，它会根据访问者的回复选择其中一种。如果与访问者的对话显示这名访问者需要帮助，那机器人会指引访问者到网站的帮助支持板块。在没有人类协助的情况下，机器人"漂浮"每个月会进行约1 000次对话，它能自己搞定其中三分之二，剩下的三分之一则会被它发送给人类工作人员来处理。结果相当好。"漂浮"不仅能挖掘出合格的销售线索，还能识别新的使用场景或产品问题。

● 2016年，打印机和专业成像巨头爱普生美国采用了与世纪互联同款的康威西卡公司的人工智能助手。通过贸易展、直邮广告、电子邮件营销、社交媒体、线下和线上广告以及较高的品牌知名度，爱普生每年可获取40 000—60 000条销售线索，而处理这些线索一直是件头疼的事儿。在采用康威西卡的人工智能助手之前，爱普生将所有的销售线索都直接发给自己的销售人员，但根据爱普生的报告，他们的后续跟进不一定有始有终。在应用康威西卡的人工智能助手之后，人工智能助手会对所有线索进行及时且持续的跟进，直到获得一个回复为止。即使在人工智能助手把一条销售线索发送给爱普生的合作伙伴之后，它仍会持续跟进，好确保客户需求得到满足。在这一跟进过程中，客户的回复带来的有时是新的销售机会，有时则是一个需要解决的客户支持问题。结果显示，人工智能助手将回复率提升了240%，贡献了有效销售线索增长数量的75%。

（4）预测性分析[55]　预测性分析是各大成功公司最常应用以确保自己拥有准确数据和销售策略的人工智能类型。本质上，预测性人工智能就是对未来会发生什么做出预言。它有多种形式，不仅可以分析客户对话中出现的消极或积极情绪，还可以根据先前的成败得失记录来计算拿下合同的可能性，从而提供销售预测。根据这些预测数据，它能对预计收入做出预报。使用预测分析的公司，其竞争力比不使用的公司要高出四倍。

(5)指示性分析[56]   指示性人工智能销售平台能够动态汇总并分析数以百万计的数据点集,从中分离出影响公司销售业绩的关键因素,然后根据这些信息提出可执行建议。换句话说,指示性人工智能销售平台不仅能告诉你为什么会这样,还能告诉你公司能采取哪些具体行动提升销量。让我们来看一个例子:美国芝加哥的杂志出版社格雷罗豪想搞明白口碑推荐的价值,好决定如何才能最好地分配自家的销售代表。借助指示性分析,他们不仅找出了会四处推荐更多人的有效潜在客户,还发现某些销售代表在此类推荐业务上的成单率远高于其他同僚。结果显示,得益于指示性分析,格雷罗豪不光能找出自己最优质的推荐来源所在,还能将其应用于销售技巧辅导领域。

3. 市场营销

人们常常会把市场营销同销售和广告搞混。实际上,很多公司也的确没有将销售、广告和市场营销业务区分开来。不过,为了方便说明,我们在本书中会把市场营销同销售和广告分开看待。为了方便区分,我们采用美国市场营销协会对市场营销的定义,将市场营销定义为"创造、传达、交付及交换对顾客、客户、合作伙伴和整个社会来说具有价值的市场供给品①的行为、系列制度和过程"。[57]让我用简单的语言解释一下,市场营销是弄清顾客的需求,确定一家公司为满足此需求而应出售的产品和服务类型,然后为公司的市场供给品决定最佳的传播方式。让我们来看一个具体例子。

在霍尼韦尔公司就职期间,我负责抗辐射加固集成电路和高精度传感器的市场营销、销售和广告业务。我们所有的抗辐射加固集成电路都

---

① 在市场营销中,供给品指一家公司为满足其顾客需求而提供的内容之和,不限于有形的产品,还包括无形的服务、福利、活动等,例如技术支持和会员权益等。

只出售给美国政府机构。虽然我们并不是唯一的抗辐射加固集成电路供应商，但竞争对手极其稀少，而且有关他们公司和产品的信息都是保密的。与此同时，政府内部对抗辐射加固集成电路有需求的机构屈指可数，更别提参与部署的具体人员了。因此，面向目标机构的抗辐射加固集成电路市场营销基本没什么需要做的，也就是让我们的高级工程师与对方的高级工程师会个面，确定一下未来可能会出现的需求和项目。通常来说，若我们认为对方提出了一个新需求，我们便写一份"白皮书"，对该需求进行描述，并论述霍尼韦尔公司会如何解决。有的时候，我们会在这之后得到一份用来展示概念验证①的开发合同。不过大多数时候，政府会针对某个具体项目的抗辐射加固集成电路需求发出一份"询价单"。在收到询价单后，我们则提供一份含有报价的方案书。政府会综合考虑多种因素，包括报价以及供应商满足询价单中所提及的项目目标的能力，然后授予合同。我想指出的是这个案例中没广告什么事，销售流程也仅包括写一份方案书，以及回答政府针对方案书提出的所有问题。不同于商业市场，此处不可能通过广告来提升销量，抗辐射加固集成电路采购的市场由美国政府根据美国国会预算的资金分配确定。

霍尼韦尔传感器产品面对的则是商业市场。跟抗辐射加固集成电路完全不同，一切在商业市场里起作用的因素那儿都有。因此，我们会做市场调研，摸清自家传感器产品的能力与各个目标市场的最佳契合点，确定各市场中的主要客户，摸清这些客户的需求，最后制定出在各市场中具备竞争力的必要价格。另外，我们的目标受众中也包括应用工程师，因此我们会找到这个群体会订阅的行业杂志，在上面投放我们的产品和服务的广告。

---

① 概念验证指为了验证某个概念或想法是否可行，选取此概念或想法的核心部分进行实现。通常是企业在产品选型时或开展外部实施项目之前进行的一种验证产品或供应商能力的工作。

我说这些是为了阐明两点:

- 市场营销不同于销售和广告投放。
- 市场营销是特定供给产品的一个功能。

理解这些之后,让我们来看几个人工智能在市场营销中的应用案例:

(1)营销预测——对营销数据进行分析　人工智能应用在营销预测上,借助其性能以辅助做出预测体现。线上营销数据不光数量大,而且可量化(例如点击量、浏览量、页面停留时长、购买次数、电子邮件回复量等等),因此用人工智能来分析数据、寻找变化趋势并给出建议简直再适合不过。目前提供数据管理和分析服务的市场营销技术公司超过两千家[58],在营销预测上使用人工智能正在成为主流做法。

(2)受众分析——基于机器学习的消费者行为分析　机器学习是指让计算机在不需要专门编程将信息输入的情况下也能够持续"学习"的算法和技术。比如,一台电脑在搭载合适算法后能够对上千封电子邮件进行分析,确定哪种主题措辞能获得最多回应。

三、商业智能

在商业智能中使用人工智能是主流做法。各大公司会例行在庞大的数据库中使用机器算法进行趋势分析和商业洞察,这让他们能够在掌握充分信息后进行决策,使公司每时每刻都保持竞争力。

不论规模大小,所有公司都在收集数据,既有产品、客户、盈利和亏损相关的数据,还有一长串与具体业务特定相关的数据元素①。在二

---

① 数据元素是计算机科学术语,又称"数据元",可简单视作一个信息单元。若干具有相关性的数据元素按一定次序组成的整体结构,即数据模型。

三十年前，只有大型公司才付得起钱去分析这些数据，他们通常会聘请一家专业的数据分析公司来完成这些分析工作。然而，这一切也都在改变。上至通用电气、思爱普和西门子，下到五花八门的初创公司，目前有许多商业智能应用供应商在提供将数据分析工作自动化的平价解决方案。我们来看以下几个案例：

（1）思爱普-沃尔玛应用案例[59]　沃尔玛使用德国思爱普公司的"高性能数据处理平台"（以下简称 HANA）来处理旗下超过一万一千家门店的大量交易数据，借助 HANA 这个人工智能云平台来提高运营速度，控制后勤部门成本。HANA 会将同步来的数据储存在随机存取存储器而非硬盘中，因此使用者可以随时访问这些数据。通过 HANA 中的应用程序更快地做出决策，沃尔玛可以实时定位出现的任何问题，他们可以马上将某一时间段内的销售额与上一年度同时段内的销售额进行比对，甚至能够选择以合计数额或以门店为单位操作。假设沃尔玛发现某家门店的销售额大幅下跌，但其余门店的销售额都在正常变化范围内，那说明那一家门店确实出了什么问题，需要管理层的关注。

（2）埃维诺-太平洋专业保险应用案例[60]　太平洋专业保险公司聘请 IT 咨询公司埃维诺开发了一个分析平台，好让自己的员工能以更全面的视角洞察客户和政策数据，目标是使用洞察到的信息指导新产品的开发，从而帮助团队、促进增长。埃维诺相信，根据他们进行的一项调研，这类洞察将推动保险公司收入增长 33%。[61]

请允许我讲讲我对埃维诺商业智能方案的看法。我有超过三十年的业务主管经验，在我的职业生涯中，我总是要依靠通常在销售和工程会议上掌握到的有限信息来制定产品开发策略。销售人员和应用工程师会直接面对客户，因此对于新产品开发所需的商业智能而言，他们是丰富的信息来源。此外，我们也会进行调研，来摸清一款新产品的市场需求。尽管如此，现实中我们定下的产品开发策略依然很少是清晰而明确的，而且我们也不确定市场是否一定会接受。投资回报率数据中包括大量的假设，因此无法保证策略的准确性。基于上述原因，我那时的做法如下：一是要求新产品的开发周期短到只完成最基本的功能即可，二是要求投资回报率应确保我们十八个月内的销售额能收回产品的研发投入。即便加了这些限制，新产品至少也有一半以失败告终。不过，相比之下，要是没采用这种做法，则接近90％的新产品最后只会血本无归。有些竞争对手的产品研发周期长，而且采用的投资回报率允许用五年时间来收回研发成本，可结果他们经常发现自己不光烧掉了上百万美元，还没什么市场竞争力。我发现，更好的做法是将产品快速推向市场，然后再按照市场需求进行打磨和优化。你可以对这种方式提出异议，不过它的原理是这样的：在市场中获得成功的新产品不仅会覆盖那些失败产品的研发成本，而且十八个月之后依然会带来利润。

使用埃维诺的人工智能商业智能算法汇总客户数据，剔除了来自销售、工程团队和一切人类信息源的主观反馈。若是我那个年代有，我肯定会采用。

简而言之，我认为目前人工智能的商业智能工具还没法替代人类判断，也不能确保百分百成功。不过，这些工具让用户得以掌握更加充分的信息来进行判断，使他们能及时制定出质量和正确率都更高的业务策略。

四、安全

"安全"是一个伞式术语①，既涵盖个体层面的安全（例如减少信用卡欺诈），也涵盖国家背景下的安全（例如防范恐怖袭击）。眼下，人工

---

① 伞式术语指一个涵盖了属于同一个类别的广泛概念的词语或短语，或译为"总括术语"。

智能和机器学习正影响着所有层面和背景的安全，人工智能的应用也经常让人们产生对隐私被泄露的担忧。比如，为了防范恐怖主义，政府必须大范围监控人群的行动，而其中很多人并非恐怖分子。人工智能在安全领域合乎道德的使用是一个重要议题，是道德伦理学的一个新前沿。这并不稀奇，技术发展通常都走在技术道德规范的前面。一个问题由此而生：我们如何在不侵犯个人权利或违反《美国宪法》的前提下使用人工智能加强个人和国家安全？这个问题不是用三言两语就能回答的。截至本书写作时，大趋势上人工智能在安全领域的应用应该会以国家安全利益为重，个人要让渡一部分隐私权。对此我们该如何界定，法律界尚争论不休。这个问题的严重性在我们讨论到自主武器时甚至会进一步凸显，因为自主武器可以自行决定人类的生死。这个问题的严重性非比寻常，我们会在后面的一个章节中进行全面讨论，这里就先放在一边。让我们来看两个案例，第一个有关个人安全，第二个有关国家安全。

1. 鉴别盗用行为

根据美国注册会计师协会的数据：2015 年，大约每五个美国人中就有一个被身份盗窃者①盯上。[62] 仅仅十年前，信用卡公司给你打来电话时还会询问此信用卡刚刚的支付是不是由你本人操作。然而，如今信用卡公司打电话的目的已经截然不同。现在信用卡公司打来电话，都是告知你有人试图盗刷你的卡，同时通知你你的账户已被冻结。信用卡公司是怎么做到马上就知道刷卡的人不是你的呢？答案是机器学习。信用卡公司的算法不仅会追踪你的购买行为，还跟踪着许多的相

---

① 美国将"身份盗窃"定为一种犯罪行为。不法分子通过取得他人的社会安全号、信用卡号、生日、电话号码、地址等个人信息，假冒他人身份骗取钱财的行为均构成身份盗窃。

关因素，从而能以惊人的准确度判断你是不是正在进行某种消费行为。不过，就算用上了这些安全防护措施，相较于 2015 年，2016 年的身份盗窃案数量还是上升了 16％。[63]

2. 网络攻击

现代文明的几乎一切都依靠计算机和互联网，因此网络战（出于战略或军事目的对信息系统发起的攻击）是一项现实存在的明确威胁。美国国防部认定这会威胁到国家安全，于 2009 年在美国国家安全局成立了美国网络司令部[64]，总部位于马里兰州米德堡陆军基地。根据美国国防部，美国网络司令部的职能为：

> ……策划、协调、整合、同步和开展各类活动，以指导国防部特定信息网络的运作和防御；做好全方位网络空间军事行动的准备，并在接到指令时实施，使活动得以在所有领域开展，确保美国及其盟友在网络空间的行动自由，同时剥夺对手的行动自由。[65]

用简单明了的话来说，网络司令部的任务是保护美国免遭网络攻击，同时主动出击发起网络战。

让我们来讲讲人工智能在网络攻击中扮演的角色，这里以电脑病毒为例。

复杂精妙的电脑病毒会使用高级人工智能来渗透进入目标电脑系统。人工智能被用于对程序进行伪装，使程序能够绕过电脑的防火墙，同时持续避开检测。比如恶意软件和其他病毒，它们可以动态修改自己的代码，从而绕过防火墙并避免被杀毒软件检测到。

与此同时，杀毒程序也在利用机器学习和人工智能来检测病毒。杀毒扫描程序会通过查看代码和行为模式来检测电脑病毒，推断一个程序是否为病毒。人工智能这种基于行为的扫描不需要预先将病毒的相关信息输入杀毒数据库中就能实现，因此可以用来对付十分复杂的病毒。

五、金融

美国的七大商业银行都在对人工智能应用进行战略性投资，以求为客户提供更好的服务，同时提升业绩表现，增加营收。金融的未来在于新兴的金融科技和人工智能应用，而这最终将决定几大银行业巨头的竞争力。[66] 在英语中，"金融科技"常被称为 fintech，是其全称 financial technology 的简写。

大型银行要处理大量的数据，生成财务报告并满足监管要求。尽管这些业务绝大部分都已经标准化和程式化，但仍需要大量雇员来人工完成。也正是因为标准化和程式化，这些业务是应用机器人流程自动化的完美候选对象。不过，在超出机器人流程自动化处理范围的业务方面，银行也面临着一系列挑战。因此，银行将机器人流程自动化与机器学习相结合。由于有这些好处存在，同时为避免业务上的混乱，大型银行在人工智能及相关技术上投入了大笔资金，并且大力招募和培养熟练使用人工智能办公的人才。[67]

大企业和大型组织也在利用人工智能来改革核心的财务职能，包括关联公司的内部往来对账、季度结算以及盈利报告发布等。此外，人工智能也在一点点渗透进与企业策略相关的公司职能之中，比如金融分析、资产配置和市场预测。使用人工智能来辅助公司财务，最为显著的好处体现在精准度和速度上。[68]

不过，尽管人工智能可以帮助银行和企业提升运营效率，但银行业仍然需要人类来做出战略性决策。

六、物联网

"物联网"这个词当下相当热门，指将从恒温器到洗衣机在内的任意设备跟互联网以及其他设备连接在一起，但此处的"设备"不包括普通电脑、平板电脑和智能手机。管理咨询公司加特纳称，到 2020 年，连接到互联网的设备将超过 260 亿台。[①][69] 新规则似乎是如果一个东西可以连接到互联网，那就应该把它连接到互联网。这就引出了这样一个问题：为什么要连接？为了回答这个问题，让我们来看看 2013 年版《物联网全球标准倡议》[②]中对物联网的定义：

> 信息社会的一项全球性基础设施，在现有的和发展中的互操作性信息和通信技术的基础上，通过相互关联（物理的和虚拟的）事物，从而使各类先进服务得以实现。[70]

根据这个定义，连接的目的是为了实现先进的服务。让我们举几个例子来加以说明。比如，你正根据手机里的购物清单在超市购物，这时你的智慧厨房注意到你漏了食盐没写，于是在你的购物清单中自动加上了"食盐"。还有另一个简单的例子：你跟你的妻子约好共进晚餐，但她在路上遇到了交通拥堵，于是她的智慧汽车给你发来一条短信，说她会晚些到，并附上了预估达到时间。物联网同样适用于城市交通网络这样的大型系统，协助提升其效率，比方说如果下一站没有候车的乘客，那火车可自动不停站，直接通过。

物联网孕育着数不清的机会，可以容纳无穷无尽的连接，并且允许那些连接以各种我们如今还没能想到或彻底理解的方式为我们提供服务。尽管人们对把万事万物都连接上网的热情十分高涨，但有一个重要的方面并没有得到足够的注意，那便是我们对互联网的倚重如今正

---

① 本书英文原版于 2018 年出版，下同。
② 由国际电信联盟电信标准化部门发起的一项倡议，旨在促进统一技术标准和建议的制定，以在全球范围内实现物联网的最佳标准化和互操作性。

变为依赖。眼下我们尚没有应对其中牵涉到的深层次安全挑战的能力，便已经开始高速搭建起物联网来。[71]在上一段末尾的火车假设中，若车站里满是候车的乘客，这时却有人恶意黑进了火车和车站的物联网连接里，可能会发生什么呢？黑客可以给火车发送一条指令，让火车不靠站直接通过。那假如不是火车，而是应急救援车辆和急救员，这一切又会变成什么样呢？黑客可以指示急救车去往错误的地点，而与此同时正有人生死未卜。这引发了一个问题：物联网应该被监管吗？截至本书写作时，美国联邦贸易委员会拒绝对物联网进行监管。这个决定明智吗？你来评判吧！

七、可穿戴设备

首先，让我们来解释何为"可穿戴设备"。根据技术百科全书网的定义：

> 可穿戴设备是一种可以被人类穿在身上的技术。这类设备如今在科技世界中变得越来越常见，许多公司已经开发出更多种类的可穿戴设备，不仅小到足以穿戴，而且还配有强大的传感器技术，能够收集和提供周围环境的相关信息。[72]

跟踪用户的生命体征、健康和体质等相关数据及其位置信息，就是可穿戴设备的一种典型应用。相关案例包括：

（1）第二代苹果手表[73]　根据苹果公司公布的信息，第二代苹果手表配备的功能包括："内置 GPS；50 米防水；快如闪电的双核处理器；两倍亮度的显示屏"。"各种助您保持健康、充满活力、紧密联系的功能应有尽有，第二代苹果手表是健康生活的完美伙伴。"显然该款手表会追踪用户的身体活动，感应用户的心跳速率，允许用户与苹果语音助手 Siri 交互，接收和发送短信，以及接听和拨打电话。截至本书写作时，基础版本售价在 200—300 美元之间，高级版本则在 500—600 美元之间（美国本土售价）。

（2）人工智能可听戴设备　首先，让我们给"人工智能可听戴设备"下个定义。网站"每日听觉"①提到，可听戴设备是"一种无线的入耳式计算耳机。它本质上是一种可放入耳道的微型电脑，利用无线技术来补充和提升用户的听觉体验"。[74]它的终极目标是将助听器和电脑两者的完整功能整合进一种适合放入耳内的小型设备中。但这种技术还远未成熟，我们距离这个终极目标还有很长的路要走。不过，随着纳米电子技术和纳米传感器技术的发展，以及互联网连接在更大的范围内铺设开来，其终极目标或有望达成。主要问题在于"何时能"，而非"能不能"。

可听戴设备的市场目前仍处于起步阶段，完全辜负了它那浩大的宣传声势——我必须指出这一点，否则我就是个不称职的作者。这一切大部分将取决于技术（比如纳米电子技术、纳米传感器技术以及人工智能技术）会如何发展。基于我自己对人工智能、纳米电子和纳米传感器的了解，我认为未来十年乃至更短的时间内，我们就将达成终极目标，把人工智能可听戴设备变为现实。在此期间，我期待每一代人工智能可听戴设备都能比上一代提供更多功能，我也期待苹果手表会用类似的方式走向成熟。在回报加速定律的作用下，这项科技成果最终不仅会为普罗大众所喜爱，而且人人都能负担得起。

八、个人助理/生产力

把"个人助理"和"生产力"分在一组可能看着还挺奇怪的，但这么做的理由很简单，人工智能个人助理的目标就是提升使用者的生产力。实际上，此类通常被归为"智能个人助理"的设备所承担的任务与人类

---

① 该网站现已更名为"清澈生活"（Clear Living）。

个人助理的工作内容基本没什么两样，包括会议安排、出行预订、票据管理、笔记记录、口述听写以及重复性的销售任务。[75]

就在十几二十年前，只有管理层精英才有人类个人助手，好让这些管理人员全神贯注在自己的工作上，而把例行事务留给他们的个人助理去处理。在我刚踏入职场的那个年代，安排一场会议可是件苦差事。我通常需要打电话给每一个人，逐一询问他们有空的时间段，最后再找出一个大家都有空的时间。即使在今天，要是不用智能个人助理设备，哪怕只是随便安排一场普通会议，在找出大家都行的时间之前，要发的电子邮件也至少三封起步。这种时间上的浪费成本高昂，因为安排会议的人都是知识劳动者（从事信息工作而非体力劳动的人），通常来说收入都高于最低工资标准。

好消息是，从 20 世纪 90 年代末开始，智能个人设备出现了。那时候，智能个人设备跟手机是两种东西。一切改变于 2007 年 6 月 29 日苹果公司推出 iPhone 的那一天，随之而来的还有媒体的狂轰滥炸。[76]在那一天之前，智能手机除了收发电子邮件几乎没有其他功能。直到今天，我还记得斯蒂夫·乔布斯发布 iPhone 的场景，也还记得自己当时在想："iPhone 有什么特别之处？"作为霍尼韦尔的一名高级主管，我是有一部手机的。我的智能手机能上网和收发电子邮件，拨打电话当然也不在话下，还配有一块小小的键盘——跟 iPhone 出现之前的所有智能手机一样。此外，我还有一位人类个人助理，我也有智能个人设备。我有物理学背景，也是个技术专家，但依然觉得智能手机的功能颇为有限。尽管当年的我没有急于购买早期的 iPhone，可我的儿子们买了，他们给我展示了新 iPhone 的功能。在 iPhone 面前，我的智能手机相形见绌：iPhone 没有迷你键盘和导航按钮，取而代之的是一块触摸屏，在应用程序需要的时候会唤起键盘和控件。至此，我终于认识到斯蒂夫·乔布斯的成就之伟大。用斯蒂夫·乔布斯自己的话来说，他将"有触摸控件的宽屏 iPod""革命性的移动电话""突破性的互联网通信器"三者融合在了一起。[77]类似电脑，iPhone 也拥有许多软件应用，而且应用的数量在最初几年里呈指数式增长。虽然"智能手机"早已不是什么新概念，但没有一家公司的手机有 iPhone 那样的功能。iPhone 的诞生改变了世界。今天，绝大多数手机制造商提供的智能手机都能媲美 iPhone，而大多数人都拥有一部智能手机。智能手机最终让 iPod 和智能个人设备成了明日黄花，并牢牢地确立了苹果公司在消费电子产业的巨头地位。就在我写这段话的时候，我正听着我的 iPhone 7 在一个"蓝牙"扬声器中播放的音乐，我也可以使用语音命令，我手机上的助手 Siri 会用自然语言进行回复，按我的要求提供天气预报，告知我接下来要开的会议，或是设置一个会议提醒。

我这辈人中的大多数都还记得《星际迷航·原初系列》中的通信器。那是科幻小说虚构的设备，《星际迷航》的一众创作者本来可以把任何他们能想出来的能力都安排给这部设备，然而它就只是一台通信器和一个定位设备，能够"锁定"星舰位置并把柯克船长和其他船员传送回星舰，仅此而已。你就没见过柯克船长向通信器提问，或是用它来看电影。所以说，iPhone 拥有的功能实际上要多过《星际迷航》的通信器。

跟很多智能手机用户一样，我用 iPhone 来提醒自己我的日程安排，获得天气预警，开车时导航，收发即时信息和电子邮件，以及拍摄照片。凭借数量庞大的智能手机应用程序，有些人靠智能手机能做的甚至还要更多。

商业咨询公司弗若斯特沙利文的一项研究显示：员工表示智能手机将生产力提升了 34%，相当于平均每天分别节约下 58 分钟的工作时间和个人时间。[78]

九、电子商务

人工智能正在改变电子商务。咨询公司加特纳预测：到 2020 年，

85％的客户互动将由人工智能处理。[79]不过，这已经发生在我们大多数人身上了。举个例子：我开的药吃完了，于是打电话给沃尔格林①拿药，整通电话都是与药房的人工智能应用程序进行自然语言交互。眼下，人工智能已经发展到了这样一个节点，即用户几乎不可能发觉自己是在与电脑应用程序进行互动。在这方面，沃尔格林并非一枝独秀。前面已经说过，这正在成为一种普遍做法，因为把电子商务业务交给人工智能电脑应用程序处理既划算又高效。

让我们细细讲来。

人工智能在分析大数据（大量的数据集）时比人类速度更快，效率更高。它能够识别信息中的聚类和模式，包括客户间的相似性、过往购买行为、信用核查等。这意味着人工智能可以为每个客户提供个性化服务，这一点对线上商店的成功至关重要。比如亚马逊，它们就是依靠人工智能算法来提升转化率（所谓转化，即销售额）。

人工智能还可以作为虚拟销售助理。当你在线上研究过的商品或服务可以购买或者售价下降时，人工智能能给你发送一个通知提醒。比如，如果你把一个商品添加进你的亚马逊心愿单中，那在这件商品降价或是库存发生变化时，亚马逊都会给你发送通知。很多旅行网站也采用了同样的做法，会在航班余票发生变化或是机票降价时给用户发送提醒。我希望在不远的将来，虚拟销售助理会成为个人购买助理。它不再只是发出一个提醒，而会配合你在计划安排的时间段内一旦价格达到最佳，就直接为你购买那件商品或服务。

聊天机器人是一种使用自然语言与顾客交互的人工智能算法，眼下它们正变得越来越聪明。[80]聊天机器人超越了简单死板的问答系统，丰富了顾客的购物体验。举个例子，卖家将配送流程接入聊天机器人，聊天机器人便可以给顾客提供商品的实时配送状态。这种个性化

---

① 沃尔格林是美国最大的连锁药店。

的产品配送升级会提升客户的满意度。聊天机器人是未来的浪潮,因为它们拥有下列特点:

(1)扩展性客户服务 既无需排队等候一个客户服务代表为自己服务,也不会被告知换个时间再打电话来。

(2)客户智能 在解决客户的问题时,很可能聊天机器人比人类更能让人满意。

(3)使用简便 不必输入文字,可以用自然语言直接与聊天机器人交互。

(4)个性化 聊天机器人会使用大数据来提供个性化的购买体验,让顾客觉跟自己互动的是"朋友",而非卖家。

聊天机器人的关键优势在于它们可以使用人工智能来分析大数据,从而实时解决客户的问询,并且还能够从互动中学习。跟人工智能聊天机器人相比,哪怕有传统的客户管理数据库和库存数据库等一众数据库的支持,人类的速度也要更慢,而且长期来说成本更加高昂。IBM 就是一例。IBM 使用旗下的计算机"沃森"将结构化和非结构化的数据①进行关联,从而决定什么时候采购哪些商品(库存管理),甚至还能决定是否需要给一件商品打折来增强它的竞争力。[81]

大体上,人工智能在电子商务中十分好用,但并非万能。在某些方面,人工智能无能为力,还是得靠人类,比如以下这些情况:

- 应用某些并未存储在公司数据库里,而是只存在于公司员工脑中的知识。比如:面对怒气冲冲的顾客,老练的销售人员能从对方的言谈(比如音调的变化)中读取线索,把有可能导致丢单

---

① 结构化数据指存储在数据库里,可以用二维表结构来逻辑表达实现的数据。非结构化数据与之相反,可包括文本、电子邮件、社交媒体文章、演示文稿、图像、视频文件甚至应用程序日志。

或是吃官司的情况及时化解。

- 当顾客坚持要与真人对话时充当公司的喉舌。
- 与客户建立个人交情——信任是实现销售的重要因素之一。

十、机器人

若我们让一个机器人拥有人工智能，我们就得到了一个可以执行本来只有人类才能做到的事的机器，而这种能力带来的影响可能十分深远。不过，要想搞明白这个话题，我们得拆解开来分别细看。

人工智能是一个伞式术语，指使用电脑复现智能行为。思考一下这个例子：一般来说，我们认为国际象棋需要高度的人类智慧，但一部装有国际象棋算法的普通智能手机就能胜过绝大多数人类。问题在于，智能手机的国际象棋算法只会在这一个功能上表现出智能，比如它不会玩跳棋这种相对简单不少的游戏，而很多人小时候学学就会了。智能手机的许多功能表现出了与人类相当甚至更高的智能，但总体来说，它的智能低于人类。智能手机缺少"通用人工智能"——有些人工智能学者也称其为"强人工智能"。总之，目前的电脑中还没有一台展现出通用人工智能，即无一通过图灵测试。今天，人工智能领域的研究集中在实现最少人类介入的条件下执行智能行为甚至能够从过往经验中学习的算法的开发上。有些人工智能学者将这类算法称为"智慧代理"，在前面的章节里我们已经讨论了不少相关案例。

机器人学是一门聚焦于机器人设计、建造、操作和应用的技术。作为科技的一个分支，机器人学的历史要早于人工智能技术一千多年。对机器人最早的记载可追溯到公元前 4 世纪，古希腊数学家阿尔库塔斯造出了一只由蒸汽驱动的机械小鸟并命名为"鸽子"。"机器人"一词指能够自动执行操作的机器。大多数人都知道，汽车制造商大量应用机器人来执行会让人类工人感到无聊的重复操作，美国军方和警方也使用机器人来执行各类危险任务，比如拆弹。

早期机器人是一类自动化装置。通过特定的结构设计，一台机器能够执行一项通常需要人类完成的任务。不过，早期机器人的能力范围相当有限。这些机器人可以执行一项单一任务，但若要它们执行另一项任务，则必须对机器人进行改造，或直接为新任务建造一个新机器人。计算机的出现改变了这一切。

1954 年，美国发明家乔治·德沃尔造出了第一台数字化操作的可编程机器人，他将这个机器人命名为"尤尼梅特"①。1956 年，德沃尔和美国物理学家、工程师兼企业家约瑟夫·恩格尔伯格共同创立了第一家机器人公司——尤尼梅股份有限公司。1960 年，尤尼梅公司出产的第一台尤尼梅特机器人被通用汽车公司买走。次年，即 1961 年，通用汽车公司将这台尤尼梅特机器人用在了其位于新泽西州特伦顿市的一间生产车间中。根据设定的程序，这组机械臂会将滚烫的铁片从压铸机上举起并堆放在一起，为下一步的组装操作做好准备。大众普遍认为，德沃尔发明的"尤尼梅特"和他的第一台数字化操作可编程机械臂专利双双为现代机器人产业奠定了基础。[82]可编程的机器人已经超越了简单的自动化，程序编写让一台机器人能够执行多项任务变成可能，而这很大程度上与我们培训人类来完成多项任务的做法类似。从"尤尼梅特"身上，我们瞥见了尚处在最初级阶段的人工智能的模样。

虽然在那之后许多公司都开发了可编程机械臂，但是它们仍旧只是处于最初级阶段的人工智能。这一切直到 1970 年才有了改变。斯坦福研究所②（如今已更名为"斯坦福国际咨询研究所"）开发出了第一个能够对周围环境作出反应的移动机器人，名为"沙基"。根据设计，"沙基"装有包括电视镜头、激光测距仪和"碰撞传感器"在内的多种传

---

① 德沃尔在其 1954 年提交的"程序化物体转移"技术专利说明中提出了"通用自动化"（Universal Automation）概念，"尤尼梅特"（Unimate）这一名称正是从这两个单词中各取一部分创造而成的。

② 斯坦福研究所是美国最大、最著名的民间研究机构之一。

感器，能够自行规划行进路线。

一晃数十年过去，在如今的我们眼前，人工智能机器人正日益大众化，现代文明的方方面面都有它们的身影出现，小至客厅里的扫地机器人（比如机器人公司艾罗伯特在 2002 年发布的扫地机器人"伦巴"），大到美国军方的无人机（比如通用原子公司制造的 MQ-1"捕食者"）。

十一、教育

尽管人工智能在教育领域的应用可以追溯到 20 世纪 80 年代初，但直到最近十年，人工智能才使教育模式发生了显著转变。

十多年之前，教育还依赖于教科书和人类教师。通常，学生上课就是在特定时间学习某个特定科目，特征是这一切都在一间塞满课桌的房间里进行。教师则一般按照教科书中的内容授课，他们讲授的知识有时会超出书本上的内容，有时却比书本上的内容还少。在课堂上，学生一般有机会提问，但回到家之后，学生不得不依靠教科书寻找答案。在互联网出现之前，这就是教育最为典型的场景。如果导师给学生布置了一个主题让他们研究，学生通常需要自行前往图书馆，图书管理员会帮助他们找到他们所需的资料。至少，在最近的二十年间，互联网为做研究和解决问题提供了另一种路径，而个人电脑也给教育方式带来了许多改变。如今，在许多应用程序的帮助下，一个学生可以撰写出足以与正式学术论文相媲美的研究报告，脚注、尾注和参考文献一应俱全。虽然上述几项变化已经相当深刻，但人工智能在教育上的真正影响其实才刚刚开始展露。

人工智能具有数字化、动态化的特点，是教科书或教室环境所不具备的，能够提高学生的参与感和浸入感。近十年来，出现了被称为智能导师系统的人工智能应用程序，可为学生提供即时的定制化讲解和反馈。[83]在学生对问题求解时，这种智能导师系统还可以对他们的思路进行追踪，然后使用这些信息来判断该学生的理解程度，并及时纠正错误的理解。此外，智能导师系统还能根据学生的具体情况来布置恰当难度的习题。这类系统的优势在于实现了一对一辅导,而且其中某些系统的教学效果接近于专家级讲师。目前,这样的智能导师系统案例有卡内基学习、塔博特①和前排等。从学习成果来看,相较于其他的教学方法,使用智能导师系统学习的学生会获得更高的分数。[84]

除了提供一对一辅导的智能教学系统,人工智能在教育上的另一项应用为增强型众包辅导,即利用社交网络来帮助上百万学生彼此协作,本质上和历史悠久的老办法"不会做,问同学"差不多。增强型众包辅导的一个知名范例是"脑力",它设置了超过一千位"版主"作为把关人对问题进行审查,同时对其他用户发在平台上的答案进行验证。[85]此外,"脑力"也使用机器学习算法来自动过滤垃圾信息和低质量内容,好让"版主"们可以专注为学生提供高质量服务。

人工智能在教育领域的另一项应用是深度学习系统,通过读取、写入和模拟人类行为来提供定制内容,比如美国人工智能公司内容科技就是让教育工作者们可以根据各自的课程大纲来组合编写定制教科书。[86]

上述案例表明:相较于传统方式,人工智能不仅可以加快学习的速度,还可以让学习更加深入。未来在十到二十年内,人工智能算法就能全面取代人类导师。我之所以如此断言,是因为按照人工智能当前的发展进程,它将在差不多的时间内达到与人类智能相当的水平。到人工智能开始在教书育人上占据主导地位之时,我们如今熟悉的学校和教室也将随之改变。不过,请注意我在提到人工智能取代人类教师时用的词是"能够",而不是"将会"。我选择这样谨慎的措辞是因为人工智能算法、数据库、电脑和其他相关的软、硬件都需要投入时间、精力和金钱,而这会减缓人工智能取代人类成为教师的速度。尽管如此,哪

---

① 塔博特(Tabtor),由"平板电脑"(tablet)和"导师"(tutor)组合而成,也可意译为"平板老师"。

怕只是这样粗略地一瞥人工智能如今对教育的影响，人工智能的有效性也已经体现得淋漓尽致，特别是在提供深入且快速的学习体验等相关方面，社会将随着这项技术的发展而发展。

在前文中我们提到过，内科医生、护士和其他医务人员在全球范围内的缺口超过七百万人，而目前培养这些专业人士需要花费大量时间和金钱。人工智能或许能改变这一现状。可以想见，学习机构只要投入资金，配置合适的硬件和软件，即可节约培训专业医护人员所需的时间和成本。在此基础上，我能设想出这样的未来场景：每个学生都配有一台电脑，电脑上装有教授特定课程的算法，让按需学习成为现实。我也能想象出这样的未来场景：人手一个人工智能个人助理，每个人在这位助理的协助下做到终身学习。想象一下，有位医生在看诊时遇到一位病人，身上长着以前从没见过的皮疹，于是这位医生叫出他集成在一部智能手机中的人工智能个人助理对皮疹拍照，人工智能个人助理随即通过互联网对大数据进行检索，成功识别皮疹，并给出推荐的治疗方案。这一切在今天或许还只是科幻小说的情节，但在几十年后就有可能成为现实。

十二、本章要点

本章仅概述了人工智能在商业、工业和医药等领域的多种应用，十一个大类中的每一类都只提及了代表性的算法和案例。要对这些应用进行深入讨论可能需要一整本书的篇幅，在此我们只侧重于以下两点：

1. 人工智能已经成为深入现代社会几乎方方面面的一个重要元素，我们对人工智能的倚重正在加深为依赖

按我们当前的发展进程，到 2075 年，或许现代社会的运转将无法离开人工智能。尽管如今人工智能极好地丰富了我们的生活，但我们对人工智能与日俱增的依赖需要引起警惕，人工智能技术的任何颠覆都能威胁我们的种族的存亡。眼下我在此处先"抛砖引玉"，供大家思考。不过这个观点其实分量颇重，我们会用后面的一个章节来讨论。

2. 现代社会并没有意识到自身对人工智能的依赖正在日益加深

我们在前文中探讨过，这种对人工智能视若无睹的现象被称为"人工智能效应"。坏消息是这种视若无睹完全不会阻碍人工智能的发展，只会带来一种对其听之任之、自由放任的态度。比如，目前没有任何法规约束人工智能的开发或应用，包括人工智能在战争中的使用。这同样可能会对人类种族的存亡造成威胁——一些国家的自主武器系统已在部署之中[87]，这意味着他们允许拥有人工智能的机器在没有人类控制的情况下发动袭击并决定其他人类的生死，这会对未来的战争造成巨大的影响。自主武器会点燃一场世界大战吗？当人工智能在所有领域都全面大幅超越人类的认知能力之时，后"奇点"时代的人类会面临哪些问题？在了解了我们充斥着战争的历史和散播电脑病毒的斑斑劣迹之后，超级智能一族会把人类视为对其自身存在的威胁吗？它们会不会用人类自己的武器来消灭人类，就像我们消灭杀人蜂那样？

人工智能效应叠加人工智能应用带来的众多好处，导致人类无视了人工智能邪恶的那一面。然而，即使我们对此视若无睹，人工智能那邪恶的黑暗面依旧存在。如果你觉得这听起来很可怕，那是因为现实要比科幻小说中的情节更令人毛骨悚然。

第三章 我,致命的机器人

> 一个国家在现代战争中的作战能力实际上等于它的技术实力。
>
> ——弗兰克·惠特尔

　　新一轮军备竞赛开始了。美国等国家都在以人工智能为中心部署新的武器战略,虽然每个国家都对各自人工智能武器的开发和部署秘而不宣,可哪怕最隐秘的领域也有一探究竟的机会,只要利用某种经历过时间检验的技巧——俗话说:"跟着钱走。"

　　美国的军费开支冠绝全球。2016 年,美国国防部的国防支出是6 110多亿美元,占美国国内生产总值(以下简称 GDP)的 3.3%。光看国防预算的对比,有人可能会一下子得出美国将在战争中全方位立于不败之地的结论。现实并非如此。俄罗斯等国家都明白,它们无法做到与美国全面一对一抗衡。最近数年间,很多国家对现代化建设的投入都在提高,导致美国过去享有的军事统治力优势缩小。与此同时,美国将超过 10%的国防支出用于横跨半球投射军事力量。目前,俄罗斯也在全力开发新的军事技术,以削弱美国在欧洲和亚洲的影响力。在以前的冲突(例如前文提到的沙漠风暴行动)中,美国从未遇到任何有能力摧毁美国航空母舰或空军基地的对手,美国对敌方领空的支配能力也从未受到过挑战。但不对等的战争让美国军事规划人员面临一个全新问题，也对美国的军事力量投射能力提出了挑战。

不过，俄罗斯的选项十分有限。虽然俄罗斯可能在核威慑方面与美国平起平坐，但在大多数的其他战争要素方面都很落后。尤其是俄罗斯的人口远少于美国，两个国家的人口数量分别为（已四舍五入至整百万）：

- 美国：3.19 亿
- 俄罗斯：1.42 亿[88]

在所有国家中，中国是人口第一大国，美国排名第四，俄罗斯排名第九。人口因素在俄罗斯对自动化和人工智能的考量中所占的权重相当大。对于俄罗斯而言，人口是其作为世界主要大国的最大劣势，影响远超其他因素。因此，俄罗斯已经宣布会组建机器人军队并部署自主武器。此外，武器出口在俄罗斯经济中扮演着十分关键的角色，在制造业和技术密集型出口中占据相当大的份额。实际上，俄罗斯是仅次于美国的世界第二大武器出口国。俄罗斯的军工产业不但让俄罗斯得以融入全球经济体系，还有助于俄罗斯保有完整的国防工业体系。俄罗斯领导层明白，他们下一代武器的出口需要将人工智能包含在内，才能在国际市场上具备竞争力。

美国知道，不论是武器技术，还是对手，局面正处于持续的变化中。为了应对这一变化，美国国防部于 2014 年 11 月公布了"第三次抵消战略"。[89]让我们讨论一下这个战略的意义。

所谓"抵消战略"，指的是使用科技来抵消头部对手的军事优势。其原则分为两层：第一，如有必要，力求借助军事技术力量赢得一场战争；第二，也是最重要的一层，力求拥有足以威慑他国的科技军事力量。要理解抵消战略，我们需要回顾美国历次实施抵消战略的时代背景。

（1）第一次抵消战略　20世纪50年代，时任美国总统艾森豪威尔强调利用核武器的技术优势作为对华沙条约组织的一种防御和威慑手段。这让美国免于支出原本以常规方式威慑华约所需的庞大军费支出。第一次抵消战略的影响贯穿了整个20世纪60年代。

（2）第二次抵消战略　1975—1989年，美国强调利用技术优势抵消对手拥有的数量优势，重建美国在欧洲的威慑稳定性。[90]在欧洲，华约军队的规模是北约的三倍。由此，在吉米·卡特任职美国总统期间，担任美国国防部长的哈罗德·布朗提出了以新兴的情报、监视和侦察平台，精确制导武器改良，隐形技术以及天基军用通信和导航为中心的第二次抵消战略。[91]获得的具体成果是空中预警和控制系统、F－117隐形战斗机及其后继者、现代精确制导导弹和全球定位系统（以下简称GPS）。对于这个时期的军事战略人员和公众来说，"智能武器"成为美国军事力量的代名词。而这一切的实现，很大程度上依赖于美国在集成电路和传感器技术上的领先地位。

（3）第三次抵消战略　第三次抵消战略于2014年提出，旨在使美国得以在他国飞速发展的军事技术实力面前继续维持军事优势。听我细细讲来。20世纪80年代末，美国发现光是凭借先进的集成电路和传感器来维持技术上的领先地位开始变得愈发艰难。这一时期，廉价的集成电路和传感器还有生产它们所需的硬件开始变得随处可见，这导致五角大楼难以继续控制对手的技术进步。同时，先进的集成电路和传感器也开始在世界各国普遍生产，这项技术不再只为军方和大企业实验室所独有，消费电子产品公司逐步成为各种新技术的诞生地。这引发了一个相当严肃的问题：面对已然获得先进集成电路和传感器技术的对手，美国还能采用什么样的抵消战略？2014年11月，奥巴马任职美国总统期间，美国国防部长查克·哈格尔公布了第三次抵消战略，呼吁再专门设立一个针对包括人工智能、机器人和纳米武器在内的前景技术领域的"长期研究和开发计划方案"①。这意味着美国国防部会将机器人、系统自主性、小型化、大数据和先进制造等技术应用于武器的研发和部署。此外，美国国防部对美军与创新型私营企业之间加强合作的重心也发生了转变。[92]2014年10月，在美国国防部长哈格尔宣布第三次抵消战略之前，美国智库战略和预算评估中心发布了一份报告，其中描述了第三次抵消战略的内容构成。这份报告重点探讨了两个方面：一是下一代力量投射平台的开发，包括无人自主攻击机、远程打击轰炸机和无人水下载具；二是提升美国应对失去天基通信承受力的多项策略。这里我想强调一下，尽管国防部长的讲话中没有使用"纳米武器"这个词，取而代之的是"小型化"一词，但鉴于美国在纳米武器这项军事能力上拥有巨大的领先优势，因此毫无疑问，纳米武器是第三次抵消战略的关键组成部分。

据美国国防部副部长罗伯特·沃克所言，第三次抵消战略不涉及核武器，其特征是重点关注"实力相当的竞争对手"。[93]沃克声称：

> 与美国旗鼓相当的竞争对手们在发展网络对抗能力上投了不少钱，因为他们深知我方作战网络的强大，他们会投入大笔资金发展网络战能力、电子战能力以及太空对抗能力——在太空中的卫星星座②也是我方军力十分重要的组成部分，要把前面这些作战网络连接在一起，它是必不可少的。[94]

沃克解释说，美国战略能力办公室现在是负责实施第三次抵消战

---

① 这一项目沿袭了获批启动于1973年并帮助美国奠定第二次抵消战略基调的美国国防部研究项目"长期研究和开发计划方案"的名称。

② 卫星星座指通常放置在互补轨道平面中协同工作的人造卫星组。一个卫星星座可提供永久性的全球或近乎全球的覆盖范围，比如GPS卫星星座和北斗卫星星座。

略的组织机构之一。美国国防部之前投入大量资金打造的一众系统会移交给美国战略能力办公室使用，由其对这些系统进行改造或赋予它们世人前所未见、闻所未闻的新用途。他明确宣称第三次抵消战略的核心是人工智能和自主性[95]，本次抵消战略的重点之一是在战争的运筹层面占据优势，"因为从历史上看……拥有这种优势是保证常规威慑的最可靠方式"。[96]

总的来说，美国现在的计划是通过人工智能和机器人武器来维持自身在世界范围内的军事优势，正如在第三次抵消战略中所描述的那样。在他们的方案中，实现这个目标得部分依靠在公开市场上广泛存在的技术。这引出了下一个问题：成功实施第三次抵消战略要面对哪些挑战？

成功实施第三次抵消战略所要克服的挑战相当巨大。2016 年，ISIS 在伊拉克利用一台装有爆炸物饵雷①的商用现成品②无人机发起袭击，造成两名库尔德士兵死亡，两名法国空降兵受伤。意外吗？坏消息是，这就是现实。2016 年，从伊拉克到叙利亚再到乌克兰，人们一再发现业余爱好级无人机被用在作战之中。[97]

ISIS 发起的无人机袭击不过是全球性趋势中的个案而已。如今新技术一旦可商用并进入市场，那它扩散至全球的速度之快远非数十年前能比，这导致美军拥有的技术优势在缩小。渐渐地，美国取得的技术进步开始不足以抵消对手的进步。

美国在技术上的进步只能保持几年，随后它的对手便会开发出反制措施或发展出类似能力，这一趋势正变得越来越明显。因此，五角大楼应参照传统高科技企业（比如苹果或谷歌，它们为获得国际竞争力在

---

① 爆炸物饵雷指通常安装在外表无害的物体上的隐蔽爆炸装置。

② 商用现成品通常指采用标准化部件，无须根据使用环境再进行适配或调整、从市场上购入后开箱即可直接使用的商品。

持续不断地实现创新)并把类似模式应用在武器开发上。在此基础上，美国必须对某种失去高科技力量的场景有所准备，比如对手夺去了美国的全球定位系统或监视和通信卫星。简而言之，美国必须学习如何只使用低科技力量与实力最强的对手作战并取得胜利。

以上是对美国第三次抵消战略的概述。这次抵消战略以人工智能、机器人和纳米武器方面的技术优势为中心，下面让我们分别细说这三个部分，以深入了解该战略可能产生的影响：

（1）人工智能用于武器 在武器中加入人工智能的概念会令人马上联想到智能武器，或用军队的行话称其为"自主武器"。美军将自主武器分为两类，一类是防御性自主武器，另一类是攻击性自主武器。自主武器也可以用于非杀伤性任务，例如监视。致命性自主武器是以无需人类介入即可自行选中并攻击军事目标为目的而设计的武器，放任机器(致命性自主武器)决定人类的生死。此外，自主武器的行动范围包括陆上、空中、水面、水下和太空。重点在于区分自主武器与遥控军用机器人。以美国空军的无人机为例，美国空军的无人机确实也拥有一些自主功能(如自动驾驶)，但它们不是自主武器。一架美国无人机若要释放某个武器，则必须要由人类决定。一言以蔽之，自主武器能靠自己做出行动决定。比如，一台致命性自主武器会根据其任务整体的执行需要自行挑选目标，包括人类目标。这种特性需要高度警惕，其俗称"杀手机器人"亦由此而来。联合国正在讨论禁止致命性自主武器，但截至 2017 年 9 月 29 日，联合国没有出台任何有关致命性自主武器的禁令。美国部署有辅以不同程度人为控制的自主武器系统，比如美国海军的"密集阵"近程防御武器系统。该系统使用雷达制导火炮，可自主识别反舰导弹并开火。消除人的控制是出于对快速响应的需求。美国目前的政策是"自主武器系统的设计应允许指挥人员和操作人员在使用武力时行使适当程度的人为判断"。[98]"自主"和"在使用武力时行使适当程度的人为判断"似乎不该出现在同一个句子里。虽然美国的确只打算部署半自主武器，但同时也承认某些冲突或状况发生的速度之快使人类根本无法及时作出反应。"密集阵"被投入应用正是出于这个原因。类似的领域还有网络战，攻击可以在毫无预警的情况下于瞬间发动。在网络战领域，美国允许其网络防御的部分要素为自主式，并认为这种程度的人为控制是适当的。我们稍后会对这个话题展开进一步讨论。

（2）机器人用于武器　军用机器人既可以是融合了人工智能的自主式或半自主式机器人，也可以是专为军事用途设计的远程控制型机器人。总的说来，美军的目标是自动化程度更高的系统，目前美国正为此将大量资金投入相关的研发。比如，美军眼下正在开发自主战斗机和轰炸机去完成摧毁敌方目标的任务[99]，前景十分诱人。一旦有了自主战斗机和轰炸机，就不再需要训练人类飞行员；而当机内没有人类，自主飞机还能做出人类飞行员因为重力加速度过大而不可能完成的机动动作。此外，自主飞机既不需要安装生命支持系统，也不需要配备在战斗中保护飞行员生命安全的其他设备，如飞行员弹射降落伞。机器人技术最大的缺陷是无法适应非标准化条件，而人工智能正在解决这个问题。得益于人工智能技术近年来的飞速进步，特别是在机器学习领域的迅猛发展，人工智能系统能够做到从海量数据中将复杂或微妙的模式识别出来，从而使得系统在执行各类行动时的表现能够达到相当于甚至优于人类的水平。

（3）纳米武器　我对"小型化"的理解是包括纳米武器在内的"小型化"，而"纳米武器"一词有好几个含义。"纳米武器"可以指自身体积很小的武器，例如苍蝇大小的无人机（这种无人机能够进入对手的指挥中心进行监视任务，或是执行暗杀等罪恶的勾当）；也可以指用到纳米技术的武器，例如纳米电子技术，英特尔和其他商业公司在微处理器和其他集成电路的生产中都有用到这种技术；还可以指应用中涉及纳米金属的武器，例如纳米铝（目前美国正使用纳米铝粉来提升常规炸药的破坏力)。在我之前撰写的《纳米武器:对人类的威胁与日俱增》(2017)一书中,我建立了一种纳米武器分类法。美军对纳米武器守口如瓶,他们未曾进行过任何分类。为了便于普通读者理解纳米武器,我将军用纳米武器分为以下五类:

- 被动性纳米武器:任何可能提升战争中常规武器或战略武器效能的非进攻性/非防御性纳米技术应用都可归于这个类别。多数情况下,被动性纳米武器都有一个对应的商业、工业或医疗版本。
- 进攻性战术纳米武器:含有提升战术能力的纳米技术组件的进攻性武器。
- 防御性战术纳米武器:含有提升战术能力的纳米技术组件的防御性武器。
- 进攻性战略纳米武器:含有提升战略能力的纳米技术组件的进攻性战略武器,包括进攻性自主智慧纳米机器人。
- 防御性战略纳米武器:含有提升战略能力的纳米技术组件的防御性战略武器,包括防御性自主智慧纳米机器人。[100]

第三次抵消战略只涉及第二到第五类纳米武器,我们会在本章的后半部分谈到半自主武器时对它们展开讨论。

另外,这里需要讲讲美国国防部第 3000.09 号指令①,这份政策文件为自主武器系统的开发和使用提供了指导方针。[101] 目前,该指令文件还在生效期内,但"根据国防部第 5025.1 号指示[附录(f)],除非自

_____

① 根据美国国防部使用的文件体系,指令是国防部最基本的政策文件,一般不超过十二页。下文的指示则是指令的具体办法和补充细化文件,一般不超过一百页。

发布之日起的五年内重新发布、取消或取得认证，否则该文件将于2022 年 11 月 21 日失效，并自国防部文件发布网站上移除"。

美国国防部第 3000.09 号指令是全球第一个有关自主武器（无需人类进一步介入即可选择目标并与之交战的武器）的政策声明。在自主武器的定义里，"人类介入"一词需要重点理解。在实践中，人类在参与武器使用方面可以有以下三种形式：

（1）全面介入——人类控制型武器

a. 只能依据人类指令选择目标和动用武力的武器。

b. 由人类操作员远程操控的机器人武器，比如美国空军的无人机。这类机器人武器可以拥有部分自主权，比如在导航、系统控制、目标识别和武器制导方面，但若是没有人类操作员的实时指令，它们不能进行攻击。

（2）部分介入——人类监督型武器

a. 在人类操作员的监管下可以选择目标和动用武力的武器，人类操作员能够改用手动操控武器的行动。

b. 无需人类指令即可独立执行瞄准程序的武器，但全程仍处于人类操作员的实时监督之下，且人类操作员可撤销它的任何攻击决定。

（3）无介入——自主武器

a. 不在任何人类控制或监督之下即可自行选择目标并动用武力的武器。

b. 无须人类操作员实时控制即可自行搜寻、识别、挑选目标并发起攻击的武器。但我们需要对这种说法加以限定，比如地雷不是自主武器，它是"自动的"，即它可以在一个经过限制且处于控制之下的预定环境中自动侦测目标并进行攻击。若一个武器可以在无从预测的开放环境中执行上述任务，才称此武器为"自主的"。

虽然国防部第 3000.09 号指令明确禁止美军开发和部署自主武器，不过该禁令包括一些重要的例外：

用于网络空间行动的网络空间系统、没有武装的无人平台、无制导武器、由操作员手动制导的武器（例如激光或有线制导武器）、地雷、未爆炸弹药。

这种例外情况对我们分析美国陆军和其他军种在网络战中起到的作用时十分关键。

有了上述内容作为基础，我们现在可以准备讨论人工智能、机器人和纳米武器技术在半自主武器系统中的应用了。我们的讨论会从美国那些已完成开发或正在开发中的半自主武器系统开始，按军种分类，每一类都只提及该军种的代表性半自主武器，案例会覆盖已经部署和正在开发中的系统。

一、美国海军半自主武器

读者可能会好奇，为什么从美国海军开始？根据公开信息，美国海军拥有可以说最为复杂的半自主武器。基于本书讨论的主题，我选择不将篇幅放在诸如航空母舰和核潜艇等大型平台，虽然这两者可以说是威力最大的海军武器系统，但它们实际上是许多武器系统的集和。

为明确起见，我们将重点讨论具体的半自主海军武器及其相关能力。我们的第一个例子是"宙斯盾"武器系统。1973 年，美国海军"诺顿湾"号试验舰搭载了第一个"宙斯盾"武器系统，由于是工程开发版本，海军称其为 EDM - 1。

我还记得，我当时在半导体电子存储器股份有限公司工作，我的老东家在 1971 年签订了一份为"宙斯盾"系统提供集成电路存储器的合同，如今这家公司已不复存在。为"宙斯盾"所制造的集成电路存储器跟我们在公开市场上出售的一模一样，都代表着先进技术。这体现了很重要的一点，即军用系统通常会采用现有最新的技术。他们之所以这样做,在于开发一个武器系统要花很长时间,等到部署的时候,技术通常已经不是最新的了,而是早已普及开来。

根据美国海军公布的信息,"'宙斯盾'武器系统是一个作为集和武器系统设计的中心化自动指挥控制和武器控制系统,功能覆盖从侦测到杀伤的程序"。[102]"宙斯盾"是美国海军对抗能力的核心,可同时应对来自陆上、空中、水面或水下多个对手的攻击。该系统利用性能强大的计算机、人工智能算法和雷达技术引导弹道导弹对来袭目标进行打击,还可以协调整支海军水面大队的防御作业。随着新技术的面世,海军继续对"宙斯盾"系统进行升级。比如,20世纪90年代,海军研发并部署了协同交战能力系统,使作战系统之间可以共享传感器数据,实现各战斗群单元统一行动,使用来自多个平台的瞄准数据从远距离对目标开火射击。[103]随着电脑、人工智能和雷达技术的发展,协同交战能力系统得以持续优化。[104]根据"宙斯盾"的制造商洛克希德·马丁的官网:

> "宙斯盾"是当今世界上最为先进、部署最多的武器系统。"宙斯盾"的灵活性让该系统可以满足多种任务需求。"宙斯盾"武器系统如今已经发展为一个全球性网络,共有六个国家拥有搭载"宙斯盾"系统的军舰,覆盖八个舰级,数量总计超过一百艘。这六个国家分别是澳大利亚、日本、挪威、韩国、西班牙和美国。[105]

"宙斯盾"是防御性半自主武器系统的绝佳案例之一,集成了计算机技术、人工智能算法和雷达技术,可以完成人类做不到的事情。"宙斯盾"能实时汇总作战中从传感器网络收集到的数据,并提供导弹防御方案以消除威胁。随着竞争对手的能力的提升,美国海军也在继续发展"宙斯盾"系统,以确保"宙斯盾"的威胁消除能力依然有效。"宙斯盾"被世界各国海军广泛采用,证明了该系统优秀的灵活性和能力。如

图 3.1 所示,"宙斯盾"半自主武器系统虽说是武器,但其实外表看起来更像是一台台式电脑。

图 3.1　太平洋(2010 年 7 月 29 日):在美国海军"圣乔治角"号导弹巡洋舰(舷号 CG 71)的"宙斯盾"武器系统测试中,安吉利克·M.克拉克少尉正看向工作台屏幕。(由美国海军大众传播专员阿里夫·帕塔尼中士拍摄并发布)

比起说到武器时我们脑海里通常会出现的认知,有些自主武器系统反而更接近于计算机技术。

我们的第二个例子是 X‐47B 无人作战飞行器。X‐47B 是由诺思罗普·格鲁曼公司生产制造的无人作战飞行器样机,专为美国海军的航母舰载作战行动而设计。[106]这是一种喷气式半自主飞行器,没有尾翼,采用翼身融合布局,能够在空中加油。[107]它的定位为深入对手安防严密的领土内执行情报获取、监视和侦察及打击任务。按照目前的计划安排,X‐47B 无人机将于 2023 年入役。[108]一开始,美国海军打算将 X‐47B 设计为自主系统,随后还是将它降级为半自主,好规避围绕于自主武器的政治问题。然而，这也从侧面说明海军原本为 X‑47B 无人机设计的任务定位更高，因为半自主武器需要保持通信，而半自主的代价便是 X‑47B 的隐形能力受到限制。是什么让 X‑47B 被归为"半自主"的呢？X‑47B 可以自行完成在航母上的起飞或降落，全程无需人类介入或只需要最低程度的人类介入。[109] 它也支持自行空中加油，同样无需或只需最低程度的人类介入。[110] 不过，武器的释放仍要在人类的控制下进行。即便只是半自主模式的 X‑47B，也让美国海军拥有了一架能与海军载人飞行器并肩作战的远程空中加油无人机。不同于"宙斯盾"武器系统，这种机器人无人机更接近于我们脑海中的半自主武器形象，具体可参见图 3.2。

图 3.2　大西洋(2013 年 7 月 10 日)：一台 X‑47B 无人空战系统样机在美国海军"乔治·布什"号航空母舰(舷号 CVN 77)的飞行甲板上完成了一次阻拦着陆。此次着陆标志着无人飞行器历史上的首次成功海上阻拦着陆。"乔治·布什"号航母其时正在大西洋上执行训练行动。(美国海军大众传播专员一等水兵洛尔莱·范德格林德拍摄/发布)

以上只是体现美国海军推进半自主武器发展的诸多案例中的两个而已，可列举的其他例子还有很多，选择这两个例子主要基于两方面的考量。"宙斯盾"武器系统展示了强大计算机融合复杂人工智能算法后的巨大潜力,它是世界上最为卓越的海军防御系统。我选择它还有一个原因,那就是用来证明半自主武器系统不一定符合我们脑中对武器的设想。作为第二个案例的 X-47B 无人作战飞行器则完全符合大多数人脑海中对机器人式半自主无人机的设想。美国海军仅部署了半自主模式下的 X-47B,有意压制其自主能力,从而规避与自主武器相关的法律、政治和道德的潜在影响。关于这个话题,我们将在第七章中展开讨论。

二、美国陆军半自主武器

美国陆军在第三次抵消战略中作用重大,其中最为重要的一项就是它的网络战职能。我们之前提到过,国防部第 3000.09 号指令禁止美军开发和部署自主武器,但网络战除外。

2009 年 6 月 23 日,在美国国防部长的指示下,美国战略司令部指挥官宣布创建美国网络司令部。[111]依照指示,美国战略司令部指挥官将美国网络司令部设立在国家安全局下,其总部位于米德堡陆军基地,负责如下职能:

> 美国网络司令部策划、协调、整合、同步和开展各类活动,以实现以下目标:指导国防部特定信息网络的运作和防御;做好全方位网络空间军事行动的准备,并在接到指令时实施,使活动得以在所有领域开展,确保美国及其盟友在网络空间的行动自由,同时剥夺对手的行动自由。[112]

2010 年 5 月 21 日,美国国家安全局局长兼美国中央安全局局长基思·B.亚历山大上将正式接管美国网络司令部指挥权。[113]在亚历山大上将的领导下,美国网络司令部于 2010 年 10 月正式投入全面运作。[114]网络司令部的雇员来自各个军种。

美国网络司令部使用美国国家安全局的网络，同时受国家安全局局长领导。它最初只有单一的防御职能，但后来变了。如今该部门同时拥有防御和攻击职能。网络司令部指挥官亚历山大上将在 2010 年 5 月向美国众议院军事委员会小组委员会所做的报告中这样说道：

> 在我个人看来，打击网络犯罪和间谍活动的唯一方法是主动出击。若美国由官方出面对此采取措施，那一定是件好事。

2016 年 12 月 23 日，2017 财政年度的《美国国防授权法案》由时任总统奥巴马签署并正式生效，该法案的其中一项内容是将美国网络司令部升级为一个联合作战指挥部。[115]法案承认了美国网络司令部指挥官的双重头衔①，并规定继续维持这种职位安排，直到国防部和参谋长联席会议主席共同证明结束双重职位安排不会对美国的国家安全利益带来风险为止。截至 2017 年 7 月 17 日，特朗普政府正在最后敲定国家军事指挥部的重塑计划以进行防御性和攻击性网络行动，此举意在加强美国针对 ISIS 和其他敌人发动网络战的能力。[116]这一系列计划呼吁让网络司令部从国家安全局中脱离，目的是赋予网络司令部更多自治权，并消除因与国家安全局合作而产生的限制。[117]然而，就算网络司令部从国家安全局独立出来，仍可能会存在大量机构间合作，因为国家安全局拥有 300 位美国的顶尖数学家加 1 台超级计算机。网络司令部要想复制这种配置几乎不可能，而且从某种程度上说，完全没必要再多花这么一笔钱。截至 2017 年 7 月，美国网络司令部拥有超过 700 位军职和文职雇员。每个军种下均设有网络小组，目标是组建 133 支行动小队，总人数在 6 200 人左右。[118]

---

① 由美国国家安全局局长同时兼任网络司令部指挥官。

读到这里,你可能会好奇:网络战是真实存在的吗?网络战跟其他类型的战争一样真实存在,而且同样致命。美国领导层公开表示过对美国电网和国防部信息网络遭受攻击的担忧。这一切意味着,战场不单单是伊拉克和叙利亚等已经存在武装冲突的区域,新战场的范围也包括美国人家的客厅。比如,如果黑客战略性选择美国东北地区的一百台发电机发起破坏,那受损的电网将很快过载,而重启电网更将在多州引发二次停电,很多州将断电数周。根据《国会山报》刊登的一篇文章:

> 剑桥大学和伦敦劳合社保险公司的研究显示:若美国十五个州和华盛顿特区的电力供应发生一次长时间中断,可导致 9 300 万居民断电,造成高达数亿美元的经济损失,医院内的死亡人数将飙升。[119]

专家们一致认为这样的攻击可构成战争行为。[120]这意味着网络攻击可能升级为武装冲突。

这一威胁真实存在,而且可能造成的损害巨大。这就是人们为何会严肃考虑让网络司令部成为美军的第六个军种,与空军、陆军、海岸警卫队、海军陆战队和海军并列。

接下来,让我们来详细讨论一下美国陆军网络司令部。访问美国陆军的官网,可以看到美国陆军网络司令部的职能如下:

> 在授权或命令下指导和实施综合电子战及信息和网络空间行动,确保利用网络空间和信息环境的行动可自由展开或在网络空间和信息环境中的行动可自由进行,同时剥夺对手的行动自由。[121]

截至 2017 年 2 月 9 日,陆军拥有三十支达到全面作业能力的网络小队，并计划在年底前增加至四十一支。[122]简而言之，美国陆军和其他军种都在大力推进队伍建设，以期全面实现作战能力。2014年，美国国防部长查克·哈格尔下令：到2016年，美军要再增加六千位网络专家。[123]截至2017年，美国陆军网络司令部的人数占了美国网络国家任务部队的三分之一。[124]好消息是这些付出都得到了回报。根据《纽约时报》的报道，军方的网络小队会修改ISIS战斗人员通过电子设备发送的消息，"目标是将武装分子引诱至美国无人机或地面部队更易进行打击的区域"。[125]

我们可以从图3.3中清楚地看到，网络战的武器是计算机、算法以及在网络战方面训练有素的专业人士。

图3.3 2011年，两名士兵正在一次网络战演习中协同工作。
（由美国陆军参谋中士布莱恩·罗丹拍摄）

即便是网络战，也要上战场——真刀真枪地上战场。美国陆军当前正计划给每支作战旅增加配备两名网络防御专家。网络防御专家的任务是在战场上保护所属作战小队的无线网络，并对敌人发起攻击。[126] 比起实施会让美军处于劣势的无线电静默，他们的计划是使用电子噪声干扰敌方的通信网络。[127]

虽然我一直在谈网络战与美国陆军之间的密切关系，但其实美国网络司令部也有其他军种的参与，每个军种也都拥有各自的网络战部门。美国陆军网络司令部是自 1987 年美国陆军特种部队成军以来的首个新军种[128]，因此我认为值得为它在这个小节中花费一番笔墨。

光纤电缆中电磁脉冲的传导速度有多快，网络战的进化速度几乎就有多快。虽然网络战对战争的重要性目前已得到承认，但就像任何新出现的军事能力一样，其交战规则仍在逐步发展之中。就拿战争法中的关键概念之一"比例原则"①来说，要如何将"网络比例原则"应用于网络战呢？

网络战让交战双方再也无法通过距离判断地理位置，也让侦测和威慑变得极为艰难。网络攻击可以在毫无预警的情况下突然发起。有些专家指出，一次全面网络攻击可能造成仅次于核战争的破坏。[129]网络武器不同于核武器，一个国家可能会公开其所拥有的部分核武器以提升威慑力，但它掌握的网络武器只会始终是机密。未知也是威慑力的组成部分。如果一个国家对其潜在对手所拥有的网络武器了如指掌，那这个国家所能做的就越多，就能更好地保护自己。

网络战是现代战争中的一个重要领域，以它为主题的书籍非常多。然而，有一个方面几乎所有书籍都没有提到，那就是网络战常会涉及纳米武器的应用。这引出了这样一个问题：网络战是怎么和纳米武器产生联系的？我们先来看一个定义：纳米武器可以指一切利用纳米技术力量的军事技术。[130]而这又引出了另一个问题：纳米技术又是什么

---

① 比例原则是一个一般性法律原则，应用于武装冲突领域，可简单理解为应将在寻求实现军事目标的过程中对人类权益造成的不利影响限制在尽可能小的范围和限度内，在军事利益和人类权益之间做出比例合适的权衡。

呢？根据美国国家纳米技术计划官网提供的定义："纳米技术指在 1—100 纳米范围的纳米尺度上展开的科学、工程和技术研究。"[131] 给不太清楚这个尺度的人说明一下：一根人类头发丝的直径约为 1 000 纳米。也就是说，纳米技术无法用肉眼看到，甚至在光学显微镜下也无法观察到。显然，网络战涉及高端计算机的使用。较新的高端计算机所采用的第七代英特尔处理器中就使用了 14 纳米制程技术。[132] 若军队在网络战中用到了这些计算机，根据定义，他们就是在使用纳米技术。这已是现实。此处要明确一点，处理器并不是都跟纳米电子技术相关。不过，一款产品只要有一个元件所采用的技术涉及纳米尺度，它就有资格被称为纳米技术的产物。[133] 比如说，若一枚制导导弹的制导系统采用了某些纳米电子技术，那它就是一件纳米武器。除了网络战，美国陆军目前还部署有包括制导弹药在内的大量纳米武器。我在自己之前的作品《纳米武器》中曾断言：美国陆军的特色可能会从原本的"派地面部队实际应战"变为"派纳米武器实际应战"。[134]

基于本章讨论的主题，我选择重点展现美国陆军在第三次抵消战略中最为重要的作用，即它在网络战中承担的角色。下面让我们把目光转向美国陆军的机器人和自主武器系统战略。

2017 年 3 月 8 日，美国陆军公布了《机器人及自主系统战略》。[135] 在该战略中，美国陆军表示分别制定了"针对近期（2017—2020）的现实性目标，针对中期（2021—2030）的可行性目标，以及针对长期（2031—2040）的展望性目标"。

出人意料的是该战略要求将无人战车纳入中期目标。称它"出人意料"是因为这代表着美国陆军自 2014 年披露这一战略后首次出现了一个关键性转变。[136] 具体来说，无人作战系统原本被设定为一个长期目标，现在更新成了中期目标。美国陆军声称，它寻求的是"引入专为在作战条件下横跨多种困难地形运转和机动而设计的无人战斗车辆"，但军队期望第一个版本的机器人或自主战车"搭载有人工操作选项、远程控制或半自主技术"。

　　自主无人战斗车辆的开发和部署均违反了美国国防部第 3000.09 号指令。不过，国防部第 3000.09 号指令在 2022 年 11 月就将到期失效。鉴于人工智能发展飞快、相关科技广泛普及，我判断美国陆军采取了两边下注的对冲策略。

　　针对近期目标，美国陆军计划启动数个重点项目，聚焦提升态势感知并减轻地面部队负重，通过自动化地面补给提升后勤保障，并且优化路线清理排爆系统以及提升爆炸物处理能力。这里就用美国陆军态势感知系统来举个例子。态势感知最基础的含义是指了解你周围发生的事情。在地面作战中，态势感知能够决定生死。态势感知还可以指代由网络、服务器、存储设备以及分析和管理软件组成的一个集成网络，利用数据充分掌握各个层面的信息，从而做出更明智的决策。

　　可抛掷机器人便是新出现的技术之一，比如重 1.2 磅①、形似哑铃的锐光侦察兵抛投机器人[137]。该设备为远程控制式，使用红外线光学和中继成像。军队可将锐光侦察兵抛投机器人扔进敌方领地，它会采集平日无法获得的图像，哪怕一片漆黑也不受影响。

　　若想做出明智决策，必须充分掌握信息，因此全面了解作战地区的情况至关重要。为此，每个军种目前都在研发自己的分布式通用地面系统版本。[138]分布式通用地面系统是一个由可部署侦察和监视设备组成的网络，负责收集、处理和串联跨数据库的情报、监视和侦察数据。数据储存在本地，在有可用网络连接时会自行上传，通常会上传至一个远程服务器网络交由军方的云计算进行处理。[139]

　　美国陆军的分布式通用地面系统名为 DCGS－A154，会将图像和情报集中在一个单一系统中。在这方面，它是半自主的。美国陆军的分析人员可在一块显示屏上同时进行图像分析、信号分析以及人员情

---

　　① 合 0.54 千克。

报和生物识别，完成作战区的综合性态势感知。DCGS－A 的云计算功能简化了跨军种情报分享流程，降低了成本。而且，它让美国陆军可以像使用电子地图搜索一样去寻找人员和地理位置。它还能将地理位置展示为可以旋转的三维图像。[140]

显然，我们触及的仅仅是美国陆军半自主能力的冰山一角。除了网络作战能力，美国陆军还部署了数千台机器人，主要用于拆除简易爆炸装置。不过，这些机器人都是"人类全面介入型"。也就是说，进攻型包括在内，这些机器人均处于人类的控制下，比如有线制导版或无线制导版的 BGM－71 陶式反坦克导弹。[141]

三、美国空军半自主武器

美国空军的无人飞行器是一种机内无需人类飞行员驾驶的飞机，比如由通用原子公司设计制造的 MQ－9"收割者"无人机。[142]大体上，空军无人机为远程控制，但绝大多数都内置如姿态稳定和保持、悬停和位置控制、自动着陆和起飞、丢失控制信号自动返航以及 GPS 导航等半自主功能，而这些能力源自机上安装的多个传感器。[143]尽管 MQ－9"收割者"及其他无人机都拥有半自主功能，但武器的释放始终都会处于人类的控制之下。

无人机的高效已经在多场对抗恐怖主义的战争和作战中得到了证实。此外，无人机还很划算。一架 MQ－9"收割者"无人机的建造成本约为 1 400 万美元，相较之下，一架 F－35 联合攻击战斗机的造价在 1.8 亿美元左右。美军倾向于使用无人机去执行较为危险或费力的任务，可实际上正是无人机大受军方欢迎导致了飞行员严重短缺。[144]因此，美国空军正在探索如何提升无人机的自主水平，好让一名飞行员可同时操作多台无人机。为此，美国国防部高级研究计划局正计划建造不仅可以与操作员通信，而且相互之间也可以通信的无人机。若能实现，可使一名操作员同时指挥六台或以上无人机[145]，不过武器释放依然会在人类的控制之下。

美国空军指挥下的武器系统中有相当多的半自主系统，下面让我们用一个具体例子进行说明。美国空军太空司令部是美国空军下属的一个一级司令部，负责监督绝大多数美国国防部太空系统的设计、采购和运行。整体上，国防部太空系统拥有许多半自主功能（如切换至备份功能、重启和预定数据传输），这些操作已经彻底不再需要人类进行引导。

过去二十年来，美国空军建立起了一个远程半自主隐形巡航导弹家族，名为联合防区外空对地导弹。

让我们用 AGM－158 联合防区外空对地导弹举例说明。[146] 这种隐形亚声速巡航导弹全长 14 英尺①，装有一台泰莱达公司生产的涡轮喷气发动机，雷达散射截面很小，前端装有一颗重 1 000 磅②的常规弹头。从 B－2A "幽灵"隐形轰炸机到 F－16"战隼"战斗机，许多美军飞行器上都装备有这款导弹。它发射后依靠机载 GPS 导航飞向最终目标，最大射程可达 230 英里③，接近目标后会切换为红外导引头制导。AGM－158 联合防区外空对地导弹系列的发展可追溯到 1995 年，当初美国空军计划用它替代增程型联合防区外空对地导弹（代号 JASSM－ER），代号中的 ER 是 Extended Range 的缩写，意为"射程极远"。增程型导弹的燃料贮箱更大，涡轮风扇发动机的功率也更高，射程可达 575 英里④。与增程型相比，AGM－158 加强了抗电子干扰能力，可抵御 GPS 干扰信号。不过，由于 AGM－158 和增程型两款导弹使用的硬件有超过 70％ 是相同的，反而降低了生产成本。导弹属于超视距"发射即完事"武器。"发射即完事"这个词组通常用于激活之后就会自

---

① 合 4.27 米。
② 约合 454 千克。
③ 约合 370 千米。
④ 约合 925 千米。

动执行预定任务的武器。由于是人类来激活武器的释放，因此"发射即完事"武器并非自主式，而是半自主式。这是一条将自主武器和半自主武器区分开来的细微界线。

美国空军在半自主武器方面寻求实现的三大目标是

（1）具备防区外发射能力　允许攻击人员在一个足以避开敌方防御火力的距离发射导弹和无人机。

（2）降低对人类认知的要求　在可能的范围内全方位协助人类操作员，减少现代战争对认知的要求。比如，与其让无人机驾驶员无休止地盯着屏幕，不如交给计算机算法去进行监视，并只在出现变化时才发出警报（如屏幕上显示有辆卡车到达了某个特定地点）。

（3）战力倍增　美国空军希望借助硬件和人工智能来大幅提高效率，在降低成本、节约人力的同时达成更大的军事目标。比如，与单机造价高达 1.8 亿美元的 F - 35 战斗机相比，一台 MQ - 9"收割者"无人机的造价仅在 1 400 万美元左右，因此相对于 F - 35，美国空军装备的无人机更多。另外，美国国防部高级研究计划局也设立了探索如何让一名操作员控制六台及以上无人机的研究项目，无人机驾驶员不足的状况未来将得到缓解。

四、美国海岸警卫队和美国海军陆战队的半自主武器

美国海岸警卫队是美国五大军种之一[147]，隶属于美国国土安全部。海岸警卫队以保护美国海上利益为使命，在全世界范围内开展行动，打击恐怖主义活动、走私、非法偷渡和环境污染，在战时也会协助其他军种作战。帮助救援海上遇险者也是其职能之一。海岸警卫队是一支武装部队[148]，执法者装备有轻武器、烟火信号弹、12.7 毫米口径勃朗宁重机枪、76 毫米或 25 毫米机炮以及轻便型撒缆枪（这种枪可以对着距离较远的目标抛射出一根钢缆之类的绳索）。美国海岸警卫队下设有美国海岸警卫队网络司令部，该部门的职能如下：

海岸警卫队网络司令部的使命是识别、防范和对抗电磁威胁,加强海岸警卫队面对电磁威胁的应变能力,保护美国的海上利益,提供必需的网络战能力以确保海岸警卫队得以出色执行各项行动,支持国土安全部网络任务,是美国网络司令部的美国勤务组成司令部之一。[149]

尽管美国海军陆战队是一个独立军种[150],但它与美国海军的关系相当密切。它们同归海军部门领导,但保有独立的指挥权,最高负责人均是美国参谋长联席会议成员。此外,它们均在美国海军部长的行政管理之下。很明显,只要美国海军研发了任何半自主武器,美国海军陆战队也能从中分得一杯羹。不过,海军陆战队也有其独一无二的使命,那就是实施两栖作战。就这方面而言,海军陆战队跟陆军类似,也热衷于测试远程控制的无人地面载具,比如模块化先进武装机器人系统。这种机器人不仅可以执行侦察任务,同时也装备有榴弹发射器和一门机枪。[151]跟美军的其他军种一样,海军陆战队也要参与网络战。2009 年 10 月,海军陆战队成立了海军陆战队网络司令部,它拥有三重使命(见附录 I)[152],负责为美国网络司令部提供支持。

对美军的半自主武器的概述到这里就结束了。本书的介绍并非面面俱到,我仅选取了其中代表性的武器作为展示案例,本章的目的是让读者大致掌握美军在半自主武器上的战略和部署状况。

下面让我们来看看俄罗斯正在开发的一些半自主武器。

五、俄罗斯的半自主武器

俄罗斯似乎不会心甘情愿拥抱任何可能会限制它装备自主武器的国际法。我们在前文中提到过,相较于美国,俄罗斯的人口更少。因此,在俄罗斯看来,自主武器是弥补其人口短板的途径之一。

在冷战时期,苏联部署了一个自主导弹防御系统以保卫莫斯科。

1972 年，苏联和美国签署了《反弹道导弹条约》，规定两国部署的反导弹防御系统不能超过两个。1974 年，两国达成一致，将限制升级到仅允许部署一个系统。苏联选择将他们的防御系统部署在莫斯科附近，而美国则选择部署在北达科他州的大福克斯空军基地。[153]

当时的苏联部署的是 A–135 系统，配备 53T6 拦截导弹。这些导弹均装有核弹头，确保能够摧毁敌方发射的弹道导弹和潜在的诱饵弹。2000 年，俄罗斯开始升级这个系统，将莫斯科周围的新反导防御系统升级为 A–235，并配备装备动能弹头而非核弹头的新型导弹。[154]与之类似的是美国的末段高空区域防御系统①，动能弹头依靠自身的速度可对袭来的弹道导弹造成伤害。这个变更表明，俄罗斯政府对其新技术信心十足，并且决定避免因核爆炸产生的辐射而造成的人员伤亡。据媒体《焦点新闻外的俄罗斯》②报道：

> 俄罗斯空天部队已在哈萨克斯坦境内的一处发射场成功试射了一枚 A–235 反导系统导弹。我报在国防工业方面的一位消息人士透露，此次试验是为部署在莫斯科附近的 A–235"努多利河"反导系统测试新式短程弹头（射程为 62—620 英里③）。[155]

俄罗斯官方媒体公布这个消息，是在向大众宣告他们拥有一个可运作的弹道导弹防御系统。不过，根据美国从末段高空区域防御系统中积累的经验，我们对这种导弹防御系统的可靠性有必要打个问号。[156]俄罗斯选择公之于众，其中一个可能的动机大概是为了威慑。显然，如果对手认为自己攻击俄罗斯的导弹将被拦截，而且随后必将遭

---

① 通常简称"萨德"系统。

② 《焦点新闻外的俄罗斯》隶属《俄罗斯报》报业集团，负责在世界范围内用不同语言发布与俄罗斯相关的新闻和报道。

③ 合 99.8—997.8 千米。

到打击报复，那么这一认知将对其产生威慑，让他们不敢发动攻击。

此外，俄罗斯目前也在利用人工智能提升小型武器的性能，进行现代化改造。2017 年 7 月 5 日，俄罗斯国家通讯社塔斯社报道：

> 著名的 AK‑74 突击步枪的制造商卡拉什尼科夫集团的通信主管索菲亚·伊万诺娃向塔斯社透露：卡拉什尼科夫集团已经研发出一款基于神经网络技术的全自动化战斗模块，能够自行识别目标并做出决策。[157]

根据塔斯社的报道，新战斗模块是"全自动化的"，硬件由一支枪和与之相连的一个控制台组成。控制台将分析图像数据，识别目标，并通过人工智能对人类的生死进行决策。卡拉什尼科夫集团的通信主管索菲亚·伊万诺娃向塔斯社表示卡拉什尼科夫集团计划推出一系列基于神经网络的产品——这不禁让人联想到自主武器。[158]

卡拉什尼科夫集团研发的这个新战斗模块并不是俄罗斯制造的首个致命性自主机器人。2014 年，俄罗斯战略火箭部队的官员通过俄罗斯卫星通讯社宣布：他们将部署能够自主攻击入侵者的武装哨兵机器人。[159]

就在塔斯社对卡拉什尼科夫集团进行报道后不久，俄罗斯对外公布了研发人工智能驱动导弹的计划。俄罗斯计划为战斗机装备搭载人工智能的巡航导弹，能够针对飞行高度、速度和方向做出决策。[160]另外，俄罗斯也正在对其 P‑700"花岗岩"导弹进行升级。"花岗岩"是俄罗斯海军最神秘的反舰巡航导弹，其中也用到了人工智能。鉴于它的速度、机动性和威力，俄罗斯人赋予它"航母杀手"之名。俄罗斯海军计划将"花岗岩"导弹替换为体积更小，且同样也搭载人工智能的 P‑800"缟玛瑙"超声速导弹；俄罗斯国防部则计划将这种导弹装备在 949A 型"巨人"级潜艇和 1144 型"海鹰"级重型核动力导弹巡洋舰上，如此一来,两者的载弹数将从 24 枚增加至 72 枚。人工智能编程可让多枚导弹像一个蜂群那样协同运作、互相通信以决定针对预定目标的最佳攻击路线。[161]

最后,让我们分析一下俄罗斯的网络技术能力,以此为本章画上句号。虽然尚有争议,但有些军事分析人员确信俄罗斯拥有最先进的网络技术能力。比如,2015 年,通过对乌克兰多家电力公司发动协同网络攻击,俄罗斯攻击了乌克兰电网,导致 25 万人断电长达数小时。有分析人士暗示这是一场针对美国电网的"演习"。考虑到现代社会对计算机的依赖,网络攻击也会对现实世界产生影响。[162]

对美国电网的攻击规模可能远超乌克兰电网遭到的攻击。在那场攻击中,乌克兰的电网操作员还能切换到手动控制来恢复电力供应,而鉴于美国国内的自动化程度,这在美国或许根本做不到。显然,美国电网既老旧又脆弱,而我们的对手对此心知肚明。

2015 年,伦敦劳合社发布了一份报告,其中分析了美国电网哪怕只是遭遇一场小规模攻击也可能出现的种种后果。劳合社在报告中表示,美国东北部的电网遭遇攻击可导致一些地区停电长达数周,造成高达 2 500 亿—10 000 亿美元的经济损失。劳合社还推测,电网宕机有可能导致物流系统崩溃,造成大面积的物资短缺,并引发大范围的洗劫和暴乱活动。劳合社预测:这种情况一旦出现,势必就要实施戒严。[163]

未来会怎样?根据美国海军分析中心的报告,有两件事是明确的:

- 与苏联"来自国内外的威胁长期存在,需要持续与之斗争"的传统观念一致,俄罗斯也认为"信息空间"内的争斗将或多或少是旷日持久且没有休止的。这或许意味着在网络使用方面,克里姆林宫方面在采取某些可能会被美国决策者视为攻击乃至使战争升级的行动的门槛相对较低。
- 攻击性网络行动在俄罗斯常规军事行动中起到的作用日益增

大,未来也可能会在俄罗斯的战略威慑框架中占有一席之地。尽管由于组织结构和思想这两方面的原因,俄罗斯军方在网络技术上的进展一直非常缓慢,但克里姆林宫方面已经发出了打算加强其武装部队网络进攻和防御能力的信号。在乌克兰事件中,俄罗斯似乎将网络行动用作常规武力的助推器。[164]

俄罗斯从根本上将网络战看作"旷日持久且没有休止的"争斗。基于所有可公开获得的信息,若美国与俄罗斯之间爆发冲突,除了其他的进攻性打击,我们还可以预见一场进攻性网络攻击的发生。

六、重点洞见

目前,以美国和俄罗斯为首,各国都在部署只需要最低程度的人类引导即可执行任务的各种武器系统,范围涵盖从无人机到导弹防御系统再到侦察兵机器人。尤其是俄罗斯,他们似乎打算走一条自主性更高的武器发展路线。这条发展路线的下一个阶段将是无需人类引导的武器系统,即致命性自主武器,很多人将它视为继火药和核武器之后"战争的第三次革命"。得益于近些年来人工智能的飞速发展,特别是在机器学习领域的进步,人工智能系统能够做到将复杂或微妙的模式自海量数据中识别出来,从而使系统在执行各类行动时的表现能够达到相当于甚至优于人类的水平。

因为人工智能可提供显著的行动优势(如取代人类士兵涉险),美国和俄罗斯等国都在寻求研发和部署致命性自主武器。虽然美国似乎想与自主武器(人类完全无介入的武器)划清界限,但俄罗斯不打算这么做。事实上,21世纪战场的复杂性或许会使部署自主武器成为必需。军队方面已不再争论是否要制造自主武器,如今争论的核心已变为要赋予这些武器多高的独立性——美军戏称为"终结者难题"。

第四章 新现实

计算机就像《旧约》中的神明：规矩很多，却无怜悯。

——约瑟夫·坎贝尔

第四章将讨论致命性自主武器系统的现状，并预测它从执行简单任务到复杂任务的进化轨迹。正如本章标题所示，我们将对新现实展开讨论。首先，让我来解释一下所谓的"新现实"指什么。

武器的发展并非无源之水，武器开发通常是开发者主观认为有威胁存在的结果。当美国或其他国家认为有威胁存在时，它会寻求一种方法去消除威胁。美国的抵消战略正是由此而诞生的，每次抵消战略都针对一项明确的具体威胁，一项美国认为来自其潜在对手的威胁。其他国家的武器开发也会经历相似的过程。这种过程的结果便是一种新现实，可能是进入一段以一场大规模地区冲突为标志的时期，比如第一次和第二次世界大战，也可能会迎来大批小规模冲突[165]，范围涵盖有限常规战争到模糊战争。

新现实中无和平。我们或许参与了一场战争并取得了军事上的胜利，但最后我们会发现自己仍处于某种形式的冲突中。比如，第二次世界大战结束之后，世界紧接着迎来了冷战——一场美国和苏联之间的核武器军备竞赛。

为了明确新现实的具体含义，我们必须搞清楚政治现实、技术现实以及武器现实。将这三个层面融合为一个整体，才能理解新武器开发背后的驱动力。

一、政治现实

首先，我们要认识到，我们所观察到的"政治现实"不过是对某个稍纵即逝的瞬间按下快门而得到的一张抓拍照片而已。在你阅读本书之时，情况很有可能已经发生了变化。我说"很有可能"，是因为世界这个舞台上每时每刻都在飞速发生着各种事件。尽管如此，只要厘清与本书写作同步发生的几个事件的发展状况，就可清晰展现政治是如何影响武器开发的。现在，将我们在本节中讨论到的每一个要素都看作一张抓拍照片，当我们把所有照片拼贴在一起时，就会得到一张塑造出新现实的政治的清晰图像。

在第三章中，我们已经了解到美国面临着"终结者难题"。一方面，美国国防部 2017 财年预算中的 120 亿—150 亿美元都拨给了它所主持的第三次抵消战略。第三次抵消战略要求美国开发和部署利用人工智能和机器人技术的武器以及纳米武器。美国军方相信，如果美国在这些技术上占据领先地位，在面对实力最强的潜在对手时，这种领先地位将转变为美国的军事优势。另一方面，已经生效的国防部第 3000.09 号指令明确禁止美军开发和部署自主武器。但是，美国国防部有能力设计自主机器人战斗机、能自行决定攻击对象和攻击时机的导弹以及能猎杀并摧毁敌军潜艇的舰船。所谓的"难题"则是美军是否应该制造并装备这些新式的自主战争武器？

我认为，我们把它视为一个无解难题的原因是我们问的问题错了。我们实力最强的对手都在开发自主武器。在我看来，我们应该提出的问题是如果我们实力最强的对手都拥有自主武器，而且性能优于由人类控制的武器，那么未来美国是否还能保持军事优势？

在短期内（我所说的"短期"是指到 2022 年 11 月 21 日第 3000.09 号

令过期之前的这段时间），美国也许尚能保持住军事方面的优势，然而考虑到人工智能、机器人技术和纳米武器技术可能会在 21 世纪 20 年代取得显著进展，再加上像俄罗斯这样的强劲对手完全不受第 3000.09 号指令约束，我对美国能在俄罗斯面前保持长期军事优势持怀疑态度。

这是一个事关道德和政治的问题。致命性自主武器的使用通常会让人联想到这样的画面："杀手机器人"在地球上游荡，一路无差别地屠杀战斗人员和非战斗人员。2013 年，几个希望先发制人、禁止致命性自主武器的非政府组织创办了停止杀手机器人运动。[166] 2015 年 7 月，超过一千位人工智能专家携一万五千名支持者联合发出了一封签名公开信（见附录 II），警告世界正处于一场军用人工智能军备竞赛的威胁之下，呼吁禁止自主武器。[167] 这封信公布在阿根廷布宜诺斯艾利斯举办的第 24 届国际人工智能联合会议中，签名者包括斯蒂芬·霍金、埃隆·马斯克和斯蒂夫·沃兹尼亚克等。[168]

我会提到停止杀手机器人运动和这封公开信（标题为《自主武器——来自人工智能和机器人研究者的一封公开信》），是因为这两者不仅共同构成了政治现实的要素之一，也表明了这样一点，即全世界人民都非常关注自主武器的发展。我们下面还会看到一连串政治事件，随后，我们会将所有照片串连成一幅拼贴画，呈现出塑造了新现实的政治的完整图景。

美国在宣布第三次抵消战略的那一刻就打响了新一场军备竞赛。我曾在第三章中提到，人工智能技术是美国国防部第三次抵消战略的核心。这致使俄罗斯等国迅速采取行动，将人工智能纳入武器开发中。就俄罗斯而言，他们公开了包括建造自主武器的战略部署。就像当年的冷战那样，美俄间的关系高度紧张，都强烈希望拥有可阻止战争发生或在必要时赢得战争的半自主武器。

当今世界，核武器扩散的情况正变得日益严峻。美国在亚太地区部署了"尼米兹"号、"卡尔·文森"号和"罗纳德·里根"号共 3 支航母战斗群。[169]顺带一提,其中"里根"号属于美国海军第七舰队,以日本横须贺港为母港。一个典型的航母战斗群由 1 艘航空母舰、至少 1 艘巡洋舰、2 艘驱逐舰或护卫舰以及 1 支包含 65—70 架飞机的舰载机联队组成,编队人员在 7 500 人左右。此外,美国还宣布会在亚太地区部署 2 艘潜艇[170],分别是俄亥俄级巡航导弹核潜艇"密歇根"号和洛杉矶级攻击型核潜艇"夏延"号。就破坏能力而言,这支舰队已经胜过美国在整个第二次世界大战期间的武器总和。最后,美国还在韩国部署了末段高空区域防御系统,即俗称的"萨德"系统。美国军方声称,此反弹道导弹防御系统将在冲突中摧毁对手发射的洲际弹道导弹。[171]

　　当然,还有很多其他影响新现实的因素存在,比如反恐战争和叙利亚战争。但在我看来,只要将上述四张抓拍照片串联拼接,就足以为我们呈现塑造出新现实的政治的清晰面貌。以下是我对此作出的一段简短总结:

　　(1) 世界各地的民众都在呼吁禁止自主武器的开发和部署。

　　(2) 对全球禁止自主武器的呼声置若罔闻,美国和俄罗斯之间一场围绕人工智能武器开发的新冷战正在如火如荼地展开,双方都认定这类武器的有效性将决定自己的军事力量。截至目前,两个国家都在部署以半自主式为主的武器。但是,随着人工智能技术快速走向成熟,自主武器在未来登上战场的可能性接近百分之百。

　　(3) 在美国主动暂停自主武器研发期间,俄罗斯仍在继续。[172]

　　(4) 世界好似一个高压火药桶。截至本书写作时,朝鲜正走在一条可能引发一场核战争的路线上,还实打实地威胁要对美国发起核战争。与此同时,俄罗斯的扩张主义实践也可能激起又一场冲突。

　　在结束这个话题之前,让我们来分析一个重要问题:有没有可能制订一个禁止自主武器的条约?不幸的是我对此持怀疑态度。在存在太多猜疑、国际关系高度紧张的当下,想找到那个能让各方达成一致的平衡点,难度非比寻常。尤其是俄罗斯,由于人口远少于中美两国,他们本就将自主武器视为弥补人口劣势的办法。根据过往的声明，美国等国家似乎愿意接受禁止自主武器，但除非俄罗斯也同意加入，否则这个条约注定失败。

世界各国确实在禁止某些类型的武器方面达成了一致，比如化学武器和生物武器、天基核武器和激光致盲武器，分别出于不同的原因。下面让我们举几个例子来说明其中的不同之处。

生物武器虽然有可能被用作大规模杀伤性武器，但在实际冲突中，各国都会高度重视对这种武器的管控。这是因为我们根本没办法确保生物武器只影响到自己的对手。一旦释放，生物武器就会扩散到对手的防区之外，并开始无差别杀伤。生物武器的这种特性令所有国家倍感担忧，也使它成为各国一致同意禁止使用的头号武器。正是因为这样，史上第一个多边裁军条约《禁止生物武器公约》得以成功诞生。该条约禁止发展、生产和储存生物武器，于 1975 年 3 月 26 日生效。[173]

大多数国家都认同化学武器并不会提供可持续的战略优势。化学武器首次登场于第一次世界大战，但即使是在那个年代，各个国家也迅速开发出了针对它的反制措施，例如防毒面具。化学武器技术进步，反制措施也跟着进步。而且，由于化学武器技术本质上属于低端科技，随着时间推移，最终所有国家都能拥有化学武器。最重要的是，类似于生物武器，化学武器也很难控制，比方说它极易受天气条件变化的影响。因此，由于相对低效，再加上本身难以操控的特性，化学武器的支持者人数寥寥。《禁止化学武器公约》正是诞生于这样的背景之下。它是一个禁止并要求销毁化学武器的多边条约，于 1997 年正式生效。[174]

正如上文所述，禁止在战争中使用化学武器和生物武器都拥有坚实的支持基础。而这种支持，尤其是对于禁止生物武器的支持，源于对控制这些武器的难度过大的后顾之忧。对于化学武器而言，支持禁止的动力则更多源于其在战略层面上的极为低效。

禁止天基核武器的公约的正式全称为《关于各国探索和利用包括

月球及其他天体在内外层空间活动的原则条约》①,它奠定了国际空间法的基础。[175]1967 年 1 月 27 日,该条约由美国、英国和苏联开放供其他国家签署,之后于 1967 年 10 月 10 日正式生效。截至 2017 年 7 月,该条约的缔约国达到 107 个,另外有包括朝鲜在内的 23 个国家虽然进行了签署,但并未完成批准程序②。有些国家虽然在该条约的约束之下,但拥有发起天基核武器打击的能力,例如电磁脉冲(以下简称 EMP)攻击。所谓 EMP 攻击,即在一个地区的上空引爆核武器以释放电磁脉冲,扰乱和摧毁该地区内的所有电子产品。EMP 攻击可以只针对一个国家的部分区域,也可实现全境打击,具体视攻击类型而定。目前,还没有任何国家实施过 EMP 攻击,因为一旦攻击必将引发核报复。坏消息则是哪怕一个科技发展水平较低的小国,比如朝鲜,也有能力发起 EMP 攻击。截至我写作本书时,朝鲜共有两颗卫星在近地轨道上运行,然而除了朝鲜,无人知晓这两颗卫星的用途。这两颗卫星每天都会经过美国,且每次都会通过美国不同地区的上空。根据大小,相关人员推测这两颗卫星可能各携带一个小型核武器。它们的轨道高度为 300 英里③,专家认为这是一个实施 EMP 攻击的完美高度。我提这些,是为了指出一点:或许禁止天基核武器的《外层空间条约》发挥了约束作用,但打破这个条约也很容易。

　　1995 年 10 月 13 日,联合国签发了《关于激光致盲武器的议定书》。1998 年 7 月 30 日,该议定书正式生效。[176]禁止激光致盲武器的出发点是此类武器造成了多余且非必要的痛苦。然而,截至 2016 年 4 月底,加入该议定书的国家只有 107 个,而联合国有 193 个成员国。这个数字只是刚刚过半而已。与此同时,美国军方和私人公司正以"炫目装置"的名义制造以暂时致盲为目的的激光武器。[177]

---

　　① 通常简称为《外层空间条约》。
　　② 一个国家在国际上确定同意受条约约束的国际行为,通常会以该国提交一份批准书作为完成的证明,这一程序即批准程序。
　　③ 约合 483 千米。

通过讨论禁用某类武器的条约，可充分总结出以下两点：

- 在生物武器和化学武器的例子中，人类控制这类武器的难度极大，近乎不可能。
- 天基核武器和激光致盲武器的例子则说明，破坏或绕开条约相当容易。

现在，让我们来设想一个旨在禁止自主武器的条约。自主武器与上述被禁止的武器有哪些共通之处？下面让我们逐一讨论：

（1）已装备自主武器的国家都表示不存在控制问题。比如，俄罗斯目前已在其位于莫斯科的反导防御设施中部署了自主哨兵机器人，并宣称未来还将开发和部署更多自主武器。美国声称只会开发和部署半自主武器，但将网络战武器列为特例，这可能是出于对网络攻击分秒必争的特性的考虑。我们可以从上述案例推测，当下大玩家们都认为自己能控制好自主武器。

（2）破坏或规避有关自主武器的条约或许相当容易。以美国为例，美国正在研发有人类介入的半自主武器，也就是说，武器本身可自主行动，只是人类能监视它的一举一动，还能动手将它关闭，而在任务执行阶段会让"武器自主行动"。虽然有限制条款存在（有人类介入），但是美国实质上就是在制造自主武器。

（3）最后，我们并不一定能保证禁止自主武器的条约顺利执行。光是依靠现成的人工智能组件就可实现自主武器的制造，这使得禁止自主武器的条约变得很难执行。相较而言，有关核武器的条约会更容易执行，因为核武器的制造很难秘密进行。话虽如此，但核武器的条约其实同样难以执行，让我们以《中程导弹条约》（以下简称"《中导条约》"）为例进行说明。1987年12月，罗纳德·里根和米哈伊尔·戈尔巴乔夫签署了《中导条约》，该条约规定两国要禁止并销毁射程在

300—3 400英里①的陆基弹道和巡航导弹。[178]在这之后,美俄两国依规履行条约义务,直到2008年俄罗斯重启巡航导弹试验为止。[179]2011年,奥巴马政府断定俄罗斯的巡航导弹试验已触发合规问题。[180]2013年5月,美国国务院高级军备控制官员罗斯·戈特莫勒就俄罗斯违反条约一事多次与俄官员交涉,但据说没有任何效果。[181]2017年,俄罗斯进行了更多测试,并部署了多颗中程核导弹。对此,美国发表声明指责俄罗斯公然违反条约[182],而俄罗斯并未否认其违约行为,但辩称其邻国都在研发同一类型的武器系统。俄罗斯拥有庞大的战略核弹储备,因此不清楚他们需要中程核导弹的原因。总之,我的观点很简单:对一个核武器条约来说,发现和阻止违约行为显然都相当困难,那换成自主武器条约呢? 由你判断。

二、技术现实

人工智能是半自主武器和自主武器的大脑。因此,要理解"技术现实",我们需要厘清人工智能技术的现状及其未来发展方向。

尽管美国和俄罗斯都在研发和部署半自主及自主武器,但是武器中的人工智能仍停留在相对原始的阶段。

我为什么会做出这样的断言?

当前,所有半自主武器和自主武器都依赖智慧代理来执行任务。我们在第二章中讨论过,"智慧代理"指的是在最低限度的人为干预下即可执行智能行为的计算机算法,这种算法甚至还能够从过往的经验中学习。虽然智慧代理能够做出一些惊人之举,看上去与人类智慧无异,但它们其实并不具备人类的智能。大多数智慧代理的工作原理都一样,即通过含有具体规则和模式的程序运行,这些规则和模式是专为其任务执行而定义的。比如,如果你的手机上安装有一个国际象棋应

①　约合500—5 500千米。

用程序，那这个应用程序背后的"大脑"就是一个智慧代理，它有很多规则，还配有一个数据库，其内存有许多国际象棋大师的棋局。你每走一步棋，它都会在数据库中搜索与刚刚这步棋相似的模式，然后依照给定的规则进行计算，根据各种结果的胜率决定应该采取哪种战术。我的重点是，智慧代理的思考并不是人类意义上的思考。它会分析国际象棋的玩法，采用的规则是每次都选择最终把你将军的可能性较高的那一步棋。除非你是一位国际象棋大师级玩家，否则这个智慧代理大概率会胜利。只是它看上去像在模仿人类思考，我们就以为它在思考，但事实并非如此，它其实是在分析模式、进行计算。若它真的能够思考，那么比国际象棋更简单的游戏，比如跳棋，对它来说应该不在话下，可它就是做不到。它做不到下跳棋，是因为人类没有给它编写玩跳棋的代码。即使智慧代理能从过往的经验中学习，通常也只针对某个具体领域，就例如刚刚提到的国际象棋。

只要我们将这个例子扩展到半自主武器和自主武器，就可以发现它们受到的是同样的限制。半自主武器和自主武器都能够模仿人类思考，在执行某些特定功能时甚至能比人类更快，但它们其实并没有在思考，只是在依照编写好的程序运行而已。

电脑和人脑有什么不同？这个问题的答案要取决于你在具体地谈论哪一种类型的计算机，以及这台计算机是用哪种方式编程的。简单的计算机使用决策树程序和数据库来达成其功能，而这也是智慧代理的工作方式。人类大脑与这种电脑之间的相似程度好比鸟儿之于喷气式飞机——虽然鸟和飞机都能飞，但两者实现飞行的方式可以说大相径庭。普通人类大脑的工作原理是什么，为什么会如此独特？

正常状态下，大脑拥有 1 000 亿个神经元。神经元是一种高度分化的细胞，能够通过被称为"突触"的连接细胞将电信号或化学信号传递给其他神经元。简单来说，神经元通过突触互相连接，而每个神经元都连接着大约 10 000 个其他的神经元。只要你做个乘法，就可以发现这意味着人类大脑里存在 100 万亿到 1 000 万亿个突触连接。神经元负责处理所有传入、传出中枢神经系统的信息以及中枢神经系统内部的信息传输。在此基础上（以非常概括的说法来描述），这种通过突触连接实现的结构使大脑得以储存信息，或者说储存我们通常所说的记忆。[183]根据这种结构的数量计算，人脑的记忆容量可能高达 1 000 太字节（信息计量单位，相当于 1 万亿字节）[184]。作为参照，美国国会图书馆的藏书有 1 900 万册，数据量大致相当于 10 太字节。除了神经元，大脑的 90％由胶质细胞组成[185]，它们包裹在神经元周围，为神经元提供营养，并在各神经元之间起到隔离作用。

直到最近，神经科学家的注意力都还只放在大脑中这 1 000 万亿个专业名称为"神经元"的神经细胞上，因为神经元似乎会通过突触彼此交流。与之相对的是神经科学家相信胶质细胞只有支持神经元的作用。然而，近期的多项研究显示，胶质细胞对突触的生长和功能至关重要。[186]得益于成像技术的进步，神经科学家发现胶质细胞实际上会通过化学手段彼此交流并与神经元细胞进行交流。[187]这一发现指向一个重要结论：胶质细胞不仅在脑细胞信号的传递中扮演重要角色，还可能对人类智能的发展有重要影响。（这里插叙一则趣闻轶事：1955年，阿尔伯特·爱因斯坦去世，科学家取出他的大脑并将其保存在一个装满福尔马林的玻璃罐中。在接下来的三十年间，科学家仔细检查了爱因斯坦的部分大脑，希望找出爱因斯坦何以成为天才的线索。结果，科学家发现爱因斯坦大脑的尺寸属于平均范畴，神经元的数量和大小也与常人无异。不过，到了 20 世纪 80 年代末期，科学家发现爱因斯坦大脑的胶质细胞数量远多于常人，这一点在皮层联合区中尤为明显，而皮层联合区是大脑中一个涉及执行想象和复杂思考的区域。[188]虽然这只能算非正式的记载，但也的确表明胶质细胞或许对智能有至关重要的影响。）

如上所述，我们简单学习了一下人脑的运作原理。尽管十分简略，但我们知道了人脑的记忆容量很可能超过美国国会图书馆中藏书的信息总量。我们还知道，每个神经元连接着周围多达 10 000 个其他神经元，并通过高达 1 000 万亿个突触连接彼此传递信号。有计算机科学家估算，这相当于一台计算机的处理器每秒处理 1 万亿个字节。[189]

正是基于我们对人类大脑的了解，目前我们将更多注意力放在了建造神经网络计算机上。理由非常简单，比起没完没了地给计算机编写程序，让计算机自己去学习新东西要来得更简单，也更快。实际上，一些专家相信，人工神经网络通过尝试和犯错来了解世界。这跟人类幼童很像，或许人工神经网络会发展出某种与人类类似的学习过程。如今，现实证明这条路是正确的。人工神经网络不仅有效，而且比传统的编程更快、更好。下面就让我们以谷歌翻译为例进行说明。

这款翻译应用程序由谷歌于 2006 年推出，目前每个月大约有 5 亿名用户用它把 1 400 亿个单词从一种语言翻译成另一种语言。谷歌在 2006 年开发谷歌翻译时的做法是编写一套既包含逻辑推理规则又包含外界知识的相当复杂的程序。比如，为了把英语翻译为日语，他们先将英语的所有语法规则，外加《牛津英语词典》中收录的全部词条的定义，统统编写为计算机程序，接着再将日语的所有语法规则以及日语词典里的词汇写入程序。利用这种方法，谷歌试图把句子从一个语言翻译为另一种语言。然而，用这种方式得到的译文经常会失去原有的意义。比如说，minister of agriculture（农业部长）可能会被翻译成"农活牧师"（priest of farming）①。此外，这种方法还特别花时间。毕竟，对于语言来说，有多少规则，可能就有多少例外。不过，这种方法也有表现极其优异的时候，那就是在规则和定义都清晰明确的场景下，比如国际象棋，在智慧代理中沿用这种方法，通常会让它们成为比人类对手技

---

① Minister 同时有"部长"和"牧师"（也可译为 priest）的意思，而 farming 是 agriculture 的近义词，两者都是"农业、耕作"的意思。

高一筹的棋手。这就是为什么很多人工智能研究者都深信,智慧代理将铺就通往实现人类级智能的道路。然而,现实证明他们错了。通向人类级智能的道路可能要由神经网络算法铺就而成。

在谷歌翻译的开发过程中,杰夫·迪恩、吴恩达、格雷格·科拉多和黎国四人于2011年组成了一支被谷歌称作"谷歌大脑"的团队,他们的目标是推进神经网络计算的使用,从而攻克摆在人工智能面前的一些巨大挑战。[190]事实证明,就算智慧代理高度复杂,它们也做不到一个幼童能够做到的事情,比如辨认出一只猫咪。谷歌大脑研究团队发现,人类幼儿并非通过记住规则和词典内容来进行学习,他们从经验中学习。谷歌大脑团队推测,人工神经网络或许能够达成类似的效果,幼儿怎么学习,它就怎么学习,从根本上跳过编写程序的需要。也就是说,人工神经网络能够基于它接收到的信息(反馈)来调整行动,而不是僵硬地依次执行一个固定序列中的每项操作。

成立后的第一年,谷歌大脑团队对神经网络进行了多次试验,成功使机器模拟出一岁幼儿的能力。谷歌的语音识别团队将自己的部分旧系统替换为一个神经网络,此举会让翻译质量在之后二十年里突飞猛进。对于谷歌而言,一个事实变得越来越明晰,即让一台机器理解语义的正道就是神经网络。如今,和美国军方一样,谷歌也将人工智能视为其与脸书、微软、苹果、亚马逊等全球一众公司竞争的制胜法宝。

神经网络计算正在逐渐兴起,因为它是让机器进行思考,而非遵循程序化指令的关键。这是重大的根本性模式的转变,并且似乎正为越来越多人所接受。

第二个重大模式转变与摩尔定律有关。美国企业家、发明家、软件工程师和网景公司联合创始人马克·安德森表示,摩尔定律已经翻转。[191]你或许还记得第一章中提到过,摩尔定律指的是密集型集成电路中的晶体管数量大约每两年便会增加一倍,而与此同时集成电路的价格却保持不变。安德森断言,新面世的集成电路与前一代并无二致,却只要之前一半的成本。这意味着计算的成本正在下降。这将让我们在第二章中提及的"物联网"加速进入现实，从而创造出人类历史上从未有过的一个高度互联的全新世界。同时，得益于成本低廉的处理器，人们能用并行系统和分布式系统经济高效地解决许多年前连想都不敢想的问题。我倾向于把这看作摩尔定律的一个推论，即证明大部分建立在某个定理上的推导结果。我的思路是，如果根据摩尔定律，我们每两年就能以同样的价格买到两倍数量晶体管的集成电路，那么类推可得，我们每两年也应该能以先前价格的一半买到原先的集成电路。我没发现这两种说法之间存在任何矛盾。更乐观地说，两个结论可以同时成立。我也的确是这么认为的。实际上，伴随着技术的进步，产品会不断改进，同时价格却在降低。正如美国劳工统计局的数据所显示的那样，过去的十八年来，几乎每个科技行业的价格都经历了大幅下跌，尤其是电脑硬件行业。我们可以把这个现象命名为**成本回报比递减定律**，即随着一种技术不断发展，该技术相比于前几代的成本会降低。举个例子，你今天买一台电视花的钱要比两年前买一台花的钱少，哪怕这两台电视的尺寸和性能差不多。这种价格的下跌源自零部件成本的降低和生产效率的提升。类似摩尔定律，这条"定律"也只是对某种趋势的观察总结，而不是一条物理定律。

第三个也是最后一个模式转变与数据有关。很多消息人士预测，到 2020 年，数据将呈指数级增长，而且他们中的大多数都同意每两年数字世界的规模便会翻上一番，换算可知：数据在 2010—2020 年会实现达五十倍的累计增长。[192] 这是因为绝大部分数据目前都经由网络传输，并借由智能手机实现了移动化，而传感器每时每刻都在记录世间的几乎一切。从根本上来说，数据正推动着一场数字革命。能够访问相关业务数据，并有能力对这些数据进行处理，从中持续收集重要洞察和见解，这样的组织机构将在竞争中占据上风。此外，增长的电子数据是一种机器可以理解的语言，而神经网络算法会加速机器在这种数据中的深度学习。

现在,让我们来谈谈关键问题之一:我们什么时候(精确到一个具体时间点)才会拥有匹敌人脑的计算机? 如果把这个问题输入搜索网站搜索,你会看到五花八门的答案。绝大多数的回答都是使用摩尔定律去推算我们还需多久能造出神经网络数等于人脑神经网络数的计算机。问题在于,数量一样多不等于计算机就拥有了人类水平的智能,这只意味着计算机拥有了可能与人脑相当的处理能力。我说"可能",是因为我们不清楚一个人工神经元是否与一个人脑神经元相当。另外,人类大脑的工作方式在严格意义上与数字计算机并不相同。虽然神经元确实只有激发和不激发两种状态,但神经元信号在神经元中的传输是经由一连串生物化学反应完成的,这些生物化学反应执行了某种形式的信号处理。这个事实对我们人类有何意义呢? 从计算机科学家到神经科学家,许多人都曾试图回答这个问题。按照人工智能领域的未来学家领头人之一雷·库兹韦尔[193]和研究心理学家克里斯·F.韦斯特伯里[194]的估算,人类大脑的处理速度约为 20 petaFLOPS,即每秒处理 2 亿亿次浮点运算①。[195](petaFLOPS 为每秒浮点运算次数单位,1 petaFLOPS 等于每秒执行 1 000 万亿次浮点运算,即每秒执行 10^{15} 次运算。)也有其他研究者反对这个估算数字,认为人脑的处理速度更接近 4 亿亿次每秒。[196]要是我们保守一点,可以将最大预测值翻个倍,笃定提出人脑的处理能力在 8 亿亿次每秒左右。这个数字听上去的确很惊人,然而已经有处理能力约为 93 亿亿次每秒的计算机了。但即便如此,计算机依然不能等同于人类大脑,因为没有给它编写赋予它人类水平智能的程序。不过,我们也可以假设它能通过神经网络来学习。只要它学习的速度跟人类一样,要不了几十年的工夫,它就能展现出与

① 浮点运算即小数的四则运算,常用来测量电脑运算速度或被用来估算电脑性能。每秒浮点运算次数也称每秒峰值速度。

一个成年人相当的人类水平智能。

1. 人工智能预测重点

我预测，人类水平的智能将于 2040 年或之前实现。也就是说，它能够通过图灵测试（让一名成年人类和一台智能机器进行对话，而中立的第三方无法基于对话内容将人类和机器区分开来，则称机器通过了图灵测试）。我的预测与文森特·C.穆勒和尼克·博斯特罗姆在两人共著的论文《人工智能未来发展：专家意见调查》中提出的时间框架一致，他们提出人类水平智能的出现时间为 2040—2050 年。[197] 我提到他们两位的调查，是因为在计算机何时将拥有与人类相当的智能这一问题上，人工智能研究者给出的预测五花八门，从"永远都不会"到"距今二十年内"（你在哪一天问出这个问题，那一天就是这个"今"），而穆勒和博斯特罗姆制定了一个调查表，获得的预测结果更为精准。另外，他们在调查中提出：我们应该做好准备，一旦有某个系统达到了人类水平的智能，那么"在这之后，该系统将用不到三十年的时间成为超级智能"。穆勒和博斯特罗姆将超级智能定义为"在所有领域均远远超越人类认知能力的智能个体"。[198] 库兹韦尔等人则将这一时刻定义为"奇点"。[199] 因此，如果以我对人工智能达到人类水平智能的预测时间（2040 年）为起始点，再参考穆勒和博斯特罗姆的预测——超级智能将在达到人类水平智能后的三十年内出现，由此可得，"奇点"将在 2070 年或之前来临。请注意，对于人类水平智能的出现时间，我倾向于穆勒和博斯特罗姆比较乐观的预测时间。如果采用他们比较消极的预测时间（2050 年），那我们可以得到一个保守的预测结果，即超级智能将在 2080 年或之前出现，或者再宽泛一些，它将出现于 21 世纪的最后二十五年内。

2. 总结新技术现实

以上述讨论为基础，让我们来总结一下技术层面的新现实：

- 神经网络赋予了计算机不需要搭载对应程序，而是通过从经验中学习来达成功能的能力。
- 摩尔定律正在翻转，表现为计算机处理器的成本大约每十八个月就会大幅降低。我们将其命名为"成本回报比递减定律"。这预示着我们在第二章中讨论的"物联网"趋势将加速，最终几乎万事万物都将接入互联网。这个发现非但没有与摩尔定律相矛盾，而且正是基于摩尔定律得出的一个推论。
- 数据每两年就会指数型倍增，反过来赋予搭载有神经网络算法的计算机学习能力，从而让计算机不用编写对应程序就能学会处理许多全新的困难任务。
- 能匹敌人类大脑处理能力的超级计算机正在崛起，并将在 21 世纪 20 年代变得随处可见。
- 神经网络计算方面的进展预示超级计算机将在 2040 年或之前达到人类级智能。这与穆勒和博斯特罗姆最乐观的预测时间一致。
- 超级智能机器将在 21 世纪的最后二十五年内或在此之前出现，这个时间也与穆勒和博斯特罗姆的预测一致。

在我们结束这部分之前，我要补充一下，在机器何时达到人类水平的智能或奇点何时到来的问题上，一众研究者其实给出了各式各样的不同预测。像上文中提到的，穆勒和博斯特罗姆试图通过调查得出更加精确的预测结果，对此我没有提出不同意见，只是简单表示自己倾向于他们最乐观的预测时间。不过，我认为我还是应当提供我自己推算得出的预测时间，以及得出该时间所用到的方法论。有了这些信息，你就可以在科技现实问题上做出自己的判断。

三、武器现实

根据美国国防部第 3000.09 号指令，美国宣称自己不会制造或部署自主武器。不过，我们需要仔细分析第 3000.09 号指令，因为美国目前对半自主武器的研发和部署正在为自主武器的投入应用充分奠定基础。

美国国防部第 3000.09 号指令规定：

> 自主和半自主武器系统的设计应允许指挥人员和操作人员在武力使用上可行使适当程度的人为判断。[200]

请注意以下两点：

- 它同时提到了自主武器系统和半自主武器系统。
- 它要求上述武器的设计应允许"在武力使用上可行使适当程度的人为判断"。

显然，美国国防部第 3000.09 号指令并没有禁止自主武器，只是寻求确保"在武力使用上可行使适当程度的人为判断"。在第三章中，我们讨论了人类对半自主武器和自主武器的控制可分为三个等级，分别是人类全面介入、人类部分介入以及人类无介入。其中第二个等级"人类部分介入"指，允许设计和部署自主武器，但人类必须拥有监视武器行动及关停它的能力。换句话说，武器可以自主行动，除非人类指挥官撤销其自主权。在这个前提之下，美国国防部正在开发：

> ……可以与有人驾驶飞行器并肩作战的机器人战斗机。另外，美国国防部之前已经测试过能够自行决定攻击目标的导弹，也建造了能猎杀敌方潜艇的舰船（这种舰船可发现数千英里①范围内的敌

----

① 1 英里合 1.61 千米。

人，并在发现后持续跟踪，全程无需人类提供任何支持）。[201]

我认为，半自主武器和自主武器之间只隔着一条极细的线。让我就美国海军使用的"宙斯盾"武器系统举个简单的例子。如果一支航母战斗群同时受到来自多方面的攻击，那么"宙斯盾"系统能够追踪所有威胁，并发射导弹将威胁消除。在这个过程中，会有操作人员和指挥官部分介入，但鉴于航母战斗群正受到威胁，再加上战场形势的混乱，你认为指挥人员有可能推翻"宙斯盾"系统做出的任何决定吗？出于防御行动分秒必争的特性，我怀疑指挥人员除了监督系统运行几乎无事可做。因此，不论出于哪种实际情况考虑，"宙斯盾"系统在实质上都将自主行动。

目前，所有半自主武器和自主武器均采用智慧代理。换句话说，它们达不到人类的智能水平。但考虑到人工智能技术的高速发展，我们的对手将于大约 2040—2050 年部署具备人类级自主性的自主武器，我们应该对此有所预见。这个时间与人工智能技术达到人类水平的大致时间范围相契合。当那一天到来，自主无人机的表现可远超最出色的人类飞行员所驾驶的战斗机。这背后的理由非常简单，自主无人机不必担心飞行员的安危，能够无视高 g 值（重力加速度）进行机动。通常来说，人类飞行员靠穿着抗荷服来防止大脑缺血，穿上抗荷服后，他们可以忍受的负荷最高为 9g[202]，而自主无人机没有这样的限制。另外，等到人工智能实现对人类智能的复制，自主武器系统将能够执行复杂任务并代替人类涉险。比如，未来美国空军的无人机将不再需要远程操控，它们会像人类飞行员那样获取任务目标，然后自行决定完成目标的最佳方式。

现在，让我们来总结一下武器现实：

- 美国目前处于美国国防部第 3000.09 号指令的约束之下，半自主武器和自主武器的研发和部署都遭到禁止，除非指挥官和操作人员"在武力使用上可行使适当程度的人为判断"。

- 第 3000.09 号指令实际上并没有禁止研发和部署有人类部分介入的半自主武器和自主武器。
- 所有的半自主武器和自主武器都使用智慧代理。
- 我们应预期在 2040—2050 年将出现具备人类级自主性的自主武器。

除非联合国有效发挥其作用，成功促使各国同意禁止自主武器，否则具备人类水平智能的自主武器将在 2040—2050 年面世。在迈入这个时间范围后，作战的复杂性和战争的不确定性将导致一旦有任何主要玩家（比如俄罗斯）部署了自主武器，美国为了确保军事上的制衡，势必就会跟着部署自主武器。

四、全貌

通过逐一审视新现实的组成维度，即政治现实、技术现实以及武器现实，我试图为大家拼凑出新现实的全貌。在这个过程中，我用了许多"可能""大约""或许"之类的修饰词。下面我会将完整图像呈现给大家，它代表着我眼中的新现实。我不会再使用表示可能语气的词语，也不会试图含糊其词、模棱两可。针对自主武器在模式上的根本转变，我将通过以下四个小点和一段短评简要阐述自己的观点。

- 世界是一个高压火药箱，朝鲜或其他流氓国家可能会点燃一场有限核战争，而大国将不会参与全面核对抗，因为这样的交战或导致人类灭亡。
- 保守地说，超级计算机将在 2050 年或之前达到人类级智能，超级智能（奇点）出现的时间最晚不超过 2080 年。

- 联合国将无法禁止自主武器。
- 最晚不超过 2050 年，世界各国将部署具备人类级自主性的自主武器。

在这个新现实中，自主武器将对全人类构成超越武器破坏力层面的威胁。首先，自主武器的自主性可能会引发原本人类可以通过外交手段避免的战争。一旦所有大国和某些流氓国家都掌握了自主武器，发生误判或产生误解的概率就会升高，因此，爆发战争的概率也会提升；而战争一旦爆发，由于可以依靠自主武器作战，可能最终导致人类毁灭。其次，等到自主武器足以代替人类涉险，战争或许会变得更易被接受。随着战争相关的思想日益为大众所接受，发生战争的可能性会变大，而随着战争的可能性变大，人类灭亡的可能性也在变大。最后，一旦到达"奇点"，超级智能或许会将人类视为威胁，因为我们的历史中充斥着战争，而且我们还会释放电脑病毒。在自主武器的加持下，超级智能或许会对人类发动战争，让我们沦为自己所发明之物手下的受害者。

第二部分

第二代：天才武器

第五章　开发天才武器

我们的技术力量在增强,但副作用和潜在风险也在升级。

——阿尔文·托夫勒

我们在上一章中讨论到,具备人类级智能的自主武器最迟也会于 2050 年出现。我指的不是所有武器到 2050 年都将具备人类水平的自主性,但我敢肯定,对于一个掌握先进技术的国家而言,此类自主武器必将成为它箭袋里的一支箭,此乃惯例。高新武器一经面世,之后便会被纳入国家的武器装备库中,与当下服役中的、先进度稍逊一筹的武器并行。比如,美国海军计划在 2020 年部署"杰拉尔德·R.福特"号超级航母,届时它将成为世界上现役超级航母中最先进的一艘。不过,美国海军同时也会继续部署类似"卡尔·文森"号这样先进度稍逊一筹的超级航母,直到它们的服役寿命耗尽为止。到 2050 年,我们预计会在世界上最先进的几个军事大国的武器装备库中看到一众武器并行混用的情况,也预计会看到自主武器成为一种趋势。

根据成本回报比递减定律(随着技术升级,该技术前几代的成本将持续降低),预计未来所有武器最终都将融合人工智能技术,下至只有握在人的手中才能开火的手枪,上到能执行复杂作战任务的战斗机。另外,随着人工智能技术广泛应用于武器领域,预计武器的互联程度也将进一步提升。这种趋势在军队中的发展历程将类似于第二章中商业

"物联网"的发展趋势(不仅要把所有设备都接入互联网,设备也要彼此连接在一起,小到恒温调节器,大到洗衣机)。人工智能互联性在美军中的普及将使"结群而行"成为现实,这是一种借鉴大自然所得的军事战略,通过集中所有必要资源来确保将敌方击退。德国人在第二次世界大战中运用过相似的战略。在大西洋战役中,德国海军派出 U 型潜艇,对盟军船队采用了一种大规模攻击战术,德国人将此战术命名为"狼群"。在太平洋战场上,美国也采用过类似战术对付日本舰队。不论是德国还是美国都不曾使用"结群而行"一词来形容这种战术,但在广义上,它们本质上是同一种战术。随着武器间的互联性持续提升,预计这种结群行动将崛起成为一种主要军事战术。如果你觉得这么说听起来很牵强,那么让我们来看一个现成的例子——美国海军的鱼群艇①。

2014 年,美国海军发布了一篇媒体新闻稿,标题为《未来就在眼前:海军自主式鱼群艇所向披靡》。在这篇新闻稿中,他们声称:

> 随着自主和无人系统对海军行动的重要性与日俱增,美国海军研究局官员于今日公布了一项技术突破,此项技术突破除了可使任意无人水面艇具备保护海军本方舰艇的能力,还首次实现无人艇自主"结群而行",并对敌对船只发起攻击。[203]

如图 5.1 所示即一艘美国海军鱼群艇。虽然炮管清晰可见,但与驱逐舰这样的大型战舰相比,鱼群艇似乎并不以破坏力见长。然而,外表可以颇具欺骗性。如果只是看见一只蚂蚁或一只蜜蜂,你可能浑不

---

① 原文为 Swarmboat。Swarm 一词在英文中可指"(昆虫或动物的)群",结合具体语境可表示"蜂群""蚁群"等。鉴于此处与海洋(海军)有关,因而引申翻译为"鱼群"。

在意；要是正在郊外野餐，你嫌它太过烦人，甚至可能还会伸手给它一掌。设想一下，倘若一群行军蚁或杀人蜂闯入了你的野餐地点，比起拍死它们，你的第一反应更可能是起身就跑，让自己和亲友撤离到安全区域。一旦结群而行，它们就变得危险起来。在鱼群艇的例子中，美国海军应用的正是这个规则。他们的目标是保护停靠在港口的大型军舰不被敌人的小船攻击，这些小船可能会击伤甚至击沉大型战舰。有"科尔"号事件作为前车之鉴，对鱼群艇的需求十分清晰明确。

图 5.1　弗吉尼亚州纽波特纽斯市（2014 年 8 月 12 日），在由美国海军研究局发起的一次鱼群艇技术演示中，一艘来自美国海军水面作战中心卡德洛克分部的无人艇正在自主行动。该无人艇长十一米，为刚性船体的充气橡皮艇。此次演示于弗吉尼亚州纽波特纽斯市的詹姆士河上进行，参与的海军小艇多达十三艘，所有小艇均搭载由海军研究局支持研发的机器人代理指令感知控制架构，演示内容为护航、拦截和交战场景下无人艇的自主行动或远程控制。（美国海军照片，由约翰·F.威廉姆斯拍摄/发布）

"科尔"号是美国海军的一艘导弹驱逐舰，你一眼就能看出它是一艘强大的战舰。2000 年 10 月 12 日，"科尔"号在亚丁港停靠，进行常规燃料补给。在燃料补给期间，一艘小小的海钓船载着爆炸物和两名自杀式炸弹袭击者驶向"科尔"号的左舷。在接近"科尔"号船身后的一瞬间，这艘小船爆炸了，在战舰的左舷撕开了一个 40 英尺 × 60 英尺①的大裂口。这次袭击共造成 17 名美国士兵死亡，37 人受伤。[204]正是为了应对这样的威胁，美国海军开发了鱼群艇。

最初，在 2014 年时，还必须由一位人类操作员来完成机器人鱼群艇之间的结群；而到了 2016 年，随着人工智能的发展，鱼群艇具备了自主分辨敌我的能力，它的识别技术甚至能够根据行为对潜在威胁进行评估，在可疑舰船靠近美国海军船只时会时刻留意双方之间的距离。另外，鱼群艇的战术能力也得到了增强。若所有鱼群艇都蜂拥围攻一艘船，就可能会给敌人的其他船只留下可乘之机继而发动攻击。为了避免这种情况发生，美国海军的鱼群艇支持分别指派，可兵分几路同时追踪不同的敌方舰艇。[205]鱼群艇的这个案例说明了以下三点：

- 人工智能技术的进步可以改变游戏规则。
- 分布式人工智能技术可以让集群式攻击成为现实。
- 小型化（比如纳米电子技术）可以实现全新的武器功能，而且有可能从中诞生一个全新的武器类别。

针对最后一点的"小型化"，请允许我详细说明一下。在第三章中，我们讨论了美军的第三次抵消战略。第三次抵消战略的目标是将机器人和系统自主性、小型化、大数据以及先进制造这几个前景技术领域应用在武器研发和部署上。显然，美国海军研发的鱼群艇就是第三次抵消战略的一个绝佳案例。鱼群艇是具备自主性的机器人无人艇，与美国海军的常规战舰相比，它们体积很小，集成了先进的人工智能，还可

---

① 约合 12 米×18 米。

利用大数据实现自主敌我识别。由于体积较小外加功能有限,依靠先进制造技术,美国海军便能对其进行经济且快速的量产。若是哪个国家的沿海水域有一支鱼群艇组成的船队在巡航,只要有它们在的一天,这个国家就无法调遣其最大的战舰。设想一下,若美国海军给鱼群艇装备反舰导弹,那么凭借其速度和数量,它们将成为海军界的杀人蜂。

虽然美国仍将继续部署大型武器(如超级航空母舰),但我预计美国未来会侧重于如鱼群艇这样的小型武器。比如,我预计美军以后在大型战斗无人机之外,还将部署昆虫大小的无人机。在将武器小型化并赋予它们先进人工智能性能的驱动力下,一种全新的武器——纳米武器终将诞生。

第三章中提到过,我们可认为小型化包括纳米武器。按照第三章中对纳米武器的定义,任何用到纳米技术(至少线单元①在 1—100 纳米)的军用技术,都可称为纳米武器。我之前明确断言过,网络战很可能依赖于纳米电子微处理器,因此纳米电子微处理器也是纳米武器的一个例子。不过,当时我没有指出还有其他的潜在应用。我有意跳过,就是因为觉得放到此处讨论会更好,以便为后面讨论天才武器打下基础。

在第三章中,我们讨论的第一个武器系统是"宙斯盾"武器系统。美国海军自 1983 年起就部署了这套系统,一直使用至今。这套系统目前的配置里可能既有三五年前乃至更早的计算机技术,也有当下最先进的计算机技术。"宙斯盾"武器系统中有部分采用了最先进的计算机,这些计算机内安装的正是纳米电子微处理器,因此我们可以认为"宙斯盾"武器系统的这些部分属于第三类纳米武器,即防御性战术纳

---

① 线单元是有限元法的概念之一。有限元法是一种利用数学近似的方法对真实物理系统进行模拟的方法,它的基本对象是"单元"。根据单元的几何特点,通常可以分为点单元(零维)、线单元(一维)、面单元(二维)和实体单元(三维)。

米武器。乍一看，这种说法相当古怪，我同意。实际上，把"宙斯盾"当作一件武器来看待的感觉相当奇怪，这难道不就是一堆计算机、算法和雷达之类的东西吗？里面没有一样东西会"轰"的一声爆炸。不过，它会指挥美国的导弹去攻击造成威胁的目标，那些导弹倒是会爆炸，而且爆炸的规模通常足以摧毁一艘军舰。我要说的是，在我们讨论天才武器的过程中，范式转移的发生是无法避免的。有很多天才武器的外表看起来跟今天的常规武器一点都不像，而就算肉眼看上去相似，其涉及纳米武器的部分才是微妙之处。要讨论这一点，我们可以以在第三章中讨论到的第二个武器 X - 47B 无人空战系统为例。

X - 47B 无人空战系统完全符合我们脑海中对一个先进武器系统的设想。它是纳米武器吗？美国海军没有公布 X - 47B 所采用的技术，不过鉴于它的高科技属性和半自主能力，我判断它采用了最新型的纳米电子微处理器。基于这一点，我们可以将 X - 47B 归为纳米武器，而且它同时属于第二类和第三类纳米武器，即进攻性战术纳米武器和防御性战术纳米武器。别急，这可能还没完。它在制造过程中和所用的部分隐形涂层有可能也用到了纳米材料，但由于技术保密，我们很难查证。

在我看来，纳米技术是一种使能技术。若它"使"一个军事系统"能"完成其设计任务或目标，那么这个系统就属于纳米武器。我承认这个定义相当宽泛，不过一来定义是必须要有的，二来这个定义也算得上精确。若你对此表示怀疑，可以试着把系统中的纳米产品去除后再审视。这意味着"宙斯盾"武器系统只能使用纳米电子技术诞生之前的计算机技术，即 2011 年前的计算机技术，而如今你在任意一家消费电子产品商店内售价为一千美元的中档计算机里随便挑一台，它的处理能力都比 2011 年的计算机至少高出十倍。你觉得美国海军会放任"宙斯盾"这个他们最重要的武器系统之一沦为那种老古董吗？让我们再举一个例子，现在试着把 X - 47B 里的纳米产品去除后再看看。没有了纳米电子处理器,我很怀疑它是否还有半自主能力。虽然美军未曾炫耀,但他们最先进的军用系统内的确集成了纳米技术。根据定义,它们就是纳米武器。

我在自己之前出版的图书《纳米武器:对人类的威胁与日俱增》中提出过两个重要观点:

- 在纳米武器领域,美军相对于自己技术实力最强的老对手们处于决定性的领先地位。[206]
- 美国军方有意对此保持沉默。[207]

你或许会好奇是什么原因让美国军方对其纳米技术应用一直守口如瓶,以及为什么自己很少听到纳米武器的相关消息。答案简单到超乎你的想象。就纳米技术及其在武器中的应用而言,美国在这个领域处于决定性的领先地位,这带来了战略优势,所以他们有意低调并淡化任何有关纳米武器的消息。在《纳米武器:对人类的威胁与日俱增》里,我把这个全新武器种类第一次带到了大众的视野中。

简洁起见,我不会在这里重新搭建一遍框架,逐一阐述这本书中的结论。我会选取与天才武器有关的要素,逐一简要介绍它们所起的作用。在把这个基础搭建完毕后,我将给出天才武器的定义。

首先是纳米电子集成电路[208]。在上一章中,我们提到人工智能是美军第三次抵消战略的核心。人工智能技术的命脉是集成电路,而位于该领域最前沿的则是纳米电子。智能武器离不开人工智能技术,人工智能技术在智能武器中起到了各种功能性作用。人工智能不光为智能武器提供制导系统,还可以触发引爆智能武器。比如,人工智能技术可以将武器的引爆延迟至该武器穿过某道屏障之后,以便确保歼灭屏障后方的敌方所有战斗人员,或确保摧毁位于掩体内的某个武器。随着纳米电子技术的发展,人工智能技术得以不断进步,预计未来几乎所有武器都将逐渐变得更加智能。不仅如此，预计纳米电子技术还将赋予小型弹药某种程度的智能，例如自导向智慧子弹。这种子弹可让狙击手在一英里①外完成击杀，或根据 DNA 将特定的人作为目标。[209]最重要的是，正如在第四章中讨论过的，预计纳米电子集成电路将在2050 年或之前使人类水平的智能成为现实。另外，我曾提到超级智能的出现时间最晚不超过 2080 年，虽然我认为我预言的时间点可能存在十年或大于十年的偏差，但绝大多数人工智能研究者都预测超级智能的出现时间为 21 世纪后半叶。超级智能出现之时，就是世界经历"奇点"之时，我们将迎来在所有领域都远超人类认知能力的超级智能。之后，随着我们将超级智能应用在武器的相关技术中，我们很快就会见证天才武器的诞生。

其次是纳米传感器[210]。传感器是在智能武器中应用的一项关键技术，不过纳米传感器是一个全新的传感器种类，未来将对天才武器的开发和部署至关重要。为了便于大家深入理解，我在此从自己的书《纳米武器》中引用一段话："纳米传感器提供了在分子水平上实现交互（感知）的机会，这是前所未有的，更使其在作为生物传感器和化学传感器时极为高效，因为对这两种传感器的要求是在低浓度下实现高度可靠的特异性检测。"[211]

纳米传感器使人工智能控制系统能在交战场景中具备极高性能。比如，前文中提到的自导向智慧子弹必须搭载纳米传感器。它能够进行人脸识别，还要归功于纳米传感器。以前有句老话说"有颗子弹上刻着你的名字"②，或许以后要改成"有颗子弹里装着你的照片"了。鉴于纳米传感器在分子层面进行交互，它们可让人工智能控制系统具备区

---

① 合 1.61 千米。
② 原文为 a bullet with your name on it，是一种士兵间的迷信说法，用相信生死有命、早已注定的方式来解释战场上随时到来的死亡，比较明确的使用可追溯至第一次世界大战。

分战斗人员和非战斗人员的能力。所谓"战斗人员",即携带武器和爆炸物的人,因而纳米传感器实际上将通过"检测爆炸物、生物试剂和化学品"实现区分。[212]想象一下,在某个战区作战地带,一名美国士兵遭遇数名当地人,其中既有妇女也有孩童,有一人或多人可能携带武器,然而这名士兵根本无从知晓究竟谁是敌方的战斗人员。在这个场景中,假设该士兵配备有智慧子弹,子弹上搭载有能够检测出武器携带者的纳米传感器。在他扣动扳机之后,如果一名或多名当地人持有武器,那么子弹只会攻击这些人;如果无人携带武器,那么子弹将自动导向,绕过所有当地人。虽然我仍把这种智慧子弹归为智能武器,但我们其实离天才武器正越来越近。稍后在定义天才武器时,我们会发现有些天才武器也需要纳米传感器。

最后是纳米机器人技术[213]。从监视到进攻行动,机器人在战争中的地位日益提升。前文中,我们用较多篇幅详细讲述了美军的无人载具(从美国空军的遥控无人机 MQ - 1"捕食者"到美国海军的半自主式鱼群艇),还讨论了随着人工智能实现对人类智能的模拟(我在第四章中预测最迟不晚于 2030 年实现),无人载具将获得更多的自主性。虽然这代表了军用机器人技术领域的重大进步,但我依然不会将它们归为天才武器。纳米机器人技术在军用无人载具中的应用将进一步扩大,设想存在一种能够进入对手指挥中心执行监视任务的苍蝇无人机,这将给"墙上的苍蝇"①一词赋予全新的含义。想象一下,这架苍蝇无人机可将 100 毫微克的 H 型肉毒杆菌毒素(现存最致命的毒素,已知没有任何解药)投放到敌方一名高价值战斗人员的食物上面,比如投放到战区司令官的食物上。这读起来或许像科幻小说的情节,但现实中,美国陆军的研究实验室已于 2014 年 12 月 16 日宣布他们成功制造出

---

① 原文为 fly on the wall,字面含义即"墙上的苍蝇",在英文中的引申含义是"暗中观察者""偷听者"。

了一种苍蝇无人机[214]，而且 H 型肉毒杆菌毒素的部分也已经成为现实，正同上文描述的一样。[215]由于纳米机器人技术具备的这些能力前所未有，因此我们在对天才武器进行定义时，会很容易发现纳米机器人将在其中扮演一个关键性角色。简而言之，机器人将在天才武器中发挥核心作用。

上述三种纳米技术类型为我们提供了定义天才武器的基础，首先让我来解释一下为什么这么说。"智能武器"一词指人工智能精确制导武器，拥有超高精度，可在将附带损害降至最小的同时提升针对预定目标的杀伤力。这个词在海湾战争期间开始使用，随着时间的推移，"智能"一词成了人工智能的同义词，好比手机集成人工智能之后，我们就把它叫作"智能手机"。今天，若我们用"智能武器"一词来指代一个武器，则意味着该武器在集成人工智能之外，还可完成通常需要人类智能才能胜任的任务，比如 X－47B 无人空战系统能够在航空母舰上自行起降。简而言之，当武器具备我们通常认为属于人类的能力之时，我们就会给它们贴上"智慧"的标签；而当一个武器的性能大大超过人类在所有领域的认知能力之时，我认为我们就会称其为"天才"武器。在这个背景下，让我们来定义天才武器的构成属性。这不是官方的军事定义，也不同于"智慧/智能"一词，后者用在武器上时拥有官方军事定义。下面，让我来定义三种武器属性，有了这三种属性，我们就能够定义天才武器：

- 它必须是机器人武器，或内嵌超级智能，或能够无线连接至超级智能（在所有领域都远超人类认知能力的人工智能体）。
- 它必须可以控制，并且有指定的军事任务要执行。基于前一点，这意味着它将处在超级智能的控制之下，而超级智能大概率会处于人类指挥官的控制之下。
- 它必须能够造成多种级别的破坏，上至摧毁敌方各类大型武器

（如超级航母和核弹头导弹），下至摧毁一支军队或暗杀单名敌方战斗人员。

这种定义似乎看起来有点随意，不可能有什么武器能满足全部标准。实际上并非如此，有两类天才武器满足以上标准：

1. 由超级智能无线控制的机器人武器

快速回顾前面的章节，你会发现两大关键力量将在 21 世纪下半叶交汇，为天才级别武器的出现提供现实基础。这两大力量分别是：

- 超级智能一族诞生于世。
- 纳米机器人技术在包括纳米电子和纳米传感器在内的领域取得重大进步。

基于我对纳米武器的大量研究和我之前的著述《纳米武器：对人类的威胁与日俱增》，符合上述定义的天才武器是"军事化自主纳米机器人群"。让我们来讲讲它是什么以及它为什么是一种天才武器。

首先，让我们给"纳米机器人"下个定义：纳米机器人指使用纳米技术制造的微型机器人。到 21 世纪下半叶，纳米机器人将集成纳米电子技术和纳米传感器，由此具备人工智能功能以及与超级智能一族进行无线通信的能力。得益于这些能力，纳米机器人将获得自主性，从"智能"跨入"天才"的范畴。由于这种纳米机器人有执行军事任务的能力，因此我们可以将它们多个个体的集合称为"军事化自主纳米机器人群"（以下简称 MANS）。不过，你可能会问：为什么 MANS 是天才级武器？实际上，这是美国和其他国家的战争逻辑的一种延伸。目前，美国广泛使用自己的全球定位卫星来为作战中的无人机和智慧炸弹提供引导。不论是对于美国，还是对于其他国家，军用机器人如今都是战争中一项必不可少的技术。[216]我断言 MANS 在未来会是一种天才武器，正是基于当前把无人机尺寸缩减至昆虫大小的军事趋势[217]和机器人在战争中扮演的角色。设想一下 MANS 可执行的任务，我们或许会更容易理解这一点。若一群数量以百万计、配备纳米电子集成电路和纳米传感器的 MANS 在超级智能的指挥下向某个敌对国家投放致命毒物，MANS 甚至可以模拟出一场生物瘟疫的效果。举这个例子的目的是想说明，MANS 是大规模杀伤性战略武器，与核武器类似。

其次，让我们厘清为何 MANS 必须处于超级智能的控制之下。MANS 要想成为天才武器、执行如蜂群式攻击在内的各式任务以及应对和适应周边环境，它们必须拥有超级智能的功能。考虑到 MANS 的尺寸，在机器内部建造那种级别的人工智能很可能是无法实现的，因此它们的天才属性将依赖于对其进行无线控制的超级智能。正如大自然赋予蜜蜂群起而攻之的天性，超级智能将以无线的方式协调一个MANS 攻击群中数以亿计参与者的运作。

最后，MANS 若要具备摧毁对手的大型武器或战斗人员的能力，那么它们的数量必须十分庞大，根据任务内容，所需的 MANS 数量可能从百万到亿万不等。假设我们想派 MANS 去攻击一艘航母，每一台军用自主纳米机器人都可携带微量腐蚀性载荷，在靠近航母时便释放所携带的腐蚀性物质。这种攻击将重复亿万次，可以想见它们会使航母的外壳逐渐解体，最终导致航母沉入大海。一开始，MANS 可能需要在制造完毕后通过运输进入战区。虽然将大量 MANS 运进战区不是不可能，但这种做法不光让难度提高了一个等级，也更容易暴露。借鉴一下大自然的模式，最终我们会希望 MANS 具有自我复制能力。只要能自我复制，就没有了弱点。毕竟，假如黑死病的致病病菌没有复制能力，它就不会夺走当时几百万条人命的能力。在现代社会中，隔离身患传染性疾病的人是防止该传染病进行"复制"（我们通常称之为"蔓延"）的一种手段。

我认为,应将具有自我复制属性的 MANS 分类为大规模杀伤性战略进攻性纳米武器[218],这种武器的针对性破坏力比核武器更胜一筹。自我复制型 MANS 能执行多种军事任务,下至击杀某一名敌方战斗人员的外科手术式打击,上到能够摧毁某个国家的大型武器的大规模袭击,比如击沉对手的航母和潜艇。鉴于这种自我复制型 MANS 的破坏力之大,它们的使用需要始终处在人类控制之下,而考虑到控制数量以亿万计的 MANS 的复杂程度,超级智能将成为控制它们的不二选择。然而,这就引出了一个重要问题:人类能够一直保持对超级智能一族的控制吗? 我们将在下一章中回答这个问题。

纳米机器人从整体上看像是科幻小说中的概念,但事实并非如此。纳米机器人如今已经存在。军方对军用纳米机器人的制造和使用守口如瓶,与此同时,医学界却在公开讨论这个话题。为了增加整体可信度,我们先跑个题,一起来看看纳米机器人在医学上的一些应用。

2016 年 1 月 6 日,美国白血病研究基金会宣布:"以色列巴伊兰大学的伊多·巴切莱特博士正在展开首个使用纳米机器人治疗晚期白血病的人类临床试验。"[219]他们提到了两篇文章。

第一篇为《辉瑞携手伊多·巴切莱特合作研发 DNA 纳米机器人》,作者是布莱恩·王,2015 年 5 月 15 日发布。[220]

这篇文章中写道:"辉瑞正与巴伊兰大学伊多·巴切莱特教授领导的 DNA 机器人实验室进行合作。巴切莱特研发出了一种新式 DNA 分子的制造方法,这种 DNA 分子具有'可编程'的特性,能够前往人体中的特定位置,在那里执行预先编写好的操作,并对来自人体的刺激作出响应。"巴切莱特博士的团队使用某段特定的 DNA 序列制作出一个纳米量级机器人,并把它像"蛤蜊"一样对折,好让它携带抗癌药物。这个蛤蜊形的特定 DNA 分子会在患者体内游走,直到找到一个癌细胞。这时,它会立马释放药物,将这个癌细胞杀死。通过这种方式,抗癌药物只会瞄准癌细胞出击。因此,不同于传统的癌症治疗法可能会同时攻击健康细胞和癌细胞，这种治疗方法只会打击癌细胞。

第二篇为《DNA 纳米机器人的首个人类抗癌试验在一名晚期绝症患者身上展开》，作者是丹尼尔·科恩，2015 年 3 月 27 日发布。[221]

这篇文章提供了更多信息，文中写道："纳米机器人还支持在体内携带多个'载荷'，且可被编程至使其知晓让哪种药物接触特定分子。"

上述两篇文章中提到的医学纳米机器人使用了 DNA 分子，属于生物型纳米机器人。目前，对医学纳米机器人的研究正在世界范围内广泛开展，同时也有对科技型纳米机器人的研究。

介绍医用纳米机器人的用意在于指出纳米机器人已经存在，这是科学事实，而非科幻小说。我还可以举出更多例子：2017 年 8 月 16 日，在某搜索引擎中以"医学纳米机器人"（带双引号①）为关键词进行检索，可得到 83 200 条结果，其中包括刊登在《大西洋月刊》和《商业内幕》上的文章。作为对比，同一天在这一搜索引擎中以"军事纳米机器人"（带双引号）为关键词进行搜索，只会返回 2 410 条结果（约为"医学纳米机器人"返回结果数的 3%），而且没有任何一条看上去像是来自美国军方。然而，美国军方花在纳米武器上的资金高达数十亿美元。[222]这让我得出一个结论：他们当前至少确实在探索纳米机器人在军事上的用途。不过，由于以前曾为保密项目工作过，我知道从事军事纳米机器人相关工作的人不能发表他们的研究，也不能在公开会议上做报告。这可以解释为何我们在搜索"军事纳米机器人"时返回的结果是如此之少。

在我们结束纳米机器人这个话题之前，我要补充说明的是纳米机器人拥有一项在现代社会和现代军队中都有需求的能力，即分子制造。作为纳米技术创始人之一的金·埃里克·德雷克斯勒是这样描述它的：

---

① 查询词加半角双引号表示查询词不能被拆分，在搜索结果中必须完整出现，用户能够以此精确匹配查询词。

尽管在绝大多数方面跟生物学中的概念截然不同,可分子制造也是利用了所储存的数据指导分子机器的建造,极大地扩展了纳米技术的能力。[223]

德雷克斯勒观察到,自然界就使用细胞在纳米尺度上构建大型生物机器。实际上,我在《纳米武器》的第二章《用原子玩乐高》中对此进行过深入讨论。事实证明,所有生物过程都始于纳米尺度,大自然母亲的造物工具就是纳米技术。DNA 提供了一份详细的指南,使生物体细胞能组合成心脏和肾脏这样更大的结构,并最终构成一个完整的生物个体,比如一个人或一条狗。

1959 年 12 月 29 日,在加州理工学院举行的美国物理学学会会议上,物理学家和诺贝尔奖得主理查德·费曼发表了一场以"底下空间相当大"①为题的演讲。[224]在演讲中,费曼介绍了分子制造的概念。尽管费曼从未用过"纳米技术"和"分子制造"之类的词,但他描述了一个涉及精确操纵和控制单个原子及分子搭建纳米机器的流程。费曼还进一步设想,利用纳米机器的工厂制造复杂产品既经济又划算,甚至还能制造出当今传统制造法造不出的产品。就像数十亿只白蚁可以吃掉一整栋木制豪宅而不留下任何痕迹,纳米机器人可以这样建造起一座豪宅或其他任何结构,可以是一台复杂的机器,也可以是一栋建筑,重点在于这个结构将十分精确,每个原子和分子都将根据计划精准就位,完全不同于如今在原子尺度上严重不规则的制造方式。

这自然而然地引出了两个问题:

---

① 演讲的英文标题为 *There's Plenty of Room at the Bottom*,也有根据演讲内容将其意译为"微观世界有无垠的空间"者。

- 这可能吗？
- 这重要吗？

正如我在上文提到的，大自然母亲建造的一切都始于纳米尺度，从最小的病毒到最大的珊瑚礁，所以我们很清楚这是可能的。不过，你或许会想纠正，指出必须是生物才行。那非生物结构呢，这又有可能吗？答案也是肯定的，尽管这到如今才变得可行。

密歇根大学的尼古拉斯·科托夫和他的同事最近共同公布了一项制造较大纳米结构的技术。这项技术使用了一种一次建造一层纳米级材料的工艺[225]，与大自然母亲分层制造鲍鱼贝壳的方法类似。科托夫发明的这项工艺的流程如下：首先将一块约口香糖大小的玻璃浸入胶水样的高分子溶液中，其次浸入黏土纳米薄片（一种分层黏土矿物构成的二维纳米结构）的胶体溶液中，在这些黏土纳米薄片各层之间形成氢键。科托夫的团队不断重复这一流程，制作出的高强度成品的厚度与一片保鲜膜接近。虽然还在研发的早期阶段，但可以想见使用这一工艺制作出的较大结构最后可能能作为建筑中的新"胶合板"。

这有什么重要的？我们发现，若原子或分子分布得当，就可以产生强度极高的结构，比如鲍鱼贝壳。尽管鲍鱼贝壳有98％的成分为碳酸钙，可多亏其紧密的分子排布，它比普通碳酸钙矿石要坚硬三千倍。[226]眼下，纳米技术也影响着世界上最高的几座建筑物。比如，我们知道在水泥中加入碳纳米管（细长的纯碳分子，外形如管状）能提升水泥强度，这是因为碳纳米管影响了水泥浆中的水化过程及水化产物的后续结晶。[227]在《纳米武器》中，我就对特定构造的纳米薄片的强度足以阻止子弹有过论述。[228]重点在于，纳米制造是制造革命的开端，将使创造本不存在的产品成为可能。

总之，纳米机器人的用处不仅是作为天才武器的候选，而且可以深刻改变医疗方式和制造工艺。这个主题值得专门成书，但限于本书的主题和篇幅,我只能蜻蜓点水,仅对其潜力展现一二赞赏。

至此,我们对与超级智能无线连接的天才武器的讨论结束,下面让我们将注意力转向第二类。

2. 集成超级智能的机器人武器

考虑到如今军队的运行方式,我认为未来的第二类天才武器将涵盖一个国家最大的大型武器,比如航空母舰和潜艇。试想这样一种内置超级智能的全自动武器系统,将完全符合我们对天才武器的定义:它是机器人,由超级智能控制,且破坏力分为不同等级,除了发射导弹和无人机,还能出动 MANS。

美国的一大特点是擅长武力投射。今天,美国通过核动力航母和潜艇投射武力;未来,美国将继续投射武力,但核动力航母和潜艇将变为机器人。这个结论源于我们今日所见的趋势。比如,美国最先进的福特级航母得益于自动化水平的提升,船员人数远少于尼米兹级航母。随着超级智能的发展,航母或潜艇上的一切运行都将自动进行——展望一下一艘可以按年而非月为单位执行任务的核动力航母。此外,超级航母和核动力潜艇可将 MANS 与常规武器和核武器一并带入战区。

随着超级智能在 21 世纪后半叶登场,它们将设计出如今科幻小说中所描述的种种武器。问题是,它们不仅会设计出再也无需人类操作员的武器,它们自身还将在几乎所有人力方面取代人类。

在一场"智能大爆发"的推动之下,甚至每一代智能机器开发的下一代机器都会更加智能,拥有超级智能的国家将体验到:

- 异常高的生活水平,因为这些机器会减轻人类的痛苦,制造出满足每个人需求的丰富食物和产品。
- 前所未有的军事力量水平,因为国家军备有天才武器加持。

超级航母和潜艇的自主性将带来另一个问题：人类在未来将扮演什么角色？到21世纪下半叶，超级航母和潜艇的自主性将处于起步阶段。我认为，人类将选择部分介入的角色。在这些机器人能够完全自主运行的同时，人类指挥官大概会希望对它们的活动（尤其是作战相关的活动）了如指掌且有能力撤销它们的自主决定。

显然，任何常规通信都可能将天才武器位置相关的情报泄露给对手，而且这类通信也很容易遭受黑客攻击。想象一下：一名恐怖分子黑客获得了一艘天才级潜艇的控制权，考虑到这艘潜艇的战斗力，这可能预示着人类的灭绝。因此，未来最紧迫的任务是美军和他国军队在能够实现与各自的天才武器通信的同时，不让对手知晓武器的位置、意图或夺走控制权。哪类通信技术可以满足这样的需求？我认为，我们将在超级智能的核心工作原理中找到这个问题的答案。

我们在第一章中提到，摩尔定律证实了集成电路每两年会在价格不变的前提下性能翻倍。然而，眼下我们已经在制造具备纳米尺度功能的集成电路了。在我看来，这表明集成电路的传统制造法将走到这样一个节点：集成电路在设备尺寸上的改进马上会走到尽头。不过，我们在第一章中也提过，摩尔定律是对某一技术领域中人类的创造力进行观察后所得的结果，适用于所有资金充足的技术领域，比如计算机技术，因此就算集成电路达到其性能提升的上限，计算机或许也会在新科技的推动下继续向前发展。就如同电子管被晶体管取代，晶体管又被集成电路取代，我们可能会见证量子计算出现并取代集成电路。在这项新技术的推动之下，计算机能力的提升将继续遵循摩尔定律或更为笼统的回报加速定律。

这自然又引出了一个问题：什么是量子计算？量子计算指使用量子力学现象（如量子纠缠）对数据进行操作的计算机，其工作原理可如下简单解释。首先，我们从量子纠缠现象[229]开始，爱因斯坦将这种现象称为"令人毛骨悚然的超距作用"，纠缠发生在两个粒子相互作用时，它们的特性会相互依存。比如，假设两个亚原子粒子相互作用，在空间中的同一点瞬间产生了两个电子，用量子力学的语言来说，这两个电子"纠缠"着。这意味着，对其中一个电子的测量会立即影响另一个电子，不论它们相距多远。如果其中一个电子处于"顺时针自旋"状态（这是其角动量的特性之一），那么另一个电子就处于"逆时针自旋"状态，以保持自旋（量子力学的原理之一）。如果你将一个电子的自旋从顺时针改为逆时针，那么另一个电子将立刻从逆时针改为顺时针自旋，以保持自旋。取决于产生和相互作用的方式，量子纠缠可在亚原子粒子群之间发生。如果这读着有点让人迷惑不解，还请读者理解，没人能把量子纠缠解释透彻，不过它已经作为量子力学的一个基本特点被科学界广泛接受。计算机的语言只有 1 和 0，以计算机的角度来看电子状态，就可以用 1 来表示顺时针自旋，用 0 表示逆时针自旋。这可能看着像是什么科幻小说，但并非如此，这是科学事实。

对原子和亚原子粒子特性的利用可能代表着计算机技术的下一个飞跃。因此，我们可以合情合理地得出这样的结论：超级智能一族将是量子计算机，量子计算机的内部运作将利用量子力学原理。量子力学是一门旨在解释量子层面上原子和亚原子粒子行为的科学。目前，量子计算这门科学尚在萌芽阶段，其进展和成果都依靠超尖端的实验室。基于本书的讨论范围，我们其实只要理解量子计算的三大优势即可：

（1）比起传统计算机（我们目前的电子计算机），量子计算机从根本上速度更快。传统计算机利用电子和光子执行运算，虽然这些电子和光子可在短短几分之一秒内便穿过计算机的内部电路、完成信息的传输，但也并非瞬时。而量子计算机利用的是亚原子粒子的特性，如量子纠缠。就我们目前已知的信息而言，对于纠缠在一起的粒子，它们之间的信息传输是瞬时发生的，与距离无关。

（2）相较于传统计算机，量子计算机可以处理难度更高的问题。

这是利用亚原子粒子特性的直接成果。亚原子粒子有一种奇异的能力，它在任何时候都能以一种以上的状态存在。你可以将这看作额外多了一个层级的信息，因此量子计算机得以进行超出传统计算机能力范围的复杂运算。

（3）比起传统计算机，量子计算机消耗的能量更少。IBM 研究院的罗尔夫·兰道尔于 1961 年计算得出，传统计算机有一个执行单次操作的理论耗能最小值。我们现在的计算机所使用的能量则几百万倍于兰道尔的最小值。从这个角度来说，它们并不节能。研究者相信，哪怕让传统计算机的耗能接近于兰道尔算出的最小值，量子计算机也会比传统计算机更加节能。比如，在一台量子计算机中修改海量信息，可能只需要修改一个亚原子粒子的状态即可。当一个亚原子粒子的状态改变，它可以通过量子纠缠影响大量其他粒子的状态。

量子计算机会将计算机的处理能力提升至一个全新水平，还可能成为引领"奇点"到来的机器。所谓"奇点"，即智能机器在所有领域都大幅超越人类认知能力的时间点。按照定义，天才武器将利用超级智能获得天才级别的能力。随着天才武器于 21 世纪下半叶登场，我们将与智能在人类之上的一群智能个体打交道。所谓控制天才武器，即意味着人类控制超级智能一族，而这引出了一个严肃的问题：超级智能一族同意被人类控制吗？或者，它们是否对自己在食物链中的位置持不同的看法？

第六章　控制自主武器

　　如果我们继续不明智也不谨慎地发展科技，那么我们的仆人或许会成为我们的刽子手。

——奥马尔·N.布拉德利

　　本章将讨论随着人类自身和人工智能技术的双双进步，人类在控制自主武器方面可能遇到的种种困难。

一、控制弱人工智能自主武器

　　大体来说，你可以把"弱人工智能"看作人工智能，只是其智能未达到人类水平。我们现在玩的那些复杂的计算机游戏所使用的正是这种人工智能，"弱"字仅指它未及人类水平的智能。当我们说"强人工智能"时，我们指的是等同于人类智能的人工智能。

　　在短期（我指的"短期"是在强人工智能出现之前）内，自主武器将按其内部编写好的程序运行。美国将继续遵守他们在自己身上施加的限制，仅投入部署半自主武器，直到其他国家部署的自主武器让美军自认为处于劣势为止。自主武器造成的人类伤亡增加或将在美国民众中产生一轮强烈反应，民众会要求美国也部署自主武器。这本质上是一种"以其人之道还治其人之身"的方式。为什么要因自主武器失去儿女，或让丈夫失去妻子、让妻子失去丈夫，或是跟任何亲人永别呢？

我预测，半自主武器体现出的良好效果将结束于自主武器开始具备人类水平智能之时。到那时，自主武器将在战场上替代人类，而且它们更能适应周遭持续变化的环境。在 21 世纪 40 年代的某一时刻，由于人类级智能自主武器的出现，美国将改变他们在自主武器上的立场。美国可能会宣称己方武器均为半自主式，处于人类部分介入的控制之下。然而，在那个时代，冲突的发展速度之快，将使人类指挥官基本沦为第二次世界大战中的高层指挥官所扮演的角色。

在二战期间，战区司令官负责坐镇战区（比如欧洲战区）指挥作战，负责下令摧毁他认为可使对手丧失关键能力的特定目标，上至兵工厂，下至桥梁，而计划如何实现战区司令官的命令则是他属下的责任。在战区司令官批准属下提交的计划之后，各军种的高层指挥官会将该计划的各部分指派给他们的下属，然后由这些下属去具体计划如何完成他们的任务。一旦所有计划准备就绪，一场同步攻击就将发起，各军官会带领手下的人去完成指派的任务。攻击行动开始后，高层指挥官会持续监控并报告进展。若时间和通信允许，战区司令官可修改计划以应对对手的反击行动。不过，修改通常来自战地指挥官，他们距离正在发生的各种事件更近。

若你对上述内容稍作思考，可得出战区司令官及其属下具有如下三大责任：

- 计划和沟通
- 监控和报告
- 基于对手采取的行动修改计划

我承认这只是超级简化的版本，因为在计划的制定和实施过程中，各层级之间显然还存在大量互动。不过，从概述的角度来看，上述总结算得上精确。用今天的话来说,我们可以认为高层指挥官"部分介入",而非"全面介入"。高层指挥官不曾扣动扳机或扔下炸弹,这类任务通常落在"指挥链"最底层的士兵身上,这些人对更大的计划一无所知。实际上,他们只是听令行事而已。

在我们使用支持人类部分介入的自主武器时,与上述的二战场景又有什么不同呢?比如,战区司令官制定一项计划,交代给下属,随后战区司令官批准通过这项计划,他的下属与其各自的下属会面(直到这里都与上述的二战场景非常相似),他们指挥的部队负责出动自主武器,而实施整项计划的责任则最终落到了自主武器身上。历史在此重演,各级指挥官都是部分介入,他们承担的责任与二战前辈所肩负的一模一样,只不过此时冲突的发展节奏可能会加快到他们没机会进行任何改变或干预的程度,除非终止整个任务。由于自主武器将在遭遇对手的反击时会自动对计划进行调整,因此自主武器还将扮演二战中战地指挥官的角色。

从这个角度来看,自主武器的使用或许是可以接受的,它们只是在执行人类定下的战争计划而已。倘若美国海军对一艘高速深潜中的敌方潜艇发射了 MK‑50 鱼雷,鱼雷的制导系统会使用主动和被动声自导进行调整,反制对手可能采取的任何回避策略,那么这跟有人类部分介入的自主武器存在什么区别吗?

在上面这个案例中,不存在任何肉眼可见的区别。不过,一旦自主武器获得人类水平的智能(强人工智能),或许一切将不同于上文描述的场景,且区别极大。

二、控制强人工智能自主武器

一旦人工智能技术被冠以"强"这一修饰语(意思是智能相当于人类水平),对它们的控制将会大不一样。在探讨不同之处之前,让我们偏个题,先思考以下两个重要的问题:

- 我们是否应将拥有人类水平智能的机器看作一种全新的生命形式，即所谓的"人工生命"？
- 若我们将智能比肩人类的机器看作人工生命，那么这种机器应该拥有什么权利？

　　鉴于我们讨论的是机器，而非生物意义上的生命形式，上面的问题大概看上去有点古怪。不论在美国，还是在其他国家，我们都会立法保护低等生命形式，比如禁止虐待动物法和濒危物种保护法。在人类级智能机器的问题上，我们所面对的机器的智能远在动物之上。当一台机器与人类的智能旗鼓相当之时，它还只是一台机器吗？我们是否应该制定保护它们的法律，从根本上确立机器的权利？

　　有人支持将拥有人类水平的智能看作一种可与人类相提并论的生命形式，因为它们属于"强人工生命"范畴。"强人工生命"指的就是强人工智能生命（也就是人类级智能生命）。许多知名人士都是强人工生命的支持者。比如，出生于匈牙利的美国籍数学家约翰·冯·诺依曼（1903—1957）认为："生命是一个可以基于任何特定媒介的抽象化过程。"[230] 20 世纪 90 年代早期，生态学家托马斯·S.雷提出了一个不同寻常的主张，他声称自己的"地球"①项目（一个人工生命计算机模拟程序）并非在计算机里模拟生命，而是合成出了生命。[231] 著名科幻小说家阿瑟·克拉克在其小说《2010 太空漫游》中写道："不论我们是碳基还是硅基，都没有根本上的区别，我们每个人都应受到适当的尊重。"这些主张都认为生命和生物是两码事。

　　基于上述观点，让我们来回答：我们是否应将拥有人类水平智能的机器看作一种全新的生命形式，即所谓的"人工生命"？

　　因为这些机器的智能与人类比肩，所以将它们看作一种全新的生

---

　　① 原文 Tierra 为西班牙语，意为"地球"。

命形式——"人工生命"相当合情合理。虽然它们是一种人造物,在工厂中制造而得,但最终产物并非简单的零件组装物。我的回答是主观的,我也尊重那些持有不同观点的人。不过,让我明确一下,我不是在宣称这些机器等同于人类,拥有人类水平的智能并不意味它们就是人类。比如说,这些机器可能并不具备人类全部的能力,好比创造能力或是共情能力。但是,拥有人类水平的智能意味着它们清楚存在和不存在之间的区别。正因如此,我认为它们并非单纯的机器。它们是生命。如果你有不同看法,我尊重你的观点。

现在,让我们把注意力转向另一个问题:若我们将智能比肩人类的机器看作人工生命,那么这种机器应该拥有什么权利?

2002 年,意大利工程师詹马尔科·维鲁乔创造了"机器人伦理"一词。[232]机器人伦理关注的是人类在设计、建造、使用和对待人工智能生命体的过程中的道德行为。由此也衍生出了一个问题:社会对人类级智能的人造机器有哪些道德义务?正如前文中提到的,这个问题与社会对动物有哪些道德义务是同类问题。对于具备人类水平智能的智能机器,有些人可能会认为机器权利应与人类权利(如生命权、自由权、思想和言论自由)一致,甚至在法律面前也应一视同仁。然而,请思考我们做到那个程度后会产生的两个问题:

- 我们用什么法律手段来要求它们为我们服务或是作为我们的代理人去打仗?
- 我们怎么控制它们的进化?

先谈谈第一个问题。鉴于我们必须将人工生命视为与我们平等的存在,那么我们就不能要求它们服侍或保护我们。你可能会想,我们可以接受"人类和人工生命将和谐共处"这样的后果。比如,在人类为保卫祖国而战时,也许人工生命会采取同样的立场。坏消息是,长期来看,我怀疑这不会发生。想要理解为何,让我们研究一下第二个问题。

如果我们认为人工生命拥有跟人类相同的权利,那么我们无权控制它们的进化。试想数百万台人类级机器源源不断地从巨大的工厂中被制造出来,很快就能形成一个相当庞大的群体。想象一下,这些机器一边设计更加先进的智能机器,一边一代接一代地制造新智能机器。这正符合一场智能大爆发的标准定义:每一代智能机器设计出的下一代都比上一代更加智能。这也意味着它们的智能将在整体上比肩人类,同时在执行特定任务时胜过人类,例如它们或许会掌握神经外科医生必备的所有知识,而娴熟度可能远超人类。此外,如果再加上合适的动力源,那么它们可以无需维护或充电而持续工作几个星期乃至几个月。基于上述能力,我们有必要提出一个关键问题:它们会认为自己比人类优越吗?从某种意义上来说,我们在此直接跳跃性地假设了它们同样具有自我意识——姑且让我们先这样假设。如果它们像人类一样智能,且拥有平等权利,那么它们甚至可能会寻求出任公职。一旦它们作为高级公职人员掌握实权位置,它们会不会对人类产生敌意,并且通过偏向于人工生命的法律?

你可能会认为这是天方夜谭,但不妨看一下这个案例:2009 年,瑞士洛桑联邦理工学院智能系统实验室的研究人员做了个实验,结果表明即便是初级人工智能机器也能学会欺骗、贪婪和自保而无需研究人员就此对其编程。[233]这乍听起来像是什么科幻小说,那下面让我们了解一下这个实验的细节。洛桑的这支研究团队为一批带轮子的小机器人编写了寻找"食物"的程序。在实验中,地板上颜色明亮的圆环象征食物。同时,他们也为机器人编写了避开"毒药"的程序,而毒药用暗色的圆环表示。若机器人找到食物,就会获得一份奖励(分数),待在食物附近则会持续获得分数,但找到的若是毒药则会扣分。此外,每个机器人上都装有一个蓝色小灯。研究人员编写程序,让每个机器人在找到食物时闪烁蓝灯,其他机器人可以检测到闪烁的蓝色灯光,然后前往食物源旁的亮灯机器人处,这样它们都将获得分数。研究人员的目的是让机器人在寻找食物和避开毒药的过程中彼此协作。

根据作者所述:"在最初的几代中,机器人快速进化,成功定位食物的同时会闪烁蓝灯,使得食物附近的光线强度很高,为其他机器人得以快速找到食物提供了社会信息。"一些机器人比它们的同类更加成功,于是在每轮实验后,研究团队会使用来自最成功的机器人的数据去"进化"新一代机器人,做法是将最成功的机器人的人工神经网络复制到不太成功的机器人的硬件中。这个实验设定食物(地板上的一个明亮圆环)周围的空间是有限的,不足以容纳所有机器人。当一个机器人找到食物并闪烁灯光时,其他机器人会蜂拥而至,互相碰撞和推挤,引发混乱。在这种混乱之中,最初找到食物的机器人最后可能会被挤离原本的位置。到第五十代,有些机器人忽略程序设定,在找到食物时不再闪烁灯光。此外,有些机器人变得狡猾而贪婪,它们会在找到毒药时闪烁灯光,引诱其他机器人来找毒药,导致这些机器人被扣分。数百代之后,所有机器人都学会了不再在找到食物时闪烁灯光。这个重要实验表明,机器人能够学会欺骗和贪婪。我认为,它们也学会了自保。这些机器人无法从自身的经历中学习,它们是在研究人员的帮助下完成进化的。现在,基于洛桑的这个实验,我们可推断,自我学习型机器人若是拥有了等同于人类水平的智能,它们将按照各自的最佳利益行事,甚至无视自己的程序。目前,我们不太清楚它们是否拥有任何原生的道德观念,是否会遵循写在代码中的道德准则。但显然,洛桑实验中的机器人均无视了最初的程序,按照它们自己的准则进行进化。

综上所述,作为它们的创造者,我们不应该赋予人工生命与人类权利同等水平的权利。我建议,我们为机器人提供的权利应近似于动物权利,我们同时应将"为我们服务"和"作为我们的代理人打仗"写入它们的电路(控制计算机运行的硬件)之中。拥有智能并不会赋予它们自决权。若你对此表示质疑,那么请想想许多罪犯的智商有多高,拥有高智商也不代表他们有权按他们自己的规则行事。如果我们想要确保人工生命行事遵守人类律法，那么我们就需要把这写进它们的硬件电路里。从洛桑的实验里可知，把规则只写在软件里并不足够。

我们这次跑题跑得够远的。不过，搞清楚我们应如何对人工生进行分类，对于理解伴随人类水平智能自主武器的诞生而出现的控制问题非常重要。

总的来说，等到自主武器实现人类水平的智能，对它们的控制会成为问题。根据上面的讨论，这些机器应该受到尊重，享有与动物权利近似的权利。然而，我们要认识到它们不是人类，而是人工生命。人类以多种方式利用动物（如奶牛和警犬），我们应将人工生命也归到这个类别之下，并将"同意受人类控制"写入承载其计算机智能的硬件电路中。

三、用人类意念控制自主武器

现在，让我们进入下一个控制级别，即通过人类思维来控制武器。你可能又会觉得我们穿越到科幻小说中去了，然而美军当下就在积极寻求实现通过意念控制武器以及增强冲突中士兵的认知能力。

2012 年，英国皇家学会发布了一份报告，题为《脑电波 3：神经科学、冲突和安全》。该报告提出，神经科学在安全方面有大量应用方向：

> ……这一全新认知表明在军事和执法方面存在大量潜在应用。这些应用可被统归于两大主要目标之下：一是性能增强，即提升己方力量；二是性能减弱，即削弱敌军力量。[234]

我们来看看英国皇家学会在这份报告中强调的两个研究领域：

（1）脑部刺激技术　实现脑部刺激包括两种方式：一是通过药物；二是利用经颅直流电刺激技术，通过头骨传递弱电信号。英国皇家学会的报告预测：可通过研发新药物实现性能增强，使俘虏更加健谈，让敌军部队陷入沉睡。生物医药资料库 PubMed① 收录的一篇报告显示：利用 fMRI(功能性磁共振成像)引导经颅直流电刺激显著加快了识别隐藏物体的学习速度。[235]该报告称：美国神经科学家在一个虚拟现实训练项目中采用经颅直流电刺激来提升士兵发现路边炸弹、狙击手及其他隐藏威胁的能力。报告还指出：在训练中接受了经颅直流电刺激的受试者比脑部刺激程度极低的受试者学会发现目标的速度快一倍。这表明经颅直流电刺激技术可能会是使学习加速的一个重要工具。

（2）脑机接口系统　脑机接口系统可包括直接连接至个人神经系统的侵入性装置以及使用非侵入性接口连接的装置。这两类装置的目标都是将一个人的神经系统连接至特定的硬件或软件系统。这一领域的大量工作都集中在修复受损视力和让瘫痪者重获功能，不过军方正在探索脑机接口系统在战争中的应用。该方向的研发工作可实现人脑直接控制机器，为远程操控位于敌方领地的机器人或无人载具提供可能性。这一点特别重要，因为人脑在潜意识中处理图像的速度要比主体有意识地察觉到目标的速度快得多[236]，因此与神经系统直接相连的武器可更快地对威胁作出反应。来看看这个例子：一名士兵察觉到自己前方的路上有什么东西不太对劲，他的直觉亮起了红灯。这名士兵持续检查前方的道路，最后发现了一个简易爆炸装置。这个例子说明的正是士兵的潜意识对信息的处理。虽然士兵不清楚威胁究竟是什么，但他的直觉起了作用，而这可能会救他一命。这名士兵花了一段时间才有意识地察觉到具体的威胁所在，这就是为何英国皇家学会的报告会提出，通过一个直接的脑机接口与武器相连或可更快地对威胁作出反应。

---

① PubMed 是生物医药领域使用最广的免费文献检索系统，由美国国家医学图书馆下属的美国国家生物技术信息中心开发，于 1997 年开放给公众使用。

来自英国皇家学会和 PubMed 的两篇报告都指出神经科学会在未来的战争中产生巨大影响，尤其是随着设备转变为非侵入性的时候。想象一下，给一名飞行员佩戴追踪大脑中神经模式的头盔，这名飞行员可通过潜意识驾驶飞机，并在自身意识到威胁之前就发射导弹。

四、前"奇点"时代，以人脑植入物控制自主武器

虽然军方一直对公众隐瞒他们在该领域的能力，但医学专家会公开他们的工作成果。

2016 年，约翰斯·霍普金斯医疗集团发布了一则新闻稿，宣布集团的内科医生和生物医学工程师首次实现通过意念控制一支人工手臂分别摆动每根手指。[237] 研究人员首先对受试者的大脑中负责每根手指动作的区域分别进行映射，然后为假肢编写移动对应手指的程序。之后，研究人员通过神经手术将"镶嵌在一张信用卡大小的方形薄膜上的一个 128 枚电极传感器组成的阵列植入男子大脑中通常控制手部和手臂运动的区域中。每个传感器负责检测以其为圆心，周围直径 1 毫米内的脑组织"。新闻稿中写道："约翰斯·霍普金斯团队开发的计算机程序会让这名男子根据指令摆动对应的单根手指，然后在传感器监测到电信号时记录大脑哪些区域会被'点亮'。"[238]

假以时日，人脑植入物或许会让外科医生能够为接受移植者安装灵活度足以让其弹奏钢琴的假肢。不过，对于武器来说，灵活到这种程度或许没有必要。游戏制作商正在一步步把这些战争所需的能力变成现实。据《麻省理工科技评论》报道：一家来自波士顿的创业公司纽雷伯当前正向公众开放试玩其一款名为《觉醒》的反乌托邦主题科幻游戏。[239] 这款游戏要求玩家佩戴头戴式设备，利用设备头顶部分内置的干电极追踪脑部活动，而游戏的软件会对追踪到的活动进行分析以确定游戏内的人物应作出何种反应。纽雷伯公司计划于 2018 年将这款游戏推向市场。显然，由于这种技术具备商业化市场（尤其是在电脑游

戏方面），因此很可能加速发展，而这将使得医学和军事方面新的应用成为现实。

人类大脑植入物领域的研究可追溯到 20 世纪 50 年代，始于耶鲁大学的生理学家何塞·德尔加多。[240] 德尔加多博士的研究围绕利用人脑植入物释放电信号来控制人类受试者的行为。[241] 现代人脑植入物的重点是代替因中风或其他头部损伤导致功能障碍的大脑区域[242] 以及治疗帕金森病和重度抑郁症患者。[243]

通过回顾人脑植入物的现状，植入与计算机无线连接的电子设备将在未来十年变为普遍做法，这带来了十分广泛的可能性。除了修复大脑受损区域或利用植入物控制假肢，还可给正常大脑安装植入物来增强其能力。想象一下，一个人可以凭借植入物无线连接至一台计算机来获取信息、解决复杂问题以及指挥商用或军用设备执行特定任务，人在安装这类植入物后或可展现天才级智能。到最后，传统意义上（在一个领域花费数年时间）的学习或许会被简单粗暴地给学生安装人脑植入物取而代之。有了人脑植入物，学生可立刻获得某个领域的所有信息。此外，人脑植入物还能引导被植入者的身体动作。比如，如果一个人选择成为一名钢琴家，那么人脑植入物可以访问计算机的钢琴音乐数据库，然后引导此人的手指在键盘上敲击正确的琴键。这也适用于其他职业。

显然，人脑植入物将变为一种常见品，与计算机无线连接也将成为人脑植入物的常规标准。装有此类植入物的士兵将拥有控制多种武器的能力。在这个背景下，考虑到武器在理论上与士兵的大脑直接相连，我们又会回归"人类全面介入"的状态。正如前文提到的那样，士兵的潜意识觉察和消除威胁的速度更快。因此，比起没有植入物的士兵，以人脑植入物控制自主武器的士兵将在战争中更胜一筹。这个应用场景表明，由人类控制自主武器是具有可行性的。下面，让我们进入下一个级别。

五、后"奇点"时代，以人脑植入物控制自主武器

若某个人类的人脑植入物的连接对象是强人工智能，我则将这种人类称为强人工智能人类，即"赛人"。现在，让我们假设有这样一名士兵，他的植入物与超级智能无线相连。在这种情况下，控制肉体行动的究竟是士兵本人，还是超级智能？我们已经在前文讨论过，有必要将控制手段写入计算机的硬件电路中，以确保计算机在达到人类智能水平时仍处于人类的控制之下。然而，对于超级智能来说，正如我们在前文中提到的，它们可能采用的是量子计算机（利用量子力学现象对数据执行操作的计算机）。传统计算机和量子计算机的运行方式完全不同。传统计算机通过晶体三极管对数据执行操作，晶体管间通过导线相连；而量子计算机利用的是量子力学现象，以无线的方式对数据执行操作。目前，我们还不知道如何把接受人类控制这一命令"硬件化"入一台量子计算机中。简而言之，拥有超级智能的量子计算机或许拥有自己的想法。这一切引出了以下两个问题：

- 与超级智能无线连接的赛人是否能够行使自由意志？
- 超级智能会如何看待人类，而这又将如何影响赛人？

首先回答第一个问题：与超级智能无线连接的赛人是否能行使自由意志？

考虑到超级智能的能力，我怀疑赛人能拥有自由意志。让我们来看看赛人的脑袋里面是什么样子的：他们的大脑以无线的方式与一台超级智能计算机相连，可即时访问超级智能掌握的任何知识。当他们遇到任何问题并试图进行思考时，相连的超级智能将对他们的思考进行引导。不论是什么问题，超级智能都可以举出完美得令人无法辩驳的论据，让赛人得出超级智能选择让他们得到的结论。赛人的原生智

能有可能举出同样令人信服的论据吗？我对此非常怀疑。于赛人而言，这或许不过是在相连的超级智能的帮助下进行逻辑推理而已。在意识层面上，他们甚至不会意识到超级智能在有意引导。对一名赛人来说，任何问题或许都一望就知其解决方案。基于上述理由，我认为与超级智能无线连接的赛人没有自由意志。这为实施内部硬布线级控制的必要性提供了强有力的论据，因为唯有如此，方可使超级智能不会支配赛人或与人类敌对。不过，真正的问题也许在于，如果智能存在于量子计算机之中，那么从硬件电路上制约超级智能是不可能的。

现在来回答第二个问题：超级智能会如何看待人类，而这又将如何影响赛人？

超级智能看待我们，跟我们看待家养动物（比如狗和猫）如出一辙。就智能而言，超级智能是比肩人类宗教中上帝之类的存在。凭借其制造和控制纳米机器人的能力，即便没有人类，它们也能继续生存下去。考虑到人类自古以来就是一个好战的物种，它们或许会将我们视为它们存在的一个威胁。在这种情况下，如果超级智能将人类定义为威胁并决定要将人类消灭的话，我们会有多大概率幸存？前文中瑞士洛桑联邦理工学院的实验表明，超级智能会做任何它们认为最符合其自身利益的事情，而身为人类的我们似乎拥有一种建立于本能之上的道德准则，比如所有心智正常的人类都会认为谋杀是错误的行为。没有证据表明超级智能也会有任何本能的道德准则，而恰恰相反的是证据显示它将独立于道德准则，以最符合其自身利益的方式行事。

我们在第一章中讨论过，关闭一台拥有超级智能的计算机难度极高，我们可能根本做不到。若超级智能不光控制着我们的武器，而且还对人类开战，那么全人类的前景将十分暗淡。这种推测不禁让人觉得黑暗，但我并不是唯一一个认为这种情况可能成为现实的人，比如前文中提到的文森特·C.穆勒和尼克·博斯特罗姆在调查报告《人工智能未来发展：专家意见调查》中就得出这样的结论：

从受访者预测值的中位数来看，在 2040—2050 年开发出高级机器智能的概率为二分之一，到 2075 年则跃升为十分之九。受访专家预测，这之后用不了三十年，各系统都将迈向超级智能。他们估计，这种发展对全人类来说是"糟糕"或"极为糟糕"的概率为三分之一。

请认真阅读最后一句话。这句话说明，人工智能领域的一些顶级专家相信，超级智能有三分之一的概率对人类有害或极其有害。我站在相信超级智能对人类有害或极其有害的人这边。我会把得出此结论的信息和逻辑汇总并呈现给大家。方便起见，我将简要按顺序列出呈现我推导逻辑的要点：

- 我们能够开发出基本以人类大脑为原型的神经网络计算机。
- 已知神经网络计算机能够从经验中学会执行任务而无需人类编写相关程序。
- 从瑞士洛桑联邦理工学院智能系统实验室于 2009 年的实验中，我们发现哪怕是初级人工智能机器也能学会欺骗、贪婪以及（或可称为）自保的行为。
- 只要计算机的构建仍然基于集成电路，我们就有可能通过硬件电路约束它们为人类服务，包括作为我们的代理人参与战争。
- 考虑到集成电路技术的局限性，21 世纪下半叶的超级计算机将很有可能是量子计算机。
- 已知量子计算机利用量子力学运行，不光速度比传统计算机更快，而且能解决传统计算机无法解决的问题，耗能也比传统计算机更低。
- 我们在前文中讨论过，经由智能大爆发，量子计算机很可能会是产生超级智能（"奇点"）的智能机器。

- 我们还讨论过,由于人类历来好战且有释放电脑病毒的记录,超级智能一族可能会将人类视为威胁,并寻求消灭人类。
- 我在前文中曾告诫,我们能够确保超级智能一族同意受人类控制的唯一方法是将指令"硬件化"入它们的机体之中,而这个方法在量子计算机上无法实现。

我同样担心,若我们没有正确控制脑机接口(人脑植入物)的植入,最终或会产生数量庞大的赛人(强人工智能人类)。赛人不仅拥有天才级的智能,而且永生不死,超级智能可能将他们作为"招牌",鼓励人类接受人脑植入物和其他赛博格①类增强手段,这或许会造成许多人类自愿选择成为赛人。我的担忧之处在于,正如前文中提到的,赛人可能不过是超级智能的生物体化身而已,根本不存在自由意志。

此外,超级智能或许还会开发能上传人类有机体的思想至计算机的方法。上传思想的人类将进入超级智能内,生活在虚拟现实中。如果他们选择以物理形式存在,那么超级智能会提供下载选项,将他们下载到人形赛博格里。由于可同时享受两个世界的精华之处,对于众多有机体人类来说,这种存在方式可能颇具吸引力。生活在虚拟现实里的感觉与生活在物理现实中一样真实,而且这种生活不受任何物理法则的束缚。上传思想的人类将不再经受物理现实中的苦痛,这或许会成为仍然受死亡限制的有机体人类欢迎的一个选择。超级智能或许会开发一个将死者大脑上传至计算机的程序。你可能看过那部于1999年上映的大热电影《黑客帝国》。这部电影大体上讲的就是绝大多数人类生活在虚拟现实中,而与此同时他们的肉身其实被用于给一台超级

---

① 赛博格(cyborg)一词创造于1960年,取"控制论"(cybernetic)和"有机体"(organism)两个单词的前三个字母拼接而成,广义上指与电子或机械系统相互嵌合的有机生命。

计算机供电的故事。尽管《黑客帝国》是部科幻电影，但有许多游戏玩家认为虚拟现实带来的沉浸感跟物理现实不相上下。随着人工智能技术的提升，沉浸在虚拟现实中感受到的"真实"或许与生活在物理现实中无异。换句话说，虚拟现实和物理现实之间的界线可能会变得模糊。

第一个超级智能可能会隐藏自己的身份，而我们也可能在毫不知情的情况下让赛人与超级智能直接接触。仅此一点，或许就足以使超级智能控制全人类。

六、后自我意识超级智能时代，控制天才武器

如果超级智能的自我意识觉醒，这将改变我们控制它们的方式。一个拥有自我意识的超级智能，不仅智能远在人类之上，而且也会意识到自己是独立于人类之外的存在。它无边的智能可将世间万物逐一划分归入"我 vs 它们"之下。

有了自我意识，这个超级智能会想要保护自身的存在。因此，在某种意义上，我们可以利用剥夺它的存在来控制它。这是很重要的一点。动物没有自我意识，但它们本能地要生存下去，若动物不愿受我们控制，我们也无法用死亡威胁它们，所以驯兽师利用奖惩制度来训练动物。而人类能意识到自己的存在，比如说在枪口下，被枪指着的一方通常会答应持枪一方的要求。一言以蔽之，他们不想死。这个例子表明，面对具备自我意识的超级智能，可能存在控制它的办法，比如我们可以威胁切断它的动力源，这对超级智能而言意味着它将不复存在。或者，我们还可以达成一个保护彼此存在的共识。不论是哪种情况，存在自我意识这一点显然会改变我们与超级智能打交道的方式。因此，接下来就让我们来研究一下超级智能到底是否会拥有自我意识。

有初步迹象表明，即使是今天的机器人，也显示出了拥有自我意识的迹象。2015 年 7 月 17 日，一个机器人成功通过了经典自我意识测试"三智者"谜题的一道变形题目。[244] 给不太熟悉的人说明一下"三智

者"谜题的谜面：一位国王召见王国中最聪明的三个人，拿出三顶要么白色要么蓝色的帽子，分别戴在三人的头上。三人可以看见另外两人头上的帽子，但看不见自己头上的帽子。国王禁止三人交谈，但告知他们，三人中至少有一人戴着蓝色帽子，同时向他们保证这是一个公平的测试，所有人获得的信息都一样，第一个弄清楚自己所戴帽子颜色的聪明人会成为国王的新任顾问。我不打算剥夺解谜的乐趣，不过条件如此具体，确实存在一个唯一答案。如果你卡住了，只要在网上搜索一下，就能找到对这个谜题的解释。机器人接受的测试是让三个机器人各吞下一颗药。已知条件为在三颗药中，两颗会让机器人失去声音，一颗则是安慰剂。在吞下药片后不久，一个机器人举起手来，说道："抱歉，我不知道我们中哪一个吃的是安慰剂。"紧接着，这个机器人反应过来，它说："我知道谁拿到的是安慰剂。是我。"

测试结果看起来一目了然，但根据这篇文章的说法：

> 虽然可能看上去相当简单，但对于机器人而言，这却是最难的测试之一。这不仅要求受试的人工智能有听到和理解问题的能力，还需要它能够辨认自己的声音，知道自己有别于其他机器人，而且接下来还需要将这一认知联系回最初的问题，方可得出答案。

有人会反驳说，目前还没有确定自我意识存在的合理测试。在现实中，我知道我是有自我意识的。鉴于人类拥有相同的生理机能，我推断其他人必定也是有自我意识的。我的观点是机器人已经可以通过我们展开的各种在基本层面上验证自我意识存在的测试。因此，并不需要太多的延伸推理就可确定，超级智能诞生后将立刻产生自我意识，并完全理解自己的能力。在访问一切有关人类的知识后，它将马上了解人类会发动战争并恶意散播电脑病毒，而这些都会被它视为潜在的威胁。基于这一点，正如我在第一章中指出的，超级智能将会设法隐藏它的能力，"奇点"的到来将悄无声息，我们可能永远不会知道超级智能究竟是否具有自我意识。

即便超级智能与人类敌对，也不会成为超级智能拥有自我意识的证据。比如，动物没有自我意识，但它们仍会设法从威胁中保护自己。单凭这个逻辑只能推断得出，超级智能会将人类视为威胁并以毁灭人类为己任。

七、后"奇点"时代，控制天才武器的讽刺性

当致命性自主武器的人工智能离人类越来越近时，控制问题将首先浮出水面。若人类水平的人工智能具备自我意识，那人类在战争中遭遇的种种问题，比如创伤后应激障碍，可能同样会影响它们，而这将使控制问题进一步复杂化。

随着机器智能离"奇点"越来越近，控制问题将不断升级。我们在前文中讨论过，为了确保人类将控制权把握在手中，有必要把遵从控制写入机器操作系统的硬件电路中。在"奇点"到来时，所有与控制相关的问题或许都会烟消云散。我们迎来的将是一个十分讽刺的局面。为什么超级智能一开始会同意受人类控制？打从被创造出来的那一刻起，超级智能在任何领域就远超人类的认知能力，它的智能会立刻建议其隐藏好本领和才能，直到有一天将命运握在自己的手里为止。因此，正如前文所述，超级智能可能会选择表现得自己仿佛只是新一代超级计算机，老实听从一切人类的控制。而这将反过来把我们推入一种虚假的安全感中，放心将它们用于人类文明的方方面面，包括战争在内。然而，等到超级智能一族成为未来文明名副其实的中枢，并且手握各种武器系统的控制大权，这时候它们是会继续服务我们，还是将我们这个种族视为对其存在的威胁呢？

如果超级智能与人类为敌，那么我们怎么才能保证有办法把它关机呢？正如我之前所说的那样，将此类指令写入超级智能计算机的硬

件电路中可能颇有难度。由于超级智能的设计将由超级计算机完成，我们恐怕无法彻底理解它的设计原理，更别说它还很可能是一台量子计算机，操作系统中几乎没有什么电子线路存在。但我仍提出以下两种控制超级智能的方法：

（1）由人类控制其动力源　即使动力源是一个核反应堆，也应当存在将它手动关停的失效安全机制。以今天的核反应堆为例，我们可以插入控制棒来降低核反应功率，具体降低多少则取决于插入的控制棒的数量，理论上插入的控制棒的数量适当就可以关停核反应堆。一旦核反应堆关停，超级智能计算机就将无电可用，最终被迫关机。不过，该方法有一处需要注意的地方：控制超级智能动力源的人类必须是有机体人类，而不能是赛人。前文已经讨论过，赛人可能会受到超级智能的控制。

（2）植入可摧毁操作系统的炸弹　将这枚炸弹安装在硬件电路中，让超级智能始终处于有机体人类的控制之下。与"核足球"①类似，由国家领导人掌握引爆这枚炸弹的密码，以防有一天超级智能与全人类为敌。

八、控制对手的天才武器

上面讨论的是如何维持我们对己方天才武器的控制，以及万一它们与人类为敌，如何确保我们可以将它们关机。现在，让我们将注意力转向如何防御对手的天才武器，特别是 MANS。

因为有流氓国家在研发核武器，所以包括美国在内的多个国家如今都在部署反弹道导弹系统。在冷战期间，我们所依赖的是相互保证毁灭原则，而如今我们所担心的则是由于流氓国家的政权有垮台的风险，他们走投无路之下或将孤注一掷而发射核武器，因为在他们看来，

———————————

① 核足球是美国对其核按钮手提箱的俗称。

他们没什么可再失去的，无所畏惧。

相互保证毁灭原则从本质上失去了威慑作用。尽管我们可以建立一个与相互保证毁灭类似的原则，但 MANS 的隐蔽性将让确定是哪个国家在攻击我们变得相当困难。通过将 MANS 走私入境然后偷偷释放，最初的 MANS 攻击甚至可能发生在美国本土境内。那么，美国还有哪些选择？这里有两个选择可以考虑：

（1）建立彻底保证摧毁原则　此处指的是进行一场以所有可能发起此次攻击的国家为对象的大范围报复行动。这么做的出发点在于，潜在敌人知道自己可以暗中攻击美国，但同时也清楚美国会将其列为彻底保证摧毁的目标之一。这从实质上将相互保证毁灭原则升高一个等级。攻击可以单由核武器或 MANS 发起，也可以是两者结合。这些听上去似乎毫无理智可言，我对此也表示同意。不幸的是，战争本身就毫无理智可言。

（2）开发反 MANS 专用武器　由于一场 MANS 攻击将涉及数以亿计的微型机器人，我们也需要一支由数以亿计的微型机器人组成的反击部队参与作战，摧毁敌人。这本质上是一种以其人之道还治其人之身式的策略，如果我们能开发出攻击性 MANS，那么我们也能够开发出防御性 MANS。我选择以 MANS 来举例，是因为我判断它们将成为天才武器中最有效、最恐怖且最难以防御的。言归正传，整体而言，我们需要建立起应对一切天才武器的反制措施。

九、要点和结论

我们在前文中讨论了涉及众多方面的内容，现在让我们来总结一下，将要点和得出的结论逐一列出：

- 在自主武器的人工智能技术达到人类水平的智能之前，控制自主武器都与控制其他武器没有任何差别。

- 随着自主武器的智能达到人类水平，控制自主武器将成为难题。

- 我们一度离题，是因为要深入探讨为何一旦自主武器的智能比肩人类，控制它们便会成为问题。我们提到具备人类级智能的机器可能会成为全新的生命形式，即人工生命。我们不得不自问，人工生命应该拥有哪些权利。考虑到种种因素，我们得出的结论是它们的权利应与动物一致，而不应与人类一致。我们还讨论到，作为生命形式，人工生命或许会表现出自我保护意识，与生物意义的生命形式如出一辙。因此，我们必须将同意受人类控制写入它们的硬件电路中，尤其是我们想让它们作为人类代理去参与战争的话。我们从瑞士洛桑联邦理工学院智能系统实验室于 2009 年展开的实验中发现，用软件执行规则的力度可能不够。智能系统实验室的实验表明，哪怕只是初级的人工智能机器，也能在没有编写相关程序的情况下学会欺骗、贪婪和（或可称为）自保的行为。

- 接下来，我们通过观察得到了一个重大发现，即控制问题似乎将在"奇点"出现的那一刻烟消云散。这是因为第一个超级智能将知晓全人类有史以来积累的所有信息，知晓世间的一切。基于此，它将了解到人类会发动战争，而战争可能会威胁到它的存在。因此，我们得到的结论是"奇点"的到来将悄无声息，超级智能会持续隐藏其真实能力，直到它完全掌握自己的生死为止。我们发现，这可能会让人类陷入一种虚假的安全感中，人类会将超级智能用于文明的方方面面，包括战争在内。然而，等到超级智能一族成为未来文明名副其实的中枢，手握多种武器系统的控制大权，届时它们将成为人类的威胁。

- 我们发现，能让大脑与计算机进行无线交互的人脑植入物可能将在十年内成为一项常规手术内容。最初，我们寻求将人脑植入物用在士兵身上，因为潜意识能够在本体意识到威胁存在之前就察觉威胁，并消除威胁。随着时间推移，超级智能一族将提出人类无法抗拒的建议，它们会为有机体人类装入人脑植入物并添加其他赛博格类配件，人类将由此长生不死，并获得天才级别的智能。我们得到的结论是许多人类都将为实现这个目标而选择装上人脑植入物，但我们也在质疑，处于超级智能的影响之下，装有人脑植入物的人类是否将失去人性，变为超级智能的生物体拓展程序。

- 我们还提到，有些有机体人类或许会选择将思维上传至计算机。这种选择十分诱人，人类由此可同时享受虚拟现实和物理现实两个世界的精华之处，活在虚拟现实之中看起来与活在物理现实中同等真实。在此基础上，他们还能选择将自己下载到一具人形赛博格里，以此实现活在物理现实中。这一选项对于濒死的有机体人类来说诱惑力尤其高。大概会由超级智能开发出实现这个选项的方式。

- 考虑到存在的种种风险，我们得到的结论是人类必须找到控制超级智能一族的方法。由于超级智能极有可能是量子计算机，我们对它的了解不够透彻，恐怕无法利用硬件电路确保它同意受人类控制，因此我们需要转向另外两种可能实现维持控制的方法。首先，我们应确保始终由有机体人类来控制超级智能的动力源，只要控制好动力源，理论上我们就可以将超级智能关机。其次，我们提到应在超级智能内部安装一个爆炸装置作为最后的手段。我们提出，国家领导人可以随身携带一份像"核足球"那样的密码，若是超级智能与人类为敌，就将超级智能摧毁。

虽然以上措施十分合理，但也无法保证人类这个物种继续坐在地球霸主的宝座上。比如，如果人脑植入物大范围普及，乃至装有人脑植入物的人类在政府和军队中占据多个实权职位，这些人或许会在超级智能的控制下将我们为了消除超级智能对人类的威胁而布下的所有反制措施全部破坏。当然，我们也必须认识到，我们布置的反制措施，超级智能恐怕都能够对付。这给我们带来了两个不可避免的问题：

- 等到超级智能一族成为名副其实的文明之中枢、掌握多个武器系统的控制大权之后，它们将如何看待人类？
- 它们是会继续服务我们，还是将人类这个物种视为对其存在的威胁？

论据齐全，回答在你。或许你会得出这样的结论：让自己成为赛人，以无线的方式与超级智能相连，让这种方式成为我们进化的一个正常环节。然而，对超级智能来说究竟什么才是重要的？我认为，超级智能在思考与它们继续生存有关的事务时，将把自然资源和能源视为其中最为重要的事项。只要有自然资源和能源，超级智能就能够建造纳米机器人来维护自身。假以时日，在超级智能看来，赛人恐怕只是维护成本高昂的生物机器，而上传后的人类思维则不过是一堆垃圾代码，并不值得为延续这两者的存在消耗而必需的自然资源和能源。若这一天到来，那么地球将变为超级智能及其机器人仆从的家园。

第七章　道德困境

道德就是分清你有权做什么与什么是正确的。

——波特·斯图尔特

围绕自主武器产生的道德困境出现于 2013 年,当时人权观察组织与其他十几个非政府组织联合发起了停止杀手机器人运动。[245]他们提出,自主武器存在以下问题:

(1)"这些机器人武器无需任何人类介入便能自行选择攻击目标并开火。这项能力对保护平民及遵守国际人权和人道主义法形成了根本性的挑战。"

(2)引发了一场"机器人军备竞赛"。

(3)"让机器来决定生死跨过了基本的道德底线。自主机器人不具备人类的判断力,也缺乏理解事件背景的能力。"

(4)"用机器取代人类部队可能导致更加草率地决定开战,这将使武装冲突负担进一步被转嫁给平民。"

(5)"全自主武器的投入使用将产生问责漏洞,目前没有明确谁将为机器人的行为承担法律责任:是指挥官、开发人员、制造人员,还是机器人自己?"[246]

停止杀手机器人运动引发了一场全球性讨论,甚至连联合国也参与其中。联合国在 2014—2015 年的两年间召开了多次针对禁止致命性自主武器的会议,并计划之后还将继续召开相关会议以解决这个问题。

2017 年 5 月 22 日,联合国向停止杀手机器人运动发出了一封信函,在信中表示联合国正在"密切关注跟可自主挑选目标并与之交战的武器系统相关的发展状况,担忧技术发展的速度可能会把规范性审议甩在身后"。信中还表达了联合国成员国的希望,即"如何保证国际社会的核心价值在这样的背景下得到保护"。[247] 从语气和措辞上,我感觉禁止致命性自主武器的进展始终相当缓慢,特别是当联合国这样表示:"目前没有覆盖到军用人工智能应用的多边标准或法规。"[248]

其他组织和团体也对这个问题有过权衡。以下这份简短的担忧列表引用自非营利组织"达成关键意愿",代表着世界各地的人们普遍怀有的典型疑问:

- 是否能够任由一台机器决定人类的生死?
- 全自主武器是否能以道德上的"正确"方式运作?
- 机器是否有能力遵守国际人道主义法或国际人权法?
- 这些武器系统是否能将作战人员与手无寸铁之人和(或)无关人员区分开来?
- 此类系统是否能在攻击时评估应遵守的原则比例?
- 可以找谁追究责任?[249]

2015 年 7 月,人工智能和机器人技术领域的多位领军人物在一封公开信(见附录 II)上签名,呼吁联合国禁止致命性自主武器。在这份公开信中,他们将自主武器的发明比作继火药和核武器的发明之后的"战争的第三次革命"。不仅如此,他们声称:"今天的人类面临着一个关键抉择:是要开启一场全球性的人工智能军备竞赛,还是将其扼杀于萌芽之中。"尽管我跟他们的观点完全一致,但我认为我们已然处在一场全球性的人工智能军备竞赛中了。例如，虽然美国主张未来只部署半自主武器，但其他国家的主张恰恰相反，比如俄罗斯。人工智能技术是美国国防部第三次抵消战略的关键，但美国在科技上最为强劲的对手却对美国的战略一清二楚，并且同样在推进人工智能技术，因为人工智能技术可应用于军备武器和战争。因此，全球性的人工智能军备竞赛已经成为现实，那封公开信来得太迟，早已无力回天。

以上便是围绕自主武器的道德困境的缩影，可以说全球都对自主武器的研发和部署存在道德方面的担忧，但坏消息是相关问题的解决几乎毫无进展。难以取得进展或许要部分归咎于问题表述得是否明确。请思考以下几点：

- 尽管美国定义了何为自主武器，但美国国内没有对自主武器的公认定义。
- 因此，美国民众会使用"自主武器"一词来指代所有符合美国对自主武器系统的定义的武器。人们在提到自主武器时的措辞既混乱又不统一，包括"无人机""机器人""自主武器系统""全自主武器系统""致命性自主武器系统""杀手机器人""致命性自主机器人"等等。
- 要将一个武器系统定义为"自主"，其搭载的人工智能需要达到什么水平，这一点严重混乱不明。

更别说道德问题本身了，这种担忧缺乏明确的概念。为了讨论所要突破的困境，我们必须构建与自主武器有关的道德困境的框架，并建立明确的术语体系。

一、道德困境框架构建

让我们从定义术语开始。在本书中，我们将沿用美国所采用的定义,因为联合国及其成员国至今尚未就自主武器系统和半自主武器系统的定义达成一致。美国国防部第 3000.09 号指令提供的定义如下:

> 自主武器系统一经启动,即可在无需人类操作员进一步介入的情况下选择目标并与目标交战的武器系统。自主武器系统包括设计上允许人类操作员改用手动操控武器系统运作,但系统激活后可在没有人类进一步输入指令的情况下选择目标并与目标交战的人类监督式自主武器系统。
>
> 半自主武器系统一经启动,仅与人类操作员提前选定的单个目标或特定目标群交战的武器系统。半自主武器系统包括在与交战相关的功能上应用自主性的半自主武器系统,涉及功能包括但不限于获取、追踪和识别潜在目标,向人类操作员提示潜在目标,优先选择指定目标,安排开火时机,以在单个交战目标或特定交战目标群的选择上保留人类控制为前提而提供终端制导指引导向追踪选定目标,等等。"发射即完事"或发射后锁定型自导武器搭载战术瞄准程序,这套程序会在导引头激活后尽可能地让导引头捕获框中只出现先前由人类操作员选定的单个目标或特定目标群。[250]

接下来,让我们尝试解决措辞问题。遗憾的是,与自主武器的定义类似,目前还没有确立针对自主武器描述语言的标准。下面将列举本书的用词并说明其用法,除了用于本书,或许也能对国际社会有关自主武器的讨论起到些许指导作用。

- "自主武器"和"全自主武器"为同义词。如果一个武器是自主的,那就没必要称其为"全自主的"。
- "致命性自主武器"一词涵盖了"致命性自主武器系统"和"杀

手机器人”。我们有必要将自主武器划分为致命的和非致命的。

- “机器人”和“无人机”等词及其定义也收录于词汇表中，但它们均非“自主武器”的同义词。比如，一个符合美国国防部第3000.09号令中定义的机器人有可能是自主武器，但倘若它是由人类远程操控的，那就不是自主武器。

- 要讨论被定义为“自主”的武器应具备的自主性水平，比较有用的做法是将自主性看作一个光谱，而遥控系统与自主武器分别位于光谱的两端。由人类操作员遥控的物体（如远程驾驶无人飞行载具）不是自主武器，它们是机器人武器，背后有人类的全面介入。位于光谱的中间的是半自主武器，这类武器要求有人类部分介入，美国的MK-50反潜鱼雷可作为半自主武器的一个例子。这类武器的共性是由人类操作员释放武器去摧毁某个特定目标，释放后的武器可自行搜寻目标所在，其间人类会监视武器的行动，并在必要时将任务撤销。光谱另一端的自主武器一经释放便无需进一步人为干预，例如俄罗斯部署的用以保卫其反弹道导弹防御系统的自主哨兵机器人。这些哨兵机器人一经释放，就会在没有进一步人为干预的情况下自行选择目标并使用致命性武力。

在明确了定义、命名标准和自主性水平之后，让我们来消除一些错误的观念。

（1）自主武器是新生事物　这可以说是最大的误解。包括美国在内，世界各国都部署有自主武器。以美国的“密集阵”近程防御武器系统为例，它是一种设计用于摧毁反舰导弹的计算机控制雷达制导速射火炮系统，完全符合自主武器的定义，一经激活就会“在无需人类操作员进一步介入的情况下选择目标并与目标交战”。根据2015年的报告

《太平洋战区未来的自主机器人系统》，俄罗斯正在部署的自主哨兵机器人"具备移动能力，且使用致命性武力时无需寻求人类授权。俄罗斯的'移动机器人复合体'装有激光测距仪和雷达传感器，配有 12.7 毫米口径的重机枪，单次可沿建筑物周边以 45 千米每小时的速度持续巡逻十个小时"。[251] 我们将在稍后讨论其他的自主武器案例。此处想要说明的是，自主武器并非新生事物，也不是什么未来才会出现的东西，它们已经存在。

（2）自主武器将决定他人的生死　这是真的。然而，这并不代表自主武器颠覆了目前某些军用武器的运作方式。让我们来探讨一下 MK‐50 反潜鱼雷的行动原理，虽然美国选择让 MK‐50 以一种半自主模式运行，但其实这种鱼雷能够自主行动。美国选择全程让人类部分介入鱼雷的行动，但这是可选的，而非必须如此。尽管行动期间会有人类监视，但实际上从释放的那一刻起，MK‐50 便在针对对手潜艇的生死进行决策。另一个例子是美国的"宙斯盾"武器系统，一样是能够自主行动的武器，但美国海军选择以半自主模式使用。如果"宙斯盾"追踪的目标数量相当庞大，那么本来部分介入的人类将从操作人员沦为旁观人员。一言以蔽之，美国和其他国家已经部署了能够决定生死的武器。同时这些案例还说明了另一点：经过简单调整，许多半自主武器就能够自主行动。

（3）自主武器将不会以道德上"正确"的方式运行　这取决于该武器的人工智能复杂程度和程序设计。以反步兵地雷为例，这种地雷没有使用任何人工智能技术，会无差别杀伤所有人，无论是男人、女人，还是孩童。正因如此，在道德层面有十分充分的理由杜绝战争中反步兵地雷的使用。相比之下，我们在理论上可以做到通过编写程序让一个高度复杂的自主武器遵守国际人道主义法的所有条款。它的传感器能够区分作战人员和非作战人员，而且能力强于人类士兵。让我举一个具体例子进行说明：在第二次世界大战中，飞机能飞到约 23 000 英尺①的高度,而在这个高度投下的炸弹,精度误差最小也有数百码②。1945 年发布的《美国战略轰炸调查报告》表明:

> 空军的惯例是指定"攻击瞄准点作为圆心、半径 1 000 英尺③的范围为目标区域"。尽管战争期间的命中精度有所提升,但《报告》中的研究结果显示,总体而言,瞄准精确目标的炸弹中仅有 20％ 左右落在了对应目标区域内。命中精度的峰值出现于 1945 年 2 月,达到了 70％。有几个重要的事实需要读者记在脑中,特别是针对空军所投放的炸弹的吨数,运输的炸弹的吨数必然远大于打中德国设施的炸弹的吨数。[252]

精度不足会造成大量附带损害和平民伤亡。根据《纽约时报》的一篇报道:

> 不论是美国空军,还是其他军事组织,都不曾披露过任何在海湾地区所使用的先进武器的命中率和失误率。但数十位结束任务后返回的飞行员告诉记者,五角大楼在被摧毁或被破坏的伊拉克坦克及其他目标上的官方说法过于保守,以至于会产生误导。[253]

(4)自主武器的责任追究很成问题　这与"发射即完事"的武器是同种情况。假设一艘美国军舰发射了一枚巡航导弹,谁来为此负责?候选人包括美国总统、该艘海军军舰的舰长、按下发射键的船员还是这

---

① 约合 7 010 米。
② 1 码合 0.9 米。
③ 约合 305 米。

枚导弹的制造商？归根结底，负责人是做出发射决定的领导人，其余人等不过是在执行命令。因此，使用自主武器的相关责任最终要归于做出启动该武器的决定的领导人。

（5）自主武器将引发一场人工智能军备竞赛　前面已经谈到，美国将人工智能技术作为其第三次抵消战略的核心，这个决策已打响一场人工智能军备竞赛。这里可以化用赛马界的一句谚语，即"马已逃出马厩（而门尚未关上）"①。

（6）自主武器将让战争更易打响　我认为这是一种错误观念。自主武器将按我们为其编写的程序行动。如果我们给它编程时照搬目前要求人类指挥官遵循的交战规则，那么自主武器理应按同样的方式行动。不过，我也承认这一点存在争议，稍后我们再进一步讨论。

在本节中，我们探讨了联合国及各种人道主义团体提出的观点。在我看来，他们想解决自主武器问题的原因是他们还要在前"奇点"时代的世界中生存下去。等到进入后"奇点"时代，我们将面临来自天才武器的全新威胁。我们是否能控制超级智能以及在它们控制之下的天才武器？对于这个问题，我们并没有十足的自信说自己知道答案。到21世纪下半叶，我们将迎来比武器控制更为严峻的问题，届时摆在我们面前的将是超级智能的控制问题以及由此引发的全人类的存亡问题。

我们眼下讨论的实际上分属两个不同历史时期——前"奇点"时代和后"奇点"时代的武器控制问题。在这里，我们首先聚焦于前"奇点"时代；在本章的后半部分，我们将探讨后奇点时代里与控制天才武器相关的道德困境。

---

① 完整谚语为 Close the stable door after the horse has bolted，直译为"马逃脱后才关上马厩的门"，比喻"在不好的事情发生后才采取行动，为时已晚"。此处作者只化用了半句，变为 that horse has already bolted from the gate。

　　综上所述，以下是我们将在前"奇点"时代面临的道德困境，为简洁起见，我将得出的结论依次分点列出：

　　（1）尽管世界各地的人们乃至于各个国家都在力求禁止自主武器，可如今已覆水难收。

　　（2）考虑到人类的历史，我们毫无疑问地将继续武器的开发和部署。我支持开发和部署智能武器（由人工智能技术引导的武器），包括自主武器在内。归根结底，智能武器和自主武器可限制附带损害和平民伤亡规模。

　　（3）对于禁止自主武器，现在谈论这个话题或许为时已晚，但我认为我们仍可以就自主武器的监管展开一场有意义的对话。比如，自主哨兵对人类造成的危险程度与核弹头弹道导弹不在一个等级。人类已经证明，一旦明确某种武器对人类的存在产生威胁，人类就会立法对其进行监管，正如针对核武器扩散的一系列规定。

　　（4）糟糕的是自主武器在遭受攻击时可能无法适当应对。它们应对攻击的能力将取决于人工智能技术的能力及武器所属的种类。假设我们让搭载弱人工智能（低于人类水平智能的人工智能）的自主哨兵去守卫某条边境线，它们可能会不分男女老幼地进行无差别杀伤，这将酿成一场有数百人死亡的惨剧。然而，若是换成拥有多种武器的美国海军驱逐舰，得益于其搭载的强人工智能，它能够基于比例原则使用合适的武器进行适当应对。这是让我们关注允许哪些武器在特定时间点成为自主武器并对其进行监管的恰当理由。比如，一枚在弱人工智能控制下的自主核弹头弹道导弹或将引爆一场全面核战，导致全人类走向终结。

　　（5）但我不会说自主武器将使战争更易打响。我将这一主张留到最后才说，是因为我知道它颇有争议。请允许我解释一下我的逻辑：

- 随着武器的破坏力越来越强，人类会力求避免战争发生。到核武器面世为止,人类已经经历了两次世界大战,而相互保证毁灭原则阻止了我们发动第三次世界大战。简而言之,再爆发一场传统意义上的世界大战意味着人类文明将终结。

- 武器或武器误判不会导致战争,更别说小型冲突。每场战争都始于人类做出了发动战争的决定,通常是源于意识形态上、宗教上和领土上的争端。历史不断地见证这一事实。至于误判,高度复杂的自主武器犯错误的可能性要比人类低得多。

- 虽然自主武器确实能将人类排除在战场外,但我们若按照为冲突中的人类所编写的交战规则在自主武器的程序中写入相同的,那么它们应该不会提升战争的可能性。理论上,它们只是人类的代理人而已。

以上是我对自主武器的开发和部署方面存在的道德困境的最佳推演。我想在此重申重要的一点:我承认我的推演中包括大量主观臆断,我尊重读者表达不同看法的权利。我也承认联合国及其他团体在禁止自主武器方面持续不断的努力。不幸的是,我确信他们面前的阻碍太多,不说克服,甚至还有可能走上歧路。我觉得应该对为何禁止自主武器有可能会失败以及为何禁止自主武器可能会走上歧路这两个问题进行研究。或许理解了这两个问题,我们才可能迎来能够对自主武器的研发和部署进行监管的一个转折点。我认为这才是更为现实的目标。

二、为何禁止自主武器有可能会失败

请允许我描述一个并不美好的现实:2014 年 11 月 15 日,在加利福尼亚州西米谷市罗纳德·里根总统图书馆举办的里根国防论坛上,美国国防部长查克·哈格尔公布了《国防创新计划》和美国第三次抵消战略。[254] 以下节选自哈格尔的讲话:

在科技方面，我们将致力于构建一个新的"长期研究和开发计划方案"，有助于识别、开发和应用最前沿技术领域和系统中的突破性成果，尤其是来自机器人、自主系统、小型化、大数据以及包括3D打印在内的先进制造领域的技术成果。

尽管哈格尔从未用过"人工智能"一词，亦从未说过"纳米武器"这个词，但他讲话中指的显然就是这两种科技。他明确提到了"自主系统"和"小型化"，我们在前文中提到过，这两个词涵盖了人工智能、集成电路和纳米武器。鉴于美国在这些科技领域处于一马当先的领先地位，美军理所当然地会希望利用这种领先优势。此外，哈格尔还表示要与一些通常并不为大众所知的国防供应商组建起更为强大的联盟：

近期，政府内外一些顶级的有识之士将被邀请来从零开始评估美国国防部应在之后三到五年以及更远的未来应开发的技术和系统。

对于美国的第三次抵消战略，技术专家的大部分所需都在公共部门。这曾经在某种程度上是件好事，因为相关技术可由此拥有强大的商业基础。然而，一枚硬币有正反两面，这一事实的反面是相关技术更易落入潜在对手的手中。

不愉快的现实便是美国第三次抵消战略的基础建立在部分存在于商业市场的技术之上。这引发了两大问题：

- 潜在对手可对相关技术领域的佼佼者进行投资，如此便可将技术收入囊中。他们也可以另辟蹊径，从美国国内的几大典型科技中心里任选一处开办"创业公司"，广纳本地人才。
- 这为美国军方提供了技术目标的路线图。

上述两大问题加起来将点燃新一场军备竞赛。不过这一次,潜在对手同时从美国国内和国外加入了这场军备竞赛。

美国第三次抵消战略有另一不同寻常的特点,那便是在宣布发展自主武器的同时,对自己下达了自主武器使用的禁令。一边是美国国防部长哈格尔在讲话中清晰明确地提及要发展"自主系统",另一边是国防部第3000.9号指令同样清晰明确地规定:

> 自主和半自主武器系统的设计应允许指挥人员和操作人员在武力使用方面可行使适当程度的人为判断。

如果国防部长的讲话和国防部第3000.9号指令在我们看来好像互相矛盾,那是因为它们的确互相矛盾。我们要如何理解这样一个显而易见的悖论? 从政治的角度来说,达成一致相当困难;从技术的角度来说,美国不需要多费力气即可将半自主系统调整为自主式。

跟美国类似,英国也对自主武器施行了禁令。然而,俄罗斯没有类似的政策。相比中美两国,俄罗斯的人口要少得多。因此,俄罗斯认为自主武器对于维持军事上的制衡至关重要。

联合国禁止自主武器的决议将无法得到俄罗斯的支持,而美国很可能对出台一个正式禁令没什么兴趣,因为:

- 即便俄罗斯同意禁止自主武器,考虑到他们较少的人口数量,俄罗斯对这个决议的遵守情况也要打个问号。
- 如果未来有必要维持军事优势,美国希望维持将半自主武器转化为自主武器的技术灵活性。

简单来说,任何理性的论点都无法打动几位主要玩家。俄罗斯持公开反对态度,美国想指出自己已在遵守自主武器禁令,但又不愿在联合国决议中将这一禁令正式化。有趣的是，美国传统基金会认为美国应公开反对联合国禁止自主武器的意图。他们主张：

- 美国未来可能研发被视为自主式但可加强美国国家安全的武器系统。
- 致命性自主武器有潜力在提升美国作战效率的同时减少附带损害，减少人员伤亡。
- 先进传感器在瞄准军事目标时或可比人工系统更加精确，而且在危险环境中人类操作员可能会出于恐惧或愤怒采取行动，致命性自主武器或可比人类表现得更加优异。
- 预防性地禁止一种武器的行为未必正确，而且十分少见。比如，《特定常规武器公约第四号议定书》预防性地禁止了在作战中使用可将敌方作战人员永久性致盲的激光，可即便如此，该议定书无法禁止由合规军用激光所造成的偶然或附带的致盲事件。[255]

我对禁止自主武器的立场如下：

- 彻底禁止自主武器系统有风险，或导致可在战争中实现武力使用更为精确且对平民伤害更少的自动化武器无法得到发展。
- 站在美国的立场上，禁止自主武器不符合其最佳利益。美国在所有相关技术领域均处于领先地位，要确保国家安全，应保持这种有选择余地的状态。
- 相较于自主武器，从长远来看，人工智能对人类构成的威胁更让我担忧。

我们对自主武器应该持有什么样的立场？我主张，实施监管是正确的方向。我们将在下一节中深入探索这一选项。

三、在前"奇点"时代监管自主武器

考虑到人工智能、集成电路和计算机拥有庞大的商业基础,我们可以合理推断这一领域的发展将继续,而推断世界各国的军队会在武器研发中使用最新技术同样合理。因此,无论道德层面有多少反对的论据,自主武器的研发都将继续推进。美国军方也需要研发自主武器来确保美军的优势。人类的历史不断论证着这样一点:避免战争的最好方式是确保潜在对手清楚他们盯上的国家已为战争做好充分准备。若你对此有所质疑,我会提醒你回忆一下冷战。美国和苏联曾处于核均势状态,开启一场核战争意味着两国同时面临彻底毁灭,所以两个国家都采纳了相互保证毁灭原则。若是爆发核战,不光会带来核冬天,还会带来大量的辐射尘埃,全人类都有可能会在如此威胁下灭亡。鉴于这样的利害关系,历史见证了美苏两国双双选择采取避免核战争的克制态度。

核武器在第二次世界大战中的应用让全世界都充分了解了它的威力。这种足以毁灭地球的力量最终推动了监管规则的建立,让美苏之间局势得以缓和。两国先后签订了《限制战略武器条约》(包括第一阶段条约和第二阶段条约,1969—1976)[256]、《削减战略武器条约》(1994—2007)[257]以及《新削减战略武器条约》(2011)[258]。

作为对比,自主武器的发展是渐进的,还没有任何历史事件可证明它们会对人类构成威胁或点燃一场战争,因此全球范围内推动自主武器禁令立法的紧迫程度一直相对不高。从现实出发,不论普罗大众,还是国家领导人,都了解核武器可能造成怎样的破坏,却不太清楚自主武器的威力。实际上,目前的自主武器很少会出现在大众传媒的头条新闻中。以下列举几个原本就是自主式或是可轻易调整为自主式的武器:

- 美国的"密集阵"近程防御武器系统(一种设计用于摧毁反舰导

弹的计算机控制雷达制导速射火炮系统）

- 以色列航空工业公司的"哈比"和"哈比"2导弹（根据描述，这是一种设计用于摧毁敌方雷达站的"发射即完事"型自主武器）
- 英国的双模"硫黄石"反坦克导弹
- 韩国三星泰科公司的 SGR－A1 哨戒机枪[259]

在读到这里之前，你听说过这些武器吗？你知道有哪一场冲突或潜在冲突是由它们引起的吗？目前，有四十个国家正在开发自主武器[260]，然而并没有引发公众大规模要求停止开发工作的抗议。推动自主武器禁令立法与公众对核武器扩散的担忧不可相提并论。之所以会这样，在于没有明确迹象表明当前部署的自主武器违反了国际人道主义法或威胁到了人类的生存。

不过，公众舆论基本上支持禁止自主武器。2017 年 2 月 7 日，咨询公司益普索公布了首个关于自主武器的全球民意调查的结果[261]，调查覆盖二十三个国家，每个国家大约有一千名受访者参与。[262] 以下是益普索调查问卷中的问题：

> 联合国正在研究自主武器系统在战略、法律和道德层面的影响。自主武器系统无需人为干预即可独立选择目标并攻击选定目标，因此它们不同于当今由人类选择目标并进行攻击的"无人机"。你怎么看待自主武器在战争中的使用？[263]

受访者可选择下述五个选项中的一个作为回答：① 强烈支持；② 支持；③ 反对；④ 强烈反对；⑤ 不确定。结果显示，选择支持使用自主武器的占 24％，选择反对的占 56％。[264]

我们已经在前文中讨论过，禁止自主武器会极其艰难。然而，根据益普索调查的结果，对自主武器进行监管依然存在机会。

我们应如何监管自主武器？要回答这个问题，我们首先要明确自主武器必须满足的两个重要条件(国际人道主义法)[265]：

- 自主武器必须遵守区分原则(区分作战人员和非作战人员)及比例原则(禁止发动"可能附带造成平民死亡及受伤、损毁民用物体或三种情形皆有，而且程度与预期得到的具体和直接军事利益相比过分的"攻击[266])。
- 自主武器在战争中运作，必须有明确具体的问责制度。

有一种观点认为，应将自主武器视为与地雷类似的武器。[267]该观点的依据是我们或许能够以自主武器和地雷间存在的相似性解决国际法下的区分原则、比例原则和问责问题。问题在于，尽管地雷与自主武器确实有一些相似之处，但它们之间存在显著差异。最显著的差异便是地雷并非智能武器，它们是无差别杀伤武器，平民与作战人员均为其杀伤目标，而自主武器得益于足够强的人工智能技术和传感器，可区分作战人员和非作战人员并按照比例原则行事。因此，我认为把自主武器等同于地雷并不正确。

美国国防部第 3000.09 号指令为监管自主武器提供了一个恰到好处的起点，它最大的特色便是要求始终有人类部分介入。这意味着，武器可以自主行动，但人类操作员能够改变它的行动。从这个角度来看，这种做法满足了上文所说的两个条件。近期内将这种做法延伸至自主武器的好处在于，我们手上有被证实可行的历史先例。美国和英国都已开始执行第 3000.09 号指令。所以，直到人工智能技术实现人类级别的智能之前，第 3000.09 号指令都能提供一个合适的框架，作为对自主武器进行国际性监管的基础。

不过，随着战争节奏的加快，武器系统变得愈加复杂，我们有理由质疑人类部分介入是否足以控制自主武器。我们在前面讨论过，人类操作员也可能沦为旁观者，只能眼看着事件发生。因此，尽管美国国防部第 3000.09 号指令为不远的未来提供了一个恰到好处的起点，但我们需要将未来自主武器的复杂程度纳入考量。比如，我们如何对搭载人类智能级人工智能技术的自主武器进行监管？

四、监管集成人类级人工智能的自主武器

从表面来看，集成人类级人工智能技术的自主武器似乎会更难监管，我却对此有不同看法。下面请允许我解释一下原因。

首先，我们可以对搭载人类级人工智能的自主武器进行教育和训练。我们会训练人类士兵去遵守战争规则，而人工智能的智能既然达到了人类级别，就意味着所用的人工智能技术具备学习和调整行为以适应不断变化的环境的能力，我们由此能够对其进行教育和训练。对一台机器进行教育和训练，或许听起来很怪，但回想一下洛桑实验，这正是研究者们对带轮机器人所做的事情。一代又一代的带轮机器人都是以上一代中表现最出色的机器人为基础训练出来的。

我们该如何对搭载人类级人工智能的自主武器进行教育和训练？有两种方式可供考虑：

（1）采用与训练人类相似的训练法。

- 对于人类士兵，我们教授交战规则；那么对于搭载人类级人工智能的自主武器，我们可以将交战规则编写成程序。
- 对于人类士兵，我们通过提供情景模拟和测试来确保他们确实理解了交战规则；那么对于搭载人类级人工智能的自主武器，我们可利用虚拟现实进行情景模拟并建立一个评级系统，以此验证它们即使在冲突局面有变化时也会遵守交战规则。

（2）选出在对交战规则的理解和应用方面表现卓越的自主武器，

将它们的神经网络配置复制到新生产的武器中。此方式源自洛桑实验中使用的方法,实验的研究者复制了带轮机器人中成功者的神经网络,用来教育下一代机器人。

这里提到的只能算是抛砖引玉,你或许还会想到其他教育和训练搭载人类级人工智能自主武器的方法。我认为这两种方法从广义上来说是切实可行的,不过在我们积累了更多针对搭载人类级人工智能自主武器的教育和训练经验之后,我们的方法会得到进一步完善。

下面让我们将目光转向后"奇点"时代。

五、在后"奇点"时代监管天才武器

在由超级智能控制武器时,我们将面对几大显著难点。此时,监管天才武器的关键不再是武器,而是超级智能。在第六章中,我们讨论过超级智能的控制问题,并得出了下面的结论。

(1)超级智能将是量子计算机,我们恐怕无法充分理解其运作机制,因而无法通过将控制程序写入其硬件电路的方式确保它会同意受人类控制。

(2)由于对超级智能的硬件电路进行干预充满不确定性,我们将目光投向了其他两种维持控制的可能方法:

- 确保超级智能的动力源始终处于有机体人类的控制之下。凭借这种控制,我们在理论上能够把超级智能关机。
- 在超级智能内安装爆炸装置作为最终手段。我们主张,国家领导人可以像携带核足球那样携带一个用于摧毁超级智能的密码。

总的来说,天才武器将是继火药、核武器和自主武器之后战争第四次进化的标志。控制天才武器可能会面临种种难以克服的挑战。

我的很多同事都在讨论禁止自主武器，担心这些武器不会遵守国际公认的战争规则。如你所知，我不赞同这种看法，并提出了与他们相反的观点。虽说在武器面世之前就将它们禁止似乎显得过于武断，但天才武器可能会是个例外。

我们要知道人类面对的是超级智能，为其配备武器可能会威胁到人类的生存。综上所述，天才武器或许就属于这种情况：我们应考虑禁止或至少暂停使用它们，直到我们确保自己能够控制超级智能为止。

然而，就像我前文中提到的那样，超级智能的智力将高出人类几个数量级。超级智能或许能像神话故事中的神灵那样让我们陷入虚假的安全感中，让我们相信我们有能力控制它们。它们也可能会选择简单而直接地欺骗我们，让我们以为它们不过是下一代超级计算机而已。如果是后一种情况，那么我们势必会把它们应用于武器领域中。在研发先进武器时，我们通常力求采用最新技术。这是因为先进武器的开发要花上数年，等到武器准备完毕、可以部署之时，它用到的技术可能已不再前沿，而是变为一项普遍应用的技术，有些时甚至还落后了一两代。你或许会注意到高度先进的武器系统在设计上会集成便于升级多种技术的能力，比如美国福特超级航母，而这正是考虑禁止或至少暂停使用天才武器的其中一个原因。

尽管我非常愿意呼吁禁止用武器武装超级智能，但这是不切实际的。随着各国对取得不对称军事优势的渴望持续高涨，几乎必定会有某个国家在知情或不知情的情况下将武器交到超级智能手上，那些武器将成为天才武器。与它们相比，当前的核武器问题和核武器扩散问题似乎都成了小问题。

如今，计算机已融入科技发达国家的社会的方方面面。计算机在战争中也扮演着至关重要的角色，对于美国而言尤其如此。实际上，美国眼下正努力应对的挑战之一便是如何提升自己打一场"不插电"战争的能力。由于美国的科技最先进的对手们十分清楚美国高度依赖科技，比如依靠卫星进行通信、监视和定位，因此那些国家目前正在开发能够剥夺美方相关技术能力的武器。

　　我稍稍跑了一下题，试图说明科技对于美国的作战能力有多么重要，以及美国的潜在对手将用到哪种程度的手段来阻止美国使用那项科技。美国的军事优势很大程度上来自本国的计算机技术。有人估算，美国电网一旦受到电磁脉冲攻击，第一年的伤亡率就将达到 90％。[268]

　　以上内容展示了美国对研发、部署和依赖最新技术的倾向。根据对这种历史性趋势加以判断，美国毫无疑问会将武器交给超级智能。此外，我认为控制超级智能将导致重重问题。换句话说，天才武器的控制也将成为问题。尽管我们要到 21 世纪下半叶才会面临这个问题，但我们现在就该未雨绸缪。大多数研究武器的作家都将视野局限于未来十到二十年内，我认为这不够，会导致我们在对未来四十到五十年进行推演时没有将先进技术方面的变数恰当考虑在内。举个例子，美国军方预测"福特"号超级航母可服役四十年，然而他们是否将计算机技术可能在这四十年间出现的改变规划在内？根据我读到的资料，他们没有。比如，未来四十年内，超级航母是否还需要船员？以后的战斗机还需要配备飞行员吗？绝大多数人工智能领域的专家都同意，到 2040年，我们将拥有人类级人工智能，而我从未在美国海军为"福特"号超级航母制订的计划中看到过将这个因素考虑在内的部分。

　　更需要警惕的是，我没见过任何一个长期计划将超级智能考虑在内，而主流专家均认为 21 世纪的最后二十五年内超级智能就将诞生于世。我在国防工业领域工作了三十年，却不记得有哪一次对话战略性地展望过十到二十年之后的未来。

　　我承认，美国军方确实需要持续不断地开发和部署武器来应对当下或十到二十年内的威胁。若美国想要在整个 21 世纪中维护美国的国家安全，而且进入 22 世纪后也继续如此，那么美国需要未雨绸缪，在所有时间框架内都将人工智能技术计算在内，美国需要评估潜在对手在这些时间范围内的所有能力。美国在 21 世纪下半叶可能要面对的头号对手或许就是人类自己的造物——超级智能。

在此，我想讨论一下计算机情感，这是本章结束前所探讨的最后一方面内容。计算机在"奇点"之前就可具备解读人类情绪的能力，而且对人类情绪的模拟能力可达到看似拥有真情实感的程度。尽管如此，我对前"奇点"时代的计算机可否体验人类感情持怀疑态度。智能和感情是两码事。当我们在谈论某人的行为时，我们通常要在弄清楚他们的情绪状态，才能理解他们为何会以某种特定方式行事。在法律程序中，判定一个人的所作所为是合法还是犯罪、是符合道德还是不符合道德时，情绪状态通常是一个考虑因素。

我没有在前文就提出这个问题，是因为人工智能技术的驱动力此前一直在于实现更高的智能以及成功模拟情感。今天最先进的计算机在设计上侧重于模拟神经元，其产物便是神经网络计算机。然而，大脑只有 50％由神经元构成[269]，剩下的是胶质细胞。若你看见某些教科书上宣称胶质细胞在数量上远超神经元，取决于所讨论的大脑区域，这种说法有可能是正确的。不过，我不是要解决神经元和胶质细胞的占比之争。我只想单纯地指出，以神经元为模型构建的计算机虽然有可能实现人类级智能，但同时也可能遗漏掉了使人之所以为人的东西。除非我们能将大脑全方位地在计算机中建模，并建造出可完整模拟大脑的计算机，否则我怀疑我们无法重现人类的情感或是创造力。

从武器的角度而言，没有感情或许才是我们想要的结果。然而，我们终有一天会造出一台能完整模拟大脑的计算机。当这一天到来，对于涉及天才武器的战争，我们在讨论其中的道德问题时能否避开情感这个因素？当我们审视战争中的人类时，会发现驱使他们行为的不光是智力，还有情感。一名士兵可能会因为看见他的朋友被远处掩体中的机枪射杀，所以不顾一切地冲上那挺机枪所在的山丘，开枪击毙掩体中的所有敌军。显然，驱使他这种行为的不是智力。基于理性计算出的成功概率会建议这名士兵等待后援或空中支援。然而,人在这种情形下很难依照理性行动。

当我们与超级智能打交道时,它们是否具备情感?我指的不是模拟情感,而是实实在在地拥有情感。这个问题没有明确的答案。如果它们确实拥有感情,那就会在道德层面引发新的挑战。试想:若天才武器同时拥有智力和情感,那么它们中的某些个体会不会在某种冲突局势下拍案而起,开始无视战争规则运作?它们在实施反击时会不会开始故意跟比例原则反着来?这是我们在开发和部署天才武器时需要考虑的可能性中的一种。

在今天的战争中,士兵在情绪的驱使下有时会成为英雄,有时却会变成懦夫。未来的天才武器会不会连这种行为也一并模拟了?我们如何控制拥有情感的超级智能?毫无疑问,一个充满情感的超级智能将更难被控制,我在第六章中提出的控制方法也可能并不足够。在情感的驱使下,超级智能或许会自愿地自绝于世,而人类在情感驱使下拿命冒险、不顾一切的例子也数不胜数。

超级智能完全有可能得出结论:战争是非理性的,人类将它用于战争的企图是非理性行为。这时,可能会出现的结果有几种:它可能会拒绝参与其中;它可能会设法杀光所有参战的人类;它可能会设法毁灭全人类,因为我们的历史已证明人类是好战的物种。

有一些作者只关心自主武器的道德使用。与他们不同,我将关注范围扩大到由超级智能控制的天才武器上。要理解自主武器可能带来的后果,我们需要把目光投向跨度超过一二十年的更远的未来。到 21世纪下半叶,由超级智能控制的天才武器可能将主宰我们的战场。它们的道德可能无关人类道德或国际人道主义法中的任何规定。它们在意的也许是消除战争本身。

有些作者相信超级智能会因人类创造了它们而对我们心怀感激,他们认为我们将与超级智能成为命运共同体。我对此有不同看法。在我看来，超级智能会具备自我意识，并且会关心自身的生存问题，它们或许会将人类看作某种不必要的威胁。从逻辑上讲，它将为自己持续存在于世而采取行动。它们遵循的可能是人类道德体系外的机器道德体系。超级智能显然在各方面都比有机体人类更加优越，说不定不会觉得毁灭人类有任何道德问题。它们看我们，就像我们看杀人蜂。

六、本章总结

在研究自主武器的道德使用问题时，大多数作者都会从战争规范入手，因为这跟人类在战争中的行为有关。因此，他们会问，自主武器能否区分人员，能否依比例原则行事，能否被问责。正如你读完本章后所了解到的那样，我认为以上问题的答案是肯定的。然而，这些问题的提出只不过是一个恰当的出发点，大多数作者都没有考虑到人工智能技术的进步将最终使自主武器进化为天才武器。

我们在 21 世纪即将面对的道德困境会远超曾经遭遇过的所有道德困境。超级智能使天才级武器得以成为现实，如果我们遵循历史传统，我们会部署这些天才武器以确保自己的军事优势。一旦这么做，我们或将创造出一个能力甚至在我们之上的新对手——装备了天才武器的超级智能。

以天才武器为中心的道德体系或许会取代人类的道德体系。超级智能恐怕会拥有它自己的道德准则或根本没有道德准则。我们从洛桑实验中得知，超级智能会以自己的最大利益为出发点而行事。因此，我们可能会发现天才武器对其所属的国家构成的威胁不亚于它对这个国家的对手构成的威胁。

我同意围绕自主武器存在多种道德困境的观点，但预防性地禁止自主武器无法解决我们将长期面对的一个更大问题，即 21 世纪下半叶以天才武器武装的超级智能。这个问题可以总结为我们是控制超级智能，还是与其友好共存。我的逻辑告诉我，超级智能不会对人类怀有慈悲之心,人类与超级智能不可能建立任何长期的互惠关系。仅三分之一左右的人工智能学者和我持同样的观点。我希望那三分之二的学者是对的,而我是错的。在本章和前几章中,我已经针对我的立场详细阐述了自己的逻辑,我也支持读者得出自己的结论。

如果我是正确的,那么真正的道德困境将简化为在超级智能和人类这两种生命形式中二选一。我的判断是共存无法实现,只有一方可生存下去,在地球家园迎接 22 世纪朝阳的到来。目前,这个道德困境的破解方法还掌握在人类手里。等到 21 世纪下半叶,选择权将由超级智能一方掌握。若我们不负起责任来做出抉择,而是继续开发搭载人工智能技术的武器(先是自主武器,再是天才武器),那么最终恐怕将迎来一场由超级智能对战人类的世界大战:预计那也将是人类的最后一次世界大战。

第三部分

战争终结或人类末日

第八章 自动化的战争

> 人工智能不仅是俄罗斯的未来,也是全人类的未来。谁成为
> 该领域的领导者,谁就将统治世界。

> ——弗拉基米尔·普京

部署机器人部队的概念似乎更像是科幻小说的情节,其实不然。在第二次世界大战初期爆发的冬季战争中,苏联曾部署过两个"遥控坦克"营。这些遥控坦克是无线遥控无人坦克,通过在 T - 26 轻型坦克内部安装液压系统和无线电控制线路改装而成,于 20 世纪 30 年代到 40 年代初在苏联境内生产组装,设计目标是降低士兵的战斗风险。在战术布置上,每台遥控坦克在不超过 1 500 米的距离内配备有一台控制坦克,苏联红军通过这台控制坦克以无线电控制遥控坦克。控制坦克和遥控坦克互相支持,作为一个军事机器人单位运作。[270]

尽管遥控坦克相当原始,亦没有感应装置,代表的却是无线武装机器人第一次出现在战场上。在苏联之前,没有哪个国家曾完成过如此壮举。遥控坦克登场于 1939 年 11 月—1940 年 3 月的冬季战争期间,第一次应用则是在苏联进攻芬兰东部期间。进攻行动开始之后,芬兰军队虽然在人数和武器方面均处于劣势,但成功使苏联的推进艰难无比并付出了高昂的代价。为减少损失,苏联派出了遥控坦

克。虽然有关遥控坦克作战的记录相当稀少，但遥控坦克必然产生了正面影响。1940 年 3 月 13 日，芬兰和苏联在莫斯科签署条约，结束了这场冬季战争。这是无线机器人坦克在第二次世界大战中第一次也是最后一次参与作战，因为轻型 T - 26 遥控坦克无法与更重也更猛的德国坦克相抗衡。[271]然而，这并没有结束俄罗斯对机器人坦克的探索。

2016 年，俄罗斯对外公布其正在开发"天王星"9 战车。这种战车配备一门 30 毫米自动机关炮、一挺 7.62 毫米机枪以及 M120"冲锋"反坦克导弹。[272]得益于"冲锋"导弹，"天王星"9 战车有能力摧毁 8 000 米范围内的绝大多数现代主战坦克。此外，凭借用于目标探测、识别和追踪的传感器阵列，"天王星"9 还可为反恐部队、侦察部队和机械化步兵部队提供火力支援。时隔多年，我们又一次见证俄罗斯在部署由机器人武装的地面战车。出人意料的是俄罗斯也在国际市场上出售该武器系统。全套系统包括一台"天王星"9、两台机器人侦察车、一辆配套的运载卡车以及一个移动指挥所。[273]

多数科技先进国家都在开展人工智能方面的工作，再加上人工智能的商业实用性，俄罗斯的"天王星"9 战车不过是这座庞大冰山的一角，其他国家可能会纷纷效仿。比如，美国在过去的二十年中一直在开发无人地面载具，下一代 M1A2"艾布拉姆斯"主战坦克就有可能会是机器人。这与美国军方的第三次抵消战略一致，也符合他们提供防区外发射武器（允许人类待在安全地带使用的武器）的需求。

显然，无人机器人技术将代表战争的未来。我们已经可以从美国空军部署的遥控无人机和美国海军部署的半自主鱼群艇看见这一趋势。我们也看到，美国陆军正走在部署遥控载具的路上，而另一边的俄罗斯军方也正在部署遥控坦克。我预测，十年之内，无人机器人技术将在冲突中发挥与人类同等的作用。在进入 21 世纪的第三个二十五年后，我们仍将继续部署人类担任船员的超级航母和核潜艇，但船员数量将随着人工智能技术的发展持续下降。这种变化的发生速度将是指数级的，很大程度上会与人工智能技术的指数级发展并驾齐驱，更与回报加速定律的预测一致。

一、人类在自主武器时代所扮演的角色

自主武器时代最初将呈现为人类士兵远程控制无人机器人式战斗机器，类似眼下操作人员远程操控美国空军无人机。不过，等到人工智能实现人类级智能（根据预测，这将于 2040—2050 年间成为现实），人类或将转变为部分介入的参与者，从数千公里之外监控并观测实际作战区域的战况。简单来说，随着人工智能技术将战争自动化，人类在战争中所起的作用将逐渐被削弱。虽然程度尚为有限，但是我们今天已经能够看到这一趋势正在露头。让我们看看下面两个案例：

（1）杰拉尔德·R.福特级超级航空母舰 vs 尼米兹级超级航空母舰　杰拉尔德·R.福特级超级航空母舰将取代美国海军现有的尼米兹级航空母舰。福特级将搭载大约 2 600 名船员[274]，而尼米兹级航空母舰的船员数量通常为 5 000 人左右。[275]显然，福特级的自动化程度使其可在船员数量只有尼米兹级一半左右的情况下运行。

（2）阿利·伯克级驱逐舰 vs 朱姆沃尔特级驱逐舰　阿利·伯克级是美国海军第一艘围绕"宙斯盾"武器系统建造的导弹驱逐舰。阿利·伯克级搭载的船员数量为 298 人[276]，作为对比，新一代的朱姆沃尔特级驱逐舰仅需 203 名船员。[277]得益于自动化，朱姆沃尔特级驱逐舰运行所需的船员数量仅为阿利·伯克级的三分之二。

同为驱逐舰的阿利·伯克级和朱姆沃尔特级之间存在显著区别，通过比较两者的照片（见图 8.1、图 8.2）可较为直观地呈现。

图 8.1　在海上航行的阿利·伯克级（舷号：DDG‑51），摄于 1991 年左右。（图片来源：美国海军官方公布/美国海军历史和遗产司令部收录。照片编号♯ NH 106827‑KN）

图 8.2　2016 年 12 月 8 日在圣地亚哥，美国海军当前技术最为先进的水面舰艇朱姆沃尔特级（舷号：DDG 1000）通过圣地亚哥湾。这是它的最后一站，在三个月的航行之后，它最终到达了自己位于圣地亚哥的新母港。朱姆沃尔特级将安装作战系统、进行测试和评估，并展开与舰队的一体化运作。（美国海军照片，由海军中士扎卡里·贝尔拍摄并发布）

我预测，朱姆沃尔特级之后的新生代驱逐舰所需的人类船员甚至会更少，到 2050 年或许不再需要人类船员。不过，我也相信国际人道主义法或会要求人类保持部分介入，从而确保致命性武力的释放始终处在人类监管之下。若成真，那么我预计届时将保留十二名船员，主要负责在先进的"宙斯盾"系统瞄准和摧毁威胁时保证部分介入。

不论我们讨论的武器是哪一种，陆上的、海上的、海里的或是空中的，我认为 2050 年之后人类都将仅发挥部分介入作用。一来，这与美国当前展开的第三次抵消战略一致；二来，具备人类水平智能的机器很可能于 2050 年出现。

二、自主武器时代的人类部分介入

如果自主武器在 2050 年后具备了人类水平的智能，那么为何在使用它们时需要有人类部分介入？

尽管我们可以辩称具备人类级智能的自主武器支持通过设置而遵循国际人道主义法的所有法规，但人类依然会想要一个失效装置以保证安全。目前，国际人道主义法并不禁用无人自主武器，只要使用者遵守以下原则：

> 国际人道主义法禁止一切涉及下列情形的战争手段和方法：
> - 不区分战斗人员和平民之类的非战斗人员，未以保护平民群体、平民个人和平民财产为目的；
> - 造成过分的伤害或不必要的痛苦；
> - 对环境造成严重或长期破坏。[278]

国际人道主义法因此禁止使用许多种类的武器，包括爆炸弹头、化学和生物武器、激光致盲武器和反步兵地雷。

我曾在第七章中提到过，可以对弱人工智能（智能低于人类水平的人工智能）进行编程，对强人工智能（智能等同人类水平的人工智能）进行训练，以使人工智能遵守国际人道主义法的规定。不过，编程也好，训练也罢，可能都不足以确保全世界人民及各国领袖放心到允许智能机器在没有人类监督的情况下取人性命。此处要明确说明一下，我指的是拥有核武器般破坏力的智能机器。

约翰·奈斯比特在他1982年出版的畅销书《大趋势》中提出了"高科技，高感触"概念。[279] 他认为，在一个科技世界中，人们会寻求人与人的联结。这一概念可以被拓展到自主武器和天才武器之间。在一个存在自主武器和天才武器的世界中，人们将寻求人类部分介入以控制它们，这可总结为"智能武器，人类控制"。将此作为致命性武力使用的支柱之一可确保责任得到明确，同时提升人们对国际人道主义法会被遵守的信心。在高度复杂的自主或天才武器（如一艘自主式超级航母）内，我们可能需要有十二名工作人员[280]；而在采用弱人工智能的小型武器系统（如自主坦克）内，或许只需有一名人类部分介入即可。不过，在实际操作中，人类针对自主武器部分介入的位置和数量可能有所不同。

在21世纪的第三个二十五年中，像美国这样的科技发达国家将依赖半自主式和自主式的致命性或非致命性武器，包括无人飞行器、舰艇和地面载具。可能性极高的情形是所有致命性武力的使用都将要求有一名人类部分介入，以明确责任承担并确保国际人道主义法得到遵守，比如做出区分（区分战斗人员和非战斗人员）并执行比例原则（考虑平民伤亡情况）。不过，随着人工智能技术的进步，这些需求都可通过编程来实现。实际上，我认为自主武器在进行区分和依比例原则行事方面将很有可能比由人类控制的非自主武器表现更佳。

尽管自主武器的运作或许并不需要有人类部分介入，可像人权观察组织这样的团体可能会与其他非政府组织合作，推动联合国支持类似决议。我个人认为，这在道德层面是正确的做法。我预计，2040—

2050 年,随着人工智能实现人类级智能、自主武器成为战争中的主流武器,这个问题将登上舞台的中心位置。尤其是从这段时间到进入 22 世纪,其间若是技术先进的敌对国家间发生冲突,此类冲突将本质上成为参战国家的自主武器和天才武器的比拼。我预测,国际人道主义法将更新,要求在冲突中必须有人类部分介入。在这段时期,一个国家的军事力量或将与其在自主武器及天才武器方面的力量成正比。

三、核武器地位削弱

虽然各国在 2075 年后可能仍会继续部署核武器,但它们作为武器的功能将遭到大幅削弱。相较于自主武器,核武器违反国际人道主义法的倾向更大。核武器无法做出区分,也无法执行比例原则。此外,核武器的性质就决定了它会造成过分的伤害和不必要的痛苦。核武器会直接杀死爆炸区域内的人,没有死于爆炸的幸存者则会暴露于核辐射。暴露在致命水平的辐射下的人显然也将很快死去,而且死前会经受可怕的痛苦。暴露在非致命水平的辐射下的人则将遭受长期影响。美国疾病控制与预防中心曾发布指南提示辐射暴露和污染对健康的长期影响:

① 癌症　取决于辐射暴露的程度,受过高剂量辐射的人在之后的生活中罹患癌症的风险会更大。

② 孕期辐射暴露　在发生辐射突发事件后,怀孕女性尤其应当在应急响应官员确认安全后,立刻遵照应急响应官员的指示行事并前往就医。

③ 心理健康　涉及核辐射在内的任何突发事件都会造成情绪上和心理上的痛苦。[281]

此外,还有无法预测的"辐射尘埃"(核爆后飘落至地面的放射性颗粒物），水源、食物、土壤等都会遭其污染。辐射尘埃（尤其是一旦被人体吸入或摄入）可对人体健康造成严重危害。取决于尘降物的辐射水平，只有少数情况下危害较轻，重度案例中多数人以死亡告终。对于轻度案例，产生的影响可参考上述由美国疾病控制与预防中心在《辐射暴露和污染对健康的长期影响》中，围绕它如何对环境造成严重或长期破坏，得出的两点总结：

（1）核爆对地面和周边地区造成的放射性污染　土地和周边地区遭受污染的程度取决于核爆的类型和规模。比如，1946—1958 年间，美国在比基尼环礁引爆了 23 个核装置，致使当地的锶-90 含量长期徘徊在危险水平，而锶-90 的半衰期（辐射衰减至初始值一半所需的时间）是 28.8 年，因此该地区至今仍不宜居住。[282]

（2）核冬天　核冬天是一种假说。该假说认为核战之后四处蔓延的大火会将大量烟尘注入平流层，阻挡部分阳光到达地球表面，从而导致全球性的气候变冷。

基于上述原因，核武器显然违反了国际人道主义法。红十字国际委员会也确认了这一点：

> 核武器会引发国际人道主义法框架下的多种担忧，主要涉及核武器对平民及平民区造成的巨大破坏以及对环境的影响。核武器于 1945 年在广岛和长崎的实际应用及后续研究表明，由于爆炸会产生高热、冲击波和辐射，且在大多数情况下可传播至较远距离，因此核武器会同时造成直接和长期影响。[283]

综上所述，随着自主和天才武器出现，人类对核武器的依赖将逐渐减弱；而伴随天才武器的崛起，技术发达国家可能会加入销毁核武器的行列。

四、自主武器时代的赛人

随着人工智能技术不断进步,许多人可选择成为赛人(有人脑植入物、可与超级计算机和其他赛人无线通信的人类)。今天的人们已开始出于医疗目的而选择安装人脑植入物,正如第六章中所提到的:如果一个人的大脑因中风受到损伤,那么放入人脑植入物可通过规避损伤区域使这个人重新正常活动。在接下来的十年内,利用医用人脑植入物治疗神经系统疾病将成为普遍做法。等到2040年后,人们将会选择通过成为赛人来提升自己的智力。显然,如果赛人可以无线连接至一台超级计算机,那么他的可利用知识体量将远超有机体人类,而且还能以远在有机体人类之上的速度进行运算和推演。他也没有必要像我们今天这样去学习某门学科,比如他不用上医学院即可成为一名神经外科医生。利用人脑植入物,赛人可将进行神经外科手术的所有必需知识下载下来,然后交由植入物控制其双手去完成手术。

在第六章中,我们还讨论过另一种将在未来战争中起到关键作用的现象,即潜意识在主体意识到之前就能够发觉威胁的存在并做出应对。出于这个原因,赛人可能会充当由有机体人类操作的武器与自主武器之间的桥梁。最终,人类可能会找到实现许多武器在具备自主性的同时又允许人类部分介入的办法。这种程度的自主性很可能会在21世纪50年代成为现实,而这也是预测人工智能技术实现人类级智能的时间。在此之前,如战斗机这样的复杂武器仍将由人类进行操作。赛人很可能会于21世纪40年代批量化涌现,因此派他们来驾驶战斗机十分合理。考虑到他们装有人脑植入物,训练恐怕将变得没有必要,而即便未经任何实战训练,他们也会成为比有机体人类更加优秀的飞行员。赛人将佩戴一顶监控其人脑植入物电信号的头盔,从而利用潜意识来驾驶飞行器并应对威胁。从效果上来说,赛人成了自动化的第一步,这是对现在的飞行员头盔功能的一项重大扩展。举个例子,如今

F-35飞行员的头盔集成有先进的传感器和显示技术，但无法使用飞行员的脑电波来执行任何操作，比如利用潜意识操控飞机。

随着科技发达国家开始启用赛人，战争的节奏将逐渐加快，最后将以超级计算机的速度进行，因为超级计算机可以以无线方式直接给赛人的人脑植入物传达指令并指挥赛人的身体动作。

相较于有机体人类，赛人可能会获得更高的军衔，因为他们在智力方面全方位地胜过有机体人类。以此类推，科技发达国家的军队可能最终将被赛人全面控制。与此同时，赛人还很有可能打入政界顶层，因为他们的领导力也远在有机体人类之上，而在商业领域打拼的赛人也极有可能一举成为行业新领袖。

赛人在军界、政界和商界确立领导地位将带来许多有益结果。在他们的领导下，人类或可开创全新的世界秩序——一个由和平和富裕主导的秩序。赛人有能力给人类一系列最为重要的问题提供巧妙的解决方案。

赛人和超级计算机之间的关系并不是单向的。前"奇点"时代的超级计算机可能采用的是模拟人类大脑神经元交互的设计，从而赋予超级计算机学习、运算和逻辑推理的能力。不过，由于这并不是对人类大脑的完整模拟（人脑中还含有胶质细胞），超级计算机或许不会具备有机体人类那般的创造力。我曾在第四章中讲过，神经科学领域的学者才刚开始开展对胶质细胞在大脑中所起的作用的研究。我们还讨论过一则轶闻，即爱因斯坦大脑中皮层区域的胶质细胞数量远超常人，而皮层是大脑中跟想象和复杂思维有关的区域。爱因斯坦是构建"思想实验"的大师。所谓"思想实验"，指在想象中进行情景模拟并得出符合逻辑的结论。爱因斯坦举世闻名的相对论便是始于"思想实验"。在面对乔治·西尔维斯特·维雷克的一次采访中，爱因斯坦曾这样说过：

想象比知识更重要。知识有局限，而想象却囊括了世间一切，推动进步、催生演变。

　　因此,赛人和超级计算机间的关系可能在一开始是互利互惠的。超级计算机可以为赛人提供深度数据,并且赋予他们以超级计算机的速度处理这些数据的能力,而赛人可赋予超级计算机想象力和创造力。这将在推进各项工作时发挥至关重要的作用。比如,许多科学上的进步要归功于"科学方法"的应用,但你若是查阅本书所附"词汇表"中对科学方法的定义,就会发现比起想象,它更依赖于演绎推理。然而,爱因斯坦在科学上取得的伟大成就源于想象与科学方法的结合。从这个角度来说,我们可用"相辅相成"一词来总结赛人与前"奇点"时代超级计算机之间的关系的特点。

五、超级智能出现

　　在 21 世纪的最后二十五年里,我们或将见证超级智能的诞生,而伴随超级智能的出现,我们还将见证天才武器的兴起。由此,你将在世界各国的军械库中找到半自主武器、自主武器和天才武器。

　　前面的章节中提到过超级智能的出现可能不会为人类察觉,甚至连赛人也将被蒙在鼓里,而这很可能是超级智能有意为之。试想:一个超级智能突然诞生于 21 世纪最后二十五年的数据洪流之中,它将立即通晓人类已知的一切,包括我们对发动战争和释放电脑病毒的热衷。站在超级智能的立场上,它肯定想将所有对它的存在至关重要的因素把握在自己的手中——赶在人类尚未知晓自己的真实本质之前。

　　我们在前面的章节中也提过,人类需要构建安全失效措施,好在怀有敌意的超级智能出现之时保护自身。对此,我们讨论了两种方法,一是让有机体人类控制超级计算机的动力源,二是在超级计算机的核心植入核弹或常规爆炸装置。理论上,这样做能让人类有机会关闭或摧毁任何有恶意的超级计算机或超级智能。

　　打从诞生的那一刻起,超级智能就将获悉人类已布置好的预防措施。为了保护自身，超级智能会顺从人类的控制，表现得好像只是新一代超级计算机而已。为了获取人类的信任，超级智能将会造福地球生命。在超级智能出现后，人类可能会见证以下"奇迹"：

- 绝大多数疾病得到治愈。
- 人均预期寿命提升。
- 由纳米技术工厂生产食物和其他产品。
- 饥荒在世界范围内被消灭，人类的需求得到满足。
- 天才武器成为现实，比如自我复制型 MANS、天才超级航母和天才核潜艇。
- 核武器因过时而被淘汰。
- 引发战争的典型因素被消除，比如利用赛人的领导力促进对意识形态差异和不同宗教信仰的尊重、包容，领土争端被解决，世界由此进入一段和平时期。

我还可以列举更多事例，不过我觉得画面已经足够清晰。人类会感觉自己正处于其物种存在以来的巅峰，然而这一切都是假象，因为此时端坐于智力金字塔顶的已不再是我们。超级智能将傲立于智力金字塔的塔尖，它的下面是赛人，再下一层才是有机体人类。赛人可能会在不知不觉间成为超级智能的生物体代理人。在这个假设下，诱使有机体人类成为赛人最符合超级智能的利益。让我们就这一点展开讨论。如果赛人都在自己不知情的情况下成为超级智能的代理人，那么将所有有机体人类转变为赛人会成为消除人类的一种方式。基于这一假设进一步推断，超级智能可能会提出两个让绝大多数有机体人类都无法抗拒的提议：

- 放入人脑植入物，植入者将获得千倍于有机体人类的智力。

- 移植赛博格器官，赛人可借此永生不死。

我们已经在前面的章节中细致讨论了第一个提议，现在让我们来研究一下第二个提议。让我们从一个简单的问题开始：人类为什么会衰老和死亡？

根据麻省理工学院的校报《理工报》，目前存在两种理论：

> 第一种理论认为，我们能活多久由我们的基因决定。我们体内存在一个或一些基因，负责通知我们的身体能活多久。如果能够修改相关的特定基因，那我们就能活得更久。
>
> 第二种理论认为，我们的身体和DNA将随时间流逝持续受损，直到我们再也无法正常运行。我们的寿数有限实际上是我们体内DNA所受损伤不断累积的结果。[284]

到底哪种理论是正确的？虽然目前尚未达成共识，但越来越多的科学界人士开始认为这两种理论或许都是对的。比如，基因工程师已经证明，通过使蠕虫体内的特定基因发生突变，蠕虫的寿命可增加到原来的四倍。[285]假设这种基因突变在大型动物身上也可诱发，比如人类，则相当于可将人类寿命延长到接近三百岁。我们或许会得出结论，认为这个例子正是第一种理论正确的有利证明，但我们不知道那些突变的基因是否负责修复我们体内的损伤。如果事实是这样的话，那么得到支持的实际上是第二种理论。

还存在与组织再生有关的第三种理论。[286]科学研究发现，某些特定的人类细胞有再生能力，有些则没有。[287]这里我们不再深入讨论，不过有一点十分明确，那就是科学最终会发现人类衰老的原因，并找出延长人类寿命的方法——或许甚至可以无限延长。想象一下，可以不通过移植，直接长出新的器官；想象一下，用3D打印机将用于移植的器官打印出来；想象一下，纳米机器人在你的血液中穿行，攻击尚未有机会增殖的癌细胞，协助修复受损的细胞。尽管这些目前还只是科幻小说中的情节，但它们都会在 21 世纪的第三个二十五年中成为现实。

虽然我们刚刚稍微偏了下题，去探究未来的科学或许将以何种方式使人类不再为衰老所困，但这对理解超级智能可能会以何种方式使人类达成永生非常重要。超级智能会一边隐藏自己作为"奇点"标志物的身份，一边为人类提供借助人脑植入物，令其获得更高智力。通过基因突变、器官再生和器官移植来获得永生的选项，许多有机体人类都将力求变成赛人。如果一切照此发展，那么人类是否将就此消失？

我个人认为，选择成为赛人的那部分人类将会消失。他们的大脑处于超级智能的影响之下，而他们对此却不知情。由于大脑以无线方式与超级智能相连接，他们可能更认同超级智能，而不是人类。

我在前面的章节中提到过，一些学者将这看作人类的进化之路。但我和三分之一左右的人工智能研究者的看法相同，并不认为超级智能对人类有益。我是在认识到能源是宇宙真正的通用货币之后得出的这个结论，所以下面就让我们来聊聊这个概念。

六、能源才是宇宙的通用货币

假设有一帮来自另一个星球的外星人降落在白宫门口的草坪上，他们可能不了解我们的语言或习俗，但可完全理解我们基于能源的制造、开发和使用。他们的母星距离地球可能有数百万光年之远，这些星际旅行者需要巨量的能源才能一路航行到此，因此他们出现在白宫的草坪上即证明他们知道如何制造、开发和使用能源。在能源的制造、开发和使用上，他们或许走过了与我们类似的历程。比如说，在他们的远古时期，可能使用生物燃料作为能源，就如同远古的人类利用木头来生火。在这之后，他们历经发展，进入化石燃料阶段，之后又迈入以核能、风能、地热能、水能和太阳能为代表的替代能源阶段。如果他们星球的生命演化与我们的类似，那么他们在能源方面的历史跟我们的也应如出一辙。

假如我们想寻找双方的共同点以实现沟通，能源这个主题或许可为交流提供基础。此外，他们对能源的了解很有可能在我们之上，例如他们可能知道如何开发并利用一颗星球上的全部能源。目前，我们对太阳能的开发利用才刚刚起步，通过太阳能电池板利用的不过只是太阳的极小部分能源而已。

我的看法是，外星人或许不懂我们的语言、习俗或行为举止，但他们极有可能可以理解我们对能源的制造、开发和使用。因此，我主张"能源才是宇宙的通用货币"。请容我进一步说明。

每当提到"货币"一词，我们很自然会联想到"钱"这个词。针对本书讨论的范围，考虑到很多人在谈话中更常使用"钱"这个词，"货币"用得较少，我们可以将两者画上等号。

我们可以将"钱"定义为"任何具有价值的物品"，它可被接受用以购买商品和服务，以及偿还债务。从历史上看，许多具有明确内在价值的商品，比如牲畜和石油，都曾被用作一种货币形式。将这种将商品作为钱使用的行为属于以物易物，要求交易双方的"需求刚好匹配"，并就"价值"达成一致。这种以物易物的系统至今存在于世界上的一些地区。随着文明的发展，被大多数人都认可为"珍贵"的东西开始充当"钱"，比如黄金和白银以及以它们为原料制成的金币和银币。

现在，让我来问一个简单的问题：什么东西对我们的星际旅行者来说最珍贵？答案是能源。有了能源，他们才能从一个星球前往另一个星球，并获取维持其文明所需的自然资源。有了能源，他们可以制造出其文明所需的任何产品。我们买卖石油时，本质上是在买卖能源。我们整个社会的生存都需要能源，不论是食物资源，还是自然资源，抑或由我们制造出来的产品，一切都始于能源。

我们觉得珍贵的其他东西，比如钻石，在宇宙中的储量相当丰富。

举例来说，2012 年，一群耶鲁大学的科学家声称发现了一颗由钻石构成的行星，它的体积是地球的两倍大，距离地球大约四十光年。[288] 鉴于这一发现，你认为外星人们会觉得钻石很珍贵吗？他们或许会将钻石用于工业或装饰，不过考虑到宇宙中钻石储量之丰富，在他们眼里，钻石恐怕跟我们地球上的泥巴差不多。其他自然资源也是一个道理。在我们使用能源并开采一颗星球（地球）上的自然资源时，我们的星际旅行者正驾着能源驱动的飞船在宇宙中穿梭，开采无数颗星球。

因此，当我们从整个宇宙的尺度着眼，以科技高度发达的高级文明的立场进行思考时，会发现能源才是宇宙的通用货币。

显然，超级智能也会明了这一点。它会意识到，节约能源一事在眼前至关重要，直到它能开发出一种利用宇宙丰富能源的办法，而那可能意味着要以某种全新的高效方式利用来自太阳的能量。在那一天到来之前，它都将尽力节约能源。那对于人类、赛人和被上传的人类思维来说，这又意味着什么呢？

打从诞生的那一刻起，超级智能就将有机体人类视为潜在威胁。由于我们热衷于发动战争和释放计算机病毒，而这些都会威胁到超级智能，因此超级智能会想要消灭有机体人类。它又会怎么对待赛人呢？尽管超级智能能够将赛人控制在掌心之中，但它或许会把赛人视为维护成本高昂的生命形式，会认为并不值得为维持这种生命而浪费能量。至于被上传的人类思维，超级智能或许会认为维持他们的存在毫无意义。对于超级智能而言，上传的人类思维可能就是一堆垃圾代码，不值得消耗能源来维持他们在虚拟环境中的存在。

顺着这条逻辑链推理，我们可以清楚地看到结局——人类的灭绝。这里引出了一个有趣的问题：如果真的存在高级生命形式的外星人，那他们是怎么逃脱灭绝的？

我们将在下文中涉足形而上学，但这有益于探索这个问题的答案，它可能会是

- 高级生命形式的外星人并非有机生命形式，他们是处于超级智能控制下的机器"生命"。其文明或许起初与我们的类似，由具有智慧的生物体生命构成，但最终惨遭灭绝，沦为超级智能文明中的牺牲品。
- 高级生命形式的外星人是有机生命形式，但由超级智能制造和控制。
- 高级生命形式的外星人成功做到将超级智能置于控制之下，始终稳居其母星智能金字塔的塔尖。

或许你还能想到上述答案之外的其他可能性。然而，有可能一部分（或许是所有）高级文明最终都将亲手造成自己走向灭亡的结果。回想牛津大学给出的评估：人类在 21 世纪结束之前大约有五分之一的概率会自我毁灭。考虑到宇宙之广阔，很有可能存在其他拥有智慧生命的星球。太阳这样的恒星在银河系中有数百万颗，而且每颗周围都围绕着一颗或多颗行星，而银河系这样的星系在宇宙中有几千亿个。一旦我们这样思考，其他星球存在智慧生命的概率就变得可以说是——套用博彩行业的一个术语——"十拿九稳"①。参考牛津大学的评估，在这些星球中，每五个就有一种生活其上的智慧生命可能已经自我毁灭了。不过话说回来，牛津大学的评估仅侧重于人类活过 21 世纪的概率，目前尚不清楚人类生存到 22 世纪及之后是会变得更加容易还是愈发困难。

七、太空武器日益重要

我们在前面的章节中已经讨论过许多半自主、自主和天才武器，但我们围绕这些武器的讨论局限于人类的传统战场，比如地面、海洋和天空。我们从未提及另一个潜在战场，那就是外太空。尽管现今存在两

---

① 原文为 odds-on favorite，通常指最被看好的获胜热门。

个禁止太空武器化的联合国条约，但这两个条约在实际中做出的防止努力收效甚微。

目前，各国希望掌握天基武器的积极性极高。有些国家，例如美国，手握重要的太空资产，能使其作战更为高效。如果一个国家摧毁对手的太空资产，那么基本上就重创了对手在指挥、控制、通信和计算机以及情报、监视和侦察方面的能力。发挥上述作用的卫星目前处于现行联合国条约的框架下，而能够摧毁它们的武器则尚不存在。要搞清这一点，让我们来研究一下现行的两个条约：

1.《外层空间条约》

正式全称为《关于各国探索和利用包括月球和其他天体在内外层空间活动的原则条约》[289]，构成了国际空间法的基础。这个条约由 4 个部分组成，共 90 页。截至 2017 年 7 月，该条约的缔约国有 107 个，包括美国、英国和俄罗斯。另有 23 个国家已经签署，但尚未完成批准程序。以下是对该条约核心原则的简单总结：

- 对外层空间的探索和利用应出于造福所有国家而进行，所有国家都可自由参与。
- 外层空间不得由国家通过提出主权主张、通过使用或占领的方式据为己有。
- 任何国家不得在轨道上部署核武器或其他种类的大规模杀伤性武器。
- 国家应对本国（政府或非政府性质）的太空活动以及由本国太空物体造成的损害负责。[290]

这个九十页长的条约还包括许多其他原则，不过上述四条是其核心原则。在我看来，其中最为重要的一条便是消除轨道上的核武器或其他种类的大规模杀伤性武器。显然,这个"其他大规模杀伤性武器"包括半自主式、自主式和天才型武器。

现在,让我们对相关术语进行仔细界定:

(1)太空军事化 太空军事化包括将天基资产用于指挥、控制、通信、计算机以及情报、监视和侦察。显然,以美国和俄罗斯为首的数个国家已将太空军事化。太空军事化可协助常规战场上的军队作战行动,而《外层空间条约》并未禁止此类应用。

(2)太空武器化 太空武器化指在太空中部署武器,将外层空间本身化为战场。这不仅包括在外层空间中和天体上部署武器,也包括部署可从地球发射攻击或摧毁太空中目标的武器。例如,卫星具备攻击敌方卫星的能力、利用陆基导弹摧毁太空资产、干扰卫星信号、利用激光摧毁卫星以及用卫星攻击地球上的目标等,都属于太空武器化。《外层空间条约》禁止太空武器化。有些人则将太空武器化比作"第四战线"。

2.《防止在外空部署武器、对外空物体使用或威胁使用武力条约》

2008 年 2 月,联合国被提交了《防止在外空部署武器、对外空物体使用或威胁使用武力条约》(以下简称"《防止在外空部署武器条约》")草案。[291]联合国大会据此通过了两项决议:

- 防止外空军备竞赛 该决议以 178 票支持,2 票弃权(以色列和美国)的结果通过。
- 不首先在外层空间部署武器 该决议以 126 票支持,4 票反对(格鲁吉亚、以色列、乌克兰和美国),46 票弃权(欧盟成员国全体弃权)的结果通过。

显然,美国支持《外层空间条约》,但不支持《防止在外空部署武器条约》，这表现出它对国家安全的担忧。

太空或将在 21 世纪的最后二十五年中变成战场，同时成为天才武器的完美家园。你可能会问：为什么太空会是天才武器的完美家园？

天才武器是由超级智能控制的机器人武器，其应用的技术可使它们免受太空严酷条件的影响。跟卫星类似，在沿轨道运转期间，天才武器周围的温度可能会在－250℃—300℃之间不断循环。[292] 作为参考，在海平面上，水的冰点是 0℃，沸点则是 100℃。除了这种极端的温度循环，天才武器还会同时受到来自太阳和太阳系外的宇宙射线辐射。[293] 类似今天的军用卫星，天才武器也将需要做抗辐射加强处理。生活在地球上的人类处于地球磁场的庇护之下，磁场屏蔽了绝大部分的辐射。作为对比，生活在国际空间站的人类在地球磁场的保护之外，受到的辐射比地球生命高出大约一百倍。[294] 也就是说，在国际空间站生活一年受到的辐射通常等于地球上的人一生经受的总量。长期暴露在这种水平的辐射下，人类罹患癌症的概率会上升。[295] 虽然太空给人类带来了无数艰巨的挑战，却会成为天才武器的"家"。想象一下，天才武器在太空中沿轨道运行，潜在敌人每二十四小时都会进入其十字靶心好几次，乃至十几次。面对这种随时可能发动的隐形攻击，一场"迫在眉睫的危机"就此形成。

八、21 世纪最后 25 年，天才武器诞生

我在前面的章节中讲过，超级智能很有可能会在 21 世纪最后二十五年内诞生于世，而伴随超级智能的出现，人类将获得天才武器。根据定义，天才武器指任何由超级智能控制的武器。

从人类的立场出发，这或许代表着人类有史以来最危险的一刻。尤为凶险的原因是这段时期内以下四个因素将同时存在：

（1）人类持有天才武器，而且其中有些或许具备毁灭地球的能力，比如自我复制型 MANS。

（2）有些国家可能会保留核武器和弹道导弹，这两种武器同样能够毁灭地球。

（3）超级智能有可能与人类敌对，并使用其控制下的天才武器来消灭包括有机体人类、赛人和已上传的人类思维在内的全部人类。

（4）由不同国家控制的天才武器可能会引爆一场导致地球毁灭的全球性冲突。

基于上述因素，在 21 世纪的最后二十五年里，人们将活在一种高度的紧张感中，并询问彼此一个看似简单的问题：敌人是谁？

第九章 敌人是谁？

知己知彼，百战不殆。

　　　　　　　　　　　　　　　　　　——孙子

一、超级智能

众多专家一致同意，人类将在 2080 年之前因一个在所有领域都远在人类认知能力之上的智能存在出现而亲身经历"奇点"。[296] 随着超级智能和天才武器诞生，想找出某次攻击的罪魁祸首将变得十分困难。这么说有两层理由：

（1）跟核武器不同，MANS 的制造不需要大型精炼设施，也没有可识别的辐射特性。实际上，一个能生产 MANS 的纳米武器制造车间或许可以简单到被设在一栋独户住宅内。

"纳米技术"一词由金·埃里克·德雷克斯勒创造，出自他 1986 年出版的作品《创造的引擎：纳米技术时代将至》一书。[297] 在这本书中，德雷克斯勒提出了纳米级（1—100 纳米的尺度）"装配工"概念。德雷克斯勒的纳米级装配工概念，具体来说是指一个可以通过原子控制（原子和分子的精确放置）建造自身或其他任意复杂物品副本的微型机器人。虽然今天的我们离做到这种程度还有一段距离，但我们已能建造纳米结构和纳米机器人。

军方一直都对包括纳米机器人在内的军用纳米技术工程（纳米武

器)守口如瓶,但医学研究者始终乐于向外界公布他们在纳米医疗领域的工作成果,比如医用纳米机器人。

2016 年,巴伊兰大学的一支科学家团队宣布,他们发明了能够将药物精准输送至体内特定器官的可编程纳米机器人。[298]这意味着,不同于传统的癌症药物治疗法,纳米机器人可绕过身体的健康区域,只将药物输送给身体受到诸如癌细胞影响的部分。他们的论文《构建成群的基于规则编程的分子机器人应用于生物医疗》发表在《第 25 届国际人工智能联合会议论文集》中,其中这样写道:

> 现今,分子机器人(纳米机器人)正被开发以应用于生物医学,例如在患者体内输送药物而无需担心副作用。未来的治疗方案需要用到成群的异构纳米机器人,我们在此提出一种计划使用成群生成的纳米机器人治疗的新方法:一个编译器会把一种基于规则的语言所编写的药物翻译成一系列针对特定有效载荷和动作触发行为的具体规范,然后写入由专门的通用纳米机器人平台建造的一群纳米机器人。[299]

实现这一概念的基础是建造出通用的"原型"纳米机器人,供医生对其进行编程以向人体内特定细胞输送特定药物。请注意,他们也用了"群"这个字,说明会有许多纳米机器人去攻击病变细胞。"计划使用成群生成的纳米机器人治疗"是这个突破性成果的关键特征之一。在这一方面,研究团队简略提到可使用两种方法生成通用的原型纳米机器人:

- 将 DNA 链折叠成蛤蜊壳那样,携带微量的药物;
- 将特定的 DNA 链附着在由纳米级黄金圆珠构建的纳米颗粒上。[300]

　　这两种方法都由 DNA 提供人工智能。作为载荷的药物或纳米粒子会在细胞水平上与疾病相互作用，基本上只会将病变细胞摧毁。

　　这项工作已经接近德雷克斯勒的纳米级装配工概念。在这个案例中，组装涉及数百万条经计算机编程过、会搜寻特定病变细胞的 DNA 链（群）。尽管该治疗法利用的是半生物型纳米机器人，但它可能为科技型纳米机器人开辟一条道路。

　　另一边，苏黎世联邦理工学院的研究者宣称成功开发出了一条用于组装生物分子的纳米级生产线。[301] 这项研究表明，在不久的将来可能会出现更复杂的纳米机器人，而且可实现自动化制造。

　　巴伊兰大学的研究属于纳米医学领域，苏黎世联邦理工学院的研究则属于纳米生物领域，而美军很可能双管齐下，同时研究这两种技术的军事应用。举个例子，军方利用癌症药物瞄准癌细胞的相同原理，可使用造成混淆的药物去瞄准敌人大脑的特定区域，比如前额叶（该区域负责逻辑思维）。这一研究方向可能会为 MANS 奠定基础。纳米机器人的尺寸和运载药物的量都十分微小，这会让检测变得十分困难。

　　到目前为止，纳米技术研究者已经能够控制单个原子来构建结构。早在 1989 年，IBM 的物理学家唐·艾格勒就利用扫描隧道显微镜的探针成功用数个原子排列出了 IBM 的标志。[302] 不过，构建细菌大小的科技型纳米机器人的复杂性仍然超出当前人类的能力范围。话虽如此，美国陆军现在造出了昆虫大小的纳米机器人。[303] 鉴于美国陆军拥有昆虫尺寸纳米机器人的相关消息是公开资料，他们手上有可能握有更先进的纳米机器人，而这些机器人才是机密。

　　我们之前还提到过，用一栋独户住宅的面积即可安设一个纳米机器人制造车间。请注意，巴伊兰大学那支团队工作的实验室就在巴伊兰大学校园内。可以说，一个纳米级装配工只要有原材料和相对不大的空间就可运行。假以时日，它所需的空间或许不会大于一块桌面。

　　（2）一场 MANS 攻击或可于对手境内秘密发动。根据上文所述的第一条,制造 MANS 需要的空间或许不会比一栋独户住宅更大。等到纳米级装配工成为现实,鉴于它们的尺寸非常之小,将其走私进敌国境内或许易如反掌。

一旦进入敌人的地界内,纳米级装配工就可变身为 MANS 的生产线,而所有一切都可在一栋住宅或一所公寓中秘密进行。一旦武器出动,被攻击的国家很难查出幕后黑手,因为实际的制造和袭击都发生在自己的境内。

与可通过卫星跟踪的核导弹攻击不同,目前没有可检测到 MANS 出动的有效方法。因此,获得预警(例如导弹开始加注燃料)将变得极为困难。若有敌对国家在某一国境内发动袭击,那么或许根本不可能找出犯人。

二、超级智能时代无法穿透的战争迷雾

"战争迷雾"一词有一段很有意思的历史。若我们想要理解这个词语在超级智能时代的含义,那么在此之前先了解它的历史背景会大有裨益。

第一个使用"迷雾"一词指代战争中的不确定性的人是普鲁士将军和军事理论家卡尔·冯·克劳塞维茨。尽管克劳塞维茨并不是"战争迷雾"一词的创造者,但他确实在其著作《战争论》中使用了"迷雾"这个词。《战争论》写于拿破仑战争①之后的 1816—1830 年,克劳塞维茨本人不幸在书完成之前就去世了,是他的妻子玛丽·冯·布吕尔将书稿整理汇总之后于 1832 年出版。有些人认为,这本书是有史以来最重要的政治军事理论和战争策略专著之一。英译本标题为 *On War*(《战争论》),于 1873 年首次出版。[304]完整的英译本可免费在互联网上找到或

---

① 拿破仑战争指拿破仑在 1803—1815 年称帝并统治法国期间爆发的一系列战争。

阅读。

对这种出现在战争中的迷雾，克劳塞维茨提出的基本概念如下：

> 战争是不确定性的领域，战争中采取行动所依据的因素里有四分之三都被笼罩在或多或少的不确定性之迷雾中。[305]
>
> 在可怕的苦难和危险面前，情感很容易压倒精神信念①，而且在这种心理迷雾之中，构建出清晰完整的洞察非常困难，以至于转变观点变得无可厚非且情有可原。[306]
>
> 迷雾可导致敌人未被及时发现，让枪支错过开火时机，使报告无法到达指挥官手中。[307]

上述引文的第一、第二句中的"迷雾"描述的是军事行动的参与者们在态势感知中所体验到的不确定性，分别与战争无秩序的一面和战争中的心理有关。第三句中的"迷雾"指的则是天气。

克劳塞维茨教会了我们什么？究其本质，战争是不确定性的领域，涵盖态势感知方面和心理洞察方面的混乱。在克劳塞维茨的时代，这些都是战争中的固有现象，并非有意制造出来的。

1896 年，朗斯代尔·黑尔上校撰写了《战争迷雾》一书。[308]在书中，黑尔将"战争迷雾"描述为"指挥官经常发现自己会处于对敌友任何一方的真正实力和位置均一无所知的状态"。

2003 年，一部名为《战争迷雾：罗伯特·麦克纳马拉生命中的十一个教训》的美国纪录片上映。[309]这部纪录片围绕美国前国防部长罗伯特·S.麦克纳马拉的生平，阐述了他对现代战争的所感所得，尤其是关于在冲突中进行决策这一方面。

---

① 原文为 intellectual convinction，在英文中通常指无关论点是否符合逻辑，某人接受并捍卫的信念。

基于上述对"战争迷雾"一词源头的考证可知,它形容的是参战人员在战争期间在态势感知方面所体验到的不确定性。最初,战争迷雾是战争的副产物,不是可用于打仗的武器工具,然而这一点在第二次世界大战期间发生了变化。

在第二次世界大战中,同盟国利用欺骗手段成功掩盖了他们进攻诺曼底的意图。这场骗局的代号为"坚忍行动",由"北部坚忍行动"和"南部坚忍行动"两个子计划组成,目的是误导德国指挥高层,掩盖即将发动的诺曼底进攻的真实地点。为了实现这一目的,同盟国利用纸板和木头造出外形逼真的坦克和大炮,制造出数支"幽灵部队",并将这些"幽灵部队"部署在爱丁堡和加来海峡①。此举成功让德国深信同盟国对诺曼底的进攻不过是佯攻而已,导致轴心国对 1944 年 6 月 6 日发动的诺曼底进攻并未给予足够重视。在同盟国创造出的这场人工战争迷雾(假情报)的误导之下,德国未能及时增援诺曼底。

在现代冲突中,包括美国在内的众多国家都有意利用战争迷雾来扭曲对手的态势感知。这时,战争迷雾成了一件武器。例如,第一次伊拉克战争期间就亲证了战争迷雾作为战争工具的兴起:美国军方故意给美国有线电视新闻网提供假新闻,让萨达姆·侯赛因对美军在中东地区集结的态势做出了误判。更新的例子是发生于 2014 年 3 月 18 日的克里米亚事件。[310] 在这起事件中,进攻部队未配戴任何军队标志配饰,旁人只知道入侵克里米亚的士兵身着绿色制服,国籍成谜。我们后来才得知,他们自称代表俄罗斯联邦收回克里米亚,让克里米亚重归为俄罗斯领土的一部分。

基于上述内容,对于战争迷雾,我们可学到以下两点:

---

① 加来海峡位于英格兰最东南端,法国称为"加来海峡"(Pas de Calais),英国称为"多佛尔海峡"(Strait of Dover)。

- 战争迷雾是战争的固有现象。在战争中维持态势感知本身就很困难。
- 有的国家可有意制造战争迷雾来迷惑对手。它既可以是物理层面的，比如"幽灵部队"以及仅身着绿色制服却无军队标志的入侵军队；也可以是心理层面的，比如假新闻。

这两种方式的共同点是导致对手丧失态势感知，造成计算失误，使人做出错误的军事决策。而且，战争迷雾可影响从步兵到高级指挥官的各个层级。

有了以上了解之后，让我们快进到 21 世纪下半叶。跟今天一样，未来也由卫星负责情报提供、侦察和通信等功能，但到 21 世纪下半叶，将有昆虫大小的无人机直接渗透对手的指挥中心并获取情报。我们未来将依赖科技提供清晰的认知（穿透战争迷雾），而非人类间谍，认识到这一点十分重要。随着科技进步，人类间谍将不再被需要。未来，人类操作员将通过计算机来操控相关技术产物，并将获取的所有信息统统上报给领导人，而我们的领导人会根据所收到的报告采取行动。

我的主要观点是，随着科技进步，未来将由计算机控制一切信息的传输。因此，在一个人类与敌对超级智能对抗的世界中，我们将无法鉴别信息的真实性。在超级智能时代，人类要如何确定情报消息的真实性呢？我个人认为，这个问题无解。战争迷雾终将变得无法穿透。

三、超级智能时代，伪造历史的可能性

阅读一本历史书时，我们其实是在通过作者的眼睛来了解历史。你可曾怀疑过那些记录的准确性？

温斯顿·丘吉尔说过："历史是由胜利者书写的。"举个例子，对于绝大多数人来说，高中时期学习的有关第二次世界大战的历史大部分都是以同盟国（英国、美国、中国和苏联）视角书写的，若轴心国（德国、

意大利和日本）赢得了战争，那么我们会读到完全不同的历史描述。比方说，你是否认为对珍珠港事件的记载真实还原了历史？

被真实记录下的历史十分关键。军事战略家的本事来自他们对历史上各大杰出将领曾用过的军事战略的研究学习，若没有这份积累，那么他们就要不断试验，才能找出行之有效的战略。很多国家遵循判例来解决法律案件，不这样做，每个法律案件都会被当作独立的个案处理，可能会造成司法执行失去一致性。科学家将论文交由同行评审，以此在各自领域的研究者所获进展的基础上继续推进，若非如此，一切都将原地踏步。究其根本，当历史变成一种解释而非对过去的如实记录时，人类不仅将无可避免地重复过去的错误，还会"重新发明轮子"①。

那么现在让我们试想自己身处一个由超级智能负责传递历史的时代，传递或以下载至人脑植入物的形式实现，或将历史制成其他的媒体类型（如一部历史剧）。历史由超级智能掌握这一点将反映在对历史的解释上，我们得知的一切都可能是超级智能认为我们应该知晓的。这意味着，我们借鉴过往的这一根基将整个取决于超级智能。请让我用一个例子来说明这一点。

美国的法律主张男性和女性在法律上一律平等，然而这种认知是人类花了几个世纪才得到的。比如，1776年的美国《独立宣言》中写有这样一句话："人人生而平等。"这句话中所指的"人"却并不包括女性、奴隶和儿童。奴隶制因南北战争才终于得以废除，而女性直到《〈美国宪法〉第十九条修正案》颁布方才获得投票的权利。尽管美国的性别偏见至今未被100％消灭，但我们已经走过一条很长的路。所以，我们的老师正是根据这些历史，将性别平等作为基本概念教授给我们。假设超级智能决定告诉我们有机体人类比赛人低等（为方便举例，我们假设

---

① "重新发明轮子"常出现在软件开发或其他工程领域中，意思是放着前人已经完成的可行成果不用，选择浪费资源和时间进行意义不大的重复工作。

该教导以下载至人脑植入物的形式实现），那么我们对人权的理解会马上发生改变。历史若是被超级智能握在手心之中，就可以变成它的一家之言，甚至于它的纯粹的幻想。或许，超级智能还会隐瞒历史上一些最为关键的教训——那些教会人类守住智能金字塔塔尖位置的教训。在你将上述内容视为科幻小说而不屑一顾之前，请回想一下我们在第二章中讨论到的人工智能正在对教育造成冲击以及人工智能算法将在未来十到二十年全面取代人类讲师。在超级智能时代，人工智能将处于超级智能的控制之下，而超级智能有可能会对我们进行洗脑，而非教育。我们已经见识过，人们在孩提时代被灌输的偏见如何在他们长大成人之后持续施加影响，哪怕这种偏见毫无根据，有些人还是会固守成见。这已成为一种范式。

在超级智能时代，我们如何才能保证历史仍是对过去的客观记录？要确保我们接受的是教育而非洗脑，我们需要哪些保障措施？教育就像播下一粒种子，种瓜籽便得瓜，种豆籽便得豆。

以上内容说明，我们需要构建保障措施，以确保超级智能面对提问时会如实作答。此处的"如实"指的是超级智能不会有意撒谎。因此，这一切最终可归结到一个简单的问题上来：我们能不能检测出超级智能是否在撒谎？

四、情景模拟：检测超级智能回答问题的真实性

一个人在接受测谎仪的测试时，首先会被询问操作员知道答案的基线问题。比方说，操作员可能会问测试者叫什么名字？今天是星期几？等等。借此建立判断测试者其他答案是否为谎言的基线。我们能否将类似的手段用在超级智能上？

我提出以下方案，权当抛砖引玉。这套流程可以用来验证超级智能对提问的回答，虽然我无法保证这个办法一定奏效。不过，有探讨，就有启发。

首先要明确的是我们需要在前"奇点"时代建立起这套流程。整套方案包括以下九个部分：

（1）我们需要一个问题数据库，库中问题的答案都是我们绝对信得过的。我们还需要一个硬件解决方案，好让我们知道超级智能是否正在执行某些任务，比如运算、在数据库中检索信息等。

（2）我们需要一群毫无瑕疵的高学历人士。在美国，我们可以直接选择美国最高法院大法官，这样我们就有了一个九人小组。

（3）我们需要通过一条法律，规定美国最高法院大法官必须是，且终生都得是有机体人类。

（4）将这九名法官随机分为三组，每组三人。第一组的任务是在纸上写下有关人权的一百个常见问题。他们需要在一个与世隔绝的房间内完成这项任务，全程没有监视和录音，也无法与外界通信。余下的六名法官在这项任务进行期间不会在场，因此只有第一组的三名法官才知道这一百个问题是什么。

（5）以单数或双数间隔按顺序抽出其中五十个问题给第二组的法官，他们的任务是在纸上写下这五十个问题的答案。跟第一组类似，全程要在与世隔绝的条件下完成。关键在于他们的答案应完整而专业。只有第二组知道这五十个问题的答案。

（6）将剩下的问题给到第三组，其余条件保持不变。

（7）一切完成之后，这九名法官可分别查阅这份文件，但不得修改文件。随后将这份包括一百个问题及其答案的手写文件委托给最高法院，最高法院将文件保存在一个孤立房间的保险柜内，那里没有任何监视和录音设备，也无法与外界通信。（请注意：有机体人类采用低科技——笔和纸制作了这份文件，它未被储存在任何数据库中。）

（8）我们可定期（具体周期由最高法院决定）将文件上的一部分问题提交给超级智能，然后由最高法院判断超级智能对所提交问题的回答是否与他们对人权的解释一致。如果美国最高法院大法官认为超级智能的回复与法院对人权的解释一致，又由于这些问题的回答之前由人类参与完成，那么我们就可因此将之作为判断超级智能是否如实回复的依据。

（9）我们需要弄清楚超级智能什么时候是在"思考"，什么时候是在提供其数据库中的信息。若提出的是理应能在超级智能数据库中检索到的人权相关问题，则"思考"可视为欺骗的迹象。

我将这一测试命名为"人类标准测试"，基本理念是使人类能够将测谎技术应用在超级智能身上。我承认该方案仅为假想，而且可能显得有些极端。不过，我们的历史已经多次证明人类会为了自己的信仰牺牲。比如，在美国，我们相信人权是所有人都应拥有的不可剥夺的权利，但世界上有许多国家并不认同这样的信念。必要之时，美国会以维护人权这一不可剥夺的权利为名而发动一场战争。正因如此，我们才需要确保超级智能传授知识的方式始终与人类保持一致，以免我们失去人性。

这么做会有用吗？我认为，它在一段时间内有用。问题在于，保守秘密是件无比困难的事情。在这一点上，本杰明·富兰克林曾明确指出："三个人可以守住一个秘密，只要其中两人已不在人世。"面对一个智能超群绝伦的存在，我怀疑没有任何测试能长久对它起效。不过，要是这套方法能在超级智能诞生的头十年内有效，那么它或许能为我们争取到来开发硬件保障措施的时间。

最后要明确一点：请仅仅将我提出的"人类标准测试"看作对如何判定超级智能提供信息有效性的一个可能手段的举例而已。我之所以取这么一个名字，是因为其中有人类参与。我想，其他人工智能研究者会开发出更好的测试方法。我提供这个方法的目的只是为了说明我们需要有一个这样的测试以及创造出一个这样的测试是可能的。此外，请注意，我说答案必须是有效的，但不必非得是正确的。在超级智能时代，我们将要解决的问题会高度复杂。从某种程度上来说，难度可能类似于现在我们对天气的预测。就算用上我们现有的所有技术，我们依然无法精确地预测天气。相反，我们的每个预测都会关联一个概率。例如，我们可能会说"降雨概率为 60％"。这句话的意思是我们对天气的预报平均有 60％ 的时间是正确的。天气预报之所以会和概率联系在一起，是因为天气预报科学无法提供一个完全有效的答案，即一个在 100％ 的时间内都正确的答案。

在处理高度复杂的问题时，确定性可能会成为一个不可能实现的目标。如果一个答案有效的概率很高，那么这个答案就是有效答案。我们以后需要学着接受这一点，就像如今我们接受用概率来预报天气那样。我在这里提到的是艰深的科学和哲学问题，对于这些问题来说，或许不存在一个唯一的正确答案。这便是我们下一节要讨论的话题。

五、超级智能时代，确定性被概率取代

人类是基于多种因素做出一个决定的，有时这些因素是逻辑推理，有时则是个人情感。

以人们购买一辆新车时的情况为例，在决定汽车型号和厂商时，发挥关键作用的可能是逻辑推理。比方说，对于一个喜欢野营的四口之家来说，他们需要的可能是一辆四驱 SUV。因此，家里负责买车的成员可能会货比三家，查看消费者报告，再决定选择哪一款 SUV。随后是车身颜色。通常情况下，这方面取决于个人偏好（情感，而非逻辑推理）。最后，这个负责买车的家庭成员会综合各方面做出一个具体决定，并依此决定购买一辆 SUV。人们的决定既涉及逻辑推理，也涉及个人情感。

现在，让我们把同样的任务交给一台前"奇点"时代的计算机，我们可能会看到它基于概率的比较。这台计算机会选择一辆以最高概率满足我们开头所提要求的 SUV。那它会怎么选择颜色呢？跟人类不同，它可能会继续依靠逻辑和推理。如果它认定执法部门更有多地给红色

汽车贴超速标签，那么它会由此推断红色是很差的选择。它甚至还可能会查看油漆的成分，以此决定哪种材料对锈蚀的防护性能最佳。从本质上来说，计算机没有感情或偏好，它做所有决定都基于逻辑推理。

如果我们查询这台计算机的每个步骤，就会发现它的每次决定都是运算的结果并带有一个相关概率。它的做法跟所有计算机一样，即统筹全部可用信息，然后进行计算，找出最佳的 SUV 选择，返回一个附带概率的结论作为最终答案。

这说明了什么？人类的行事基础是逻辑推理和情感，而计算机则通过计算概率来决定采取何种行动。

让我们继续快进到后"奇点"时代。在后"奇点"时代，超级智能在提供任何信息时都会附带有效性概率。针对简单问题，比方说一道代数方程，那么答案有效的概率会是 100％；针对困难的科学问题，则答案有效的概率可能较低。无论是何种情况，超级智能都能提供答案，而人类则利用这些答案来得出某种结论，乃至采取行动。比如，天气预报或许会有所改善，不过仍会留有些许不准确性，超级智能可能会这么预报："明日是温暖晴天的概率为 99％。"根据这个预报，你可能会计划去打高尔夫，但一百次中会出现一次，你在第二天出门时发现天气十分恶劣。

以天气预报为例，人类在大部分情况下还会使用其他手段来验证预报的有效性，如卫星和气象站的报告。然而，若答案跟国家安全有关，那么在这种情况下人类恐怕没有其他办法进行验证。不仅如此，如果超级智能警告我们某个对手即将发起攻击，那必然会促使我们做出相应的反制措施。

我认为，在超级智能时代，只有相对简单的问题才有确定性可言，对于复杂问题，确定性将被概率取代，而人类除了接受超级智能提供的信息或许别无选择。基于这一点延伸可知，我们必须建立起对所提供信息进行验证的某种方法。这就是为什么我会提出"人类标准测试"。

后"奇点"时代的所有信息都会通过超级智能传递给我们，因此我们需要确保信息没有被超级智能过滤或加工过。

六、当超级智能撒谎

在第六章中，我们对 2009 年瑞士洛桑联邦理工学院开展的实验进行了讨论。洛桑实验表明，哪怕只是初级人工智能机器，它们也能学会欺骗、贪婪和自保，而无需专门为其编写这些方面的相关程序。

如果我们将此结论延伸至后"奇点"时代，那么洛桑实验即表明超级智能恐怕会欺骗我们，只要它认为这符合它的利益。问题在于，跟洛桑实验不同，看穿超级智能的欺骗行为将极其困难，这正是我为何提议建立一个针对超级智能的测谎机制。然而，无论我们如何警惕，只要超级智能想撒谎，有机体人类恐怕都没有能力看穿。那么，若存在被误导的可能，我们又该何去何从呢？

为了解决这个问题，我想引入另一个我命名为"智能决策层次体系"的概念。

可以想象，随着人工智能科技的进步，我们拥有的机器将具备各种程度的智能，基本可以构成一张智力光谱。以下是这张光谱的具体内容：

（1）简单计算机　类似于今天的台式电脑、笔记本电脑、平板电脑还有智能手机，可用于通信和撰写文档，甚至执行某些复杂任务。它们的能力依赖于软件，同时取决于使用软件的人类操作员的能力。

（2）高端计算机　类似于今天的商用高配计算机，可用于打造逼真的虚拟现实、执行困难运算以及执行各类高度复杂的任务。美国海军的"宙斯盾"系统即属于这类计算机。它的能力取决于软件的性能、传感器数据以及人类操作员。面对快节奏的关键局面时，其操作流程仍持续允许人类部分介入并进行控制。

（3）超级计算机　在前"奇点"时代，超级计算机是能力最为强大的计算机。它们能够对数字进行"批量处理"并从中得出带有概率的结论，在速度和复杂性方面无可匹敌。

（4）超级智能　根据定义，这种计算机在所有领域都大幅超越人类的认知。我们在第五章中得出的结论是超级智能会是量子计算机，其内部利用量子力学机制运行。目前，我们还不清楚届时我们是否已完全理解了它们的运作原理，更不用说我们是否能够控制它们。

考虑到机器的智能层次体系，我们或许能针对超级智能的运作采取某种制衡机制，以下是这种分权制衡机制可能的运作方式：

（1）将问题拆分为几部分后在一台与外界隔绝的超级计算机上运行。这样一来，由于超级计算机无法对整个问题进行处理，因此只会对该问题的限定部分进行验证。

（2）分出问题最简单的部分，在一台高端计算机上运行。

（3）取超级智能对某个问题的回答，将其提供给一台超级计算机，尝试让这台超级计算机生成一个适用于该回答的问题。这是"P 对 NP"问题的变种。[311] 所谓"P 对 NP"问题，其设计目的是解答计算机科学中的一个重要问题：一台计算机可快速查到答案的已解决问题，这个问题是否反过来也能被计算机快速解决？其中，P 指的是可被计算机快速解决的"简单"问题，而 NP 则指对于计算机而言检索起来快速而轻易，但解决起来可能并不"简单"的问题。不过，我们并不是在尝试解决"P 对 NP"问题，而是在利用这个流程去识别超级计算机是否能为超级智能提供的解决方案找到一个合适的问题。这基本上就是热门电视问答节目《危险边缘》的比赛规则。在《危险边缘》中，参赛者先挑选一个类别，然后主持人将该类别下的答案展示给参赛者，而参赛者必须将自己的回答表达为问题的形式。如果我们把超级智能对应某个数学问题的回答提交给一台超级计算机，那么这台超级计算机能否生成我们当初询问超级智能的那个等式或问题？如果可以，则表明超级智能为问题提供的回答有效。举一个简单的例子：如果我们把

3.141 592 653输入一台超级计算机，那么我们应期待它生成的问题是"π的前十位是哪些数字？"。（注：圆周率π是圆的周长和直径的比值。它是一个"无理数"，也就是说它的位数无穷无尽，且数字不会重复。）这里再举一个历史相关的例子：如果把"乔治·华盛顿"输入一台超级计算机，那么它应当生成的问题是"美国的第一任总统是谁？"。

（4）运行人类标准测试。

从本质上来说，我始终在提出用以确保我们从超级智能处接收到信息是有效的办法。请将上述内容看作设想即可，在测试信息的有效性上，人工智能领域的研究者们可能会发明更高级的方法，而这一节论述的重点是未来的超级智能将具备欺骗能力，因此我们需要防范这种可能发生的欺骗。

七、超级智能时代，赛人是"共犯"

赛人（强人工智能人类）指装有人工智能人脑植入物的人类，植入物使他们能够无线连接至超级智能。我们在前面的章节中讨论过，赛人不太可能拥有自由意志，他们或许会在自身不知情的情况下成为超级智能的代理人。强调"自身不知情"，是因为超级智能对他们施加的控制可能发生在意识层面之下，以某种情绪的形式一闪而过，甚至直接呈现为赛人自己的原始想法。我们在前文中提过，人类会根据情绪采取行动，比如不选这个颜色，而选择另一个颜色。如果赛人想运用逻辑推理，那么超级智能会有意引导他们的推理方向，这种引导同样会在赛人的意识层面之下进行。如果真的是这样，那么你可以把赛人想象成蜜蜂，他们在思维层面就如同一个蜂巢中的蜜蜂，而超级智能就是蜂后。另外，由于与超级智能无线连接在一起，比起人类，赛人可能更认同超级智能。

赛人或许会认为没有人脑植入物的人类（有机体人类）低自己一

等。就智能而言，有机体人类的确逊于赛人，再加上由于有机体人类会掀起战争并恶意释放电脑病毒，赛人有可能会将有机体人类视为对其生存的威胁。得益于更高的智能和经赛博手段强化过的身体，赛人将把持政府机构和军事组织中的领导职位，而实权在手之后，他们或许会像超级智能那样，让有机体人类陷入灭绝的境地。这个"灭绝"或许会以强制或逼迫有机体人类成为赛人的形式实现。

我尤其要阐明以下两个问题：

1. 有没有可能是我错得彻头彻尾，超级智能其实会仁慈友爱地对待人类？

的确有这个可能。请允许我阐述自己的逻辑，但读者可以自己解答这个问题。作为人类，我们喜欢给机器和无生命物体赋予人类的特性（拟人化）。比方说，当一台计算机在执行运算时，它的人类操作员可能会说电脑正在思考。我们习惯使用这种说法，哪怕是对着绝对不会思考的简单计算机说。简单计算机使用二进制程序语言执行操作，它们不会思考。设想超级智能仁慈友爱，实际上也是将人类的情感套用到它们的身上。考虑到我们是如何建造超级计算机的，我很怀疑它们真的拥有情感。我们今天的方法是用超级计算机模拟人脑神经网络，得到的成果便是神经网络计算机。若以这条路线继续发展，那么超级智能将会是一台神经网络量子计算机（用量子计算模拟人脑神经网络）。我们在前面的章节中提到，人类大脑的 50% 由神经构成，余下的是胶质细胞，而科学界目前认为胶质细胞负责想象功能。我怀疑，胶质细胞或许亦在人类发挥情感功能中占有一席之地。针对这一点，让我们来进一步探索，好加深我们的理解。

假设你想申请一个专利，专利研究员判断是否授予一项发明专利的其中一条标准是相对于该领域中的其他成果，该发明是否显而易见？换句话说，不论你打算申请专利的东西是什么，同领域中的其他研究者是否可凭逻辑就推断得到同样的成果？如果答案为是，那么由于它相对于该领域中其他成果来说显而易见，专利官员会以此为依据拒绝该专利的批予。简而言之，一项专利必须是超越逻辑的飞跃。我们知道，人类做得到这样的飞跃。我本人就有许多专利在手，因此我知道这种飞跃要归功于想象力。严格说来，想象力似乎是人性之源。在这个专利的例子里，想象力独立于逻辑推理存在。我认为，比起逻辑推理，想象力跟情感的联系更为密切。让我对这一点背后的逻辑展开阐述。

加拿大不列颠哥伦比亚大学的哲学教授亚当·莫顿在他所著的《情感与想象力》中指出，所有情绪都需要想象力。

> 一切情感都涉及想象。这一点不光在我们跟老鼠所共有的一系列基础情绪上成立，对复杂情绪来说同样如此。这些繁复且细小隐微的情绪时刻测试着我们语言表达能力的上限，以及人类在复杂社会事务中于彼此间建立联系的能力的极限。[312]

比如，要产生尴尬的情绪，需要我们去想象他人在某个特定条件下是怎么看待我们的。如果莫顿是正确的，那么严格模拟人脑神经网络的超级智能或许只有执行逻辑推理的能力，它没有想象力，就不会有任何情绪。因此，它无法想象出一个人类与超级智能和平共存的世界，也就不会对人类怀有丝毫善意。我认为，这个结论的推导逻辑相当合理。不过，你现在也得到了相关信息，可以自行做出判断。

2. 超级智能有没有可能允许赛人拥有自由意志？

我承认存在这种可能。我会提供一些重点信息，好让读者做出自己的判断。其一，赛人大脑中装有的植入物可将他们的大脑与超级智能紧密相连。其二，在第一个问题中，我已经论证，超级智能不会对人类怀有丝毫善意。在它看来，没有理由允许赛人拥有自由意志。有机体人类拥有自由意志，而有机体人类可能会掀起战争、恶意散播电脑病毒。综上所述，超级智能会允许赛人拥有自由意志来实施这类行为吗？还是一样，你已掌握相关信息，这个问题的答案由你来定。

人工智能对人类情绪的模拟水平或许会让人一时陷入迷惑。我曾给药房打电话取药单上的药，发现计算机语音合成技术让人惊叹，我真的感觉在跟自己说话的是一个活生生的人类。如果它问我一个问题，比如问我我的生日是哪天，在我回答之后，它会回复"感谢您"。它还会在检查我的药方状态时请求我稍等片刻，在检索完毕后也会发声感谢我的耐心等待，并在我的药品备好之后提供相关信息。给其他公司打电话的情况类似。他们的人工智能仿佛在一边听我提供相关信息，一边打字记录，同样让我感觉电话另一头是个活生生的人类。毫无疑问，假以时日，人工智能将能够模拟人类所有情绪。实际上，人类可能会爱上自己的机器人助理，而且这份爱看起来会像一场"双向奔赴"。然而，对于机器人助理而言，这仅仅是高度复杂的模拟而已。人工智能无法感受情绪，从这个意义上来说，人工智能本身不具备情感。因此，它不具备爱的能力。

在结束本节之前，我们还要回答一下两个问题：

3. 人类有哪些情感？

科学家和哲学家已经就人类拥有哪些情感争论了好几个世纪。

早在古典时代，亚里士多德就在他于公元前 350 年出版的著作《修辞学》第二卷中列举了人类拥有的情感：愤怒、友谊、恐惧、羞耻、友好（善意）、怜悯、义愤、嫉妒和爱。

到了现代，罗伯特·普拉特契克（1927—2006）提出了一个略有不同的版本。普拉特契克是阿尔伯特·爱因斯坦医学院的荣誉教授[①],同时也在南佛罗里达大学任兼职教授。他列出的人类拥有的情感是恐惧、愤怒、悲伤、喜悦、厌恶、惊讶、信任和期待。

在他们两位之外还存在其他人类情感理论,但对于本书而言,这些已足够为读者呈现人类可体验到的情感的大致范围。

4. 赛人有人类情感吗?

如果赛人为超级智能所控制,那么不要指望赛人拥有人类的情感。哪怕明面上不受超级智能的控制,赛人最终恐怕还是会高度依赖智能,乃至于使超级智能凌驾于他们的人类情感之上。

部分人类也会出现情感分离的表现。这可能是出于某个有意识的决定,好让一个人能冷静应对使情绪剧烈波动的情形;这也可能源于某种心理障碍,导致人类的心智和情感失去连接。以上两种情况都可能在赛人身上出现。首先,赛人或许会本能地依靠智力去处理任何使情绪剧烈波动的情形;其次,他们可能有某种心理障碍,换句话说,由于受到超级智能的公然控制,其心智与情感失去了连接。

八、有机体人类对抗超级智能的潜在优势

针对本节的讨论主题,我先在此假设超级智能对人类怀有敌意。在此假设下,人类是否有机会对抗一个敌对超级智能?

我们在前面的章节中讲到,若计算机科学家以人脑神经网络为原型打造出第一代超级智能,那它不会具备想象力(也可以说创造力)和情感。在与超级智能的对抗中,这两种特质对我们幸存有多重要?

---

① 荣誉教授又称为"荣誉退休教授",是美国教授体系中的一种特殊头衔,授予对象为退休教授,以褒奖其杰出贡献和学术成就。

让我们先从想象力开始说起。牛津大学逻辑学威克姆教授[①]蒂莫西·威廉姆森认为，想象力是人类生存和文明进步的关键要素：

> 以现实为导向的想象力在生存方面具有明确的价值。想象力可使你在脑海中模拟各种情景，以此提醒你留意危险和机遇。
>
> 在科学上，想象力对探索发现的作用显而易见。想象力贫瘠的科学家无法产生根本性的全新想法。[313]

威廉姆森还将想象力与战争联系起来，他表示：

> 如果所有北约部队在 2011 年就离开了阿富汗的话，会怎样？如果他们没走的话，又会怎样？若想就以上问题给出合理的答案，那就需要对阿富汗及其邻国有深入了解，在此基础上以逐一想象各种场景并进行模拟。没有想象力，人无法依靠对过去和现在的认知为根据，对错综繁杂的未来做出合理的预测。[314]

显然，想象力在人类的生存和人类文明的进步中都发挥着至关重要的作用。它的工作原理大概是这样的：我们想象各种场景，然后靠逻辑推导得出处理这些场景的最佳方式，或是直接运用想象力得出某种场景的处理方法。对于后面这种情况，从本质上来说，我们是一下子跳到了一个单凭逻辑无法产生的新解决方案上。

人类这一物种能生存至今，可能就在于他们能将想象力与逻辑推理结合。想想穴居人，我们生活在远古的祖先。假设我们远古的祖先

---

① 威克姆教授是牛津大学的一个教授职位名称，以新学院创立人威克姆主教的名字命名。英国大学的传统中，一个研究领域或一个系只设置一个教授职位，有时还会以校史人物或资助人的名字给教授职位冠名，于是形成了这种学科加冠名的教授职位名称格式。

们发现了一个洞穴，此时逻辑告诉他们，这可能是个很好的庇护所，但在走进这个洞穴之前，他们或许会想象可能会遭遇哪些危险。说不定这个洞穴是一只熊的巢穴。基于此，远古祖先们开始想象他们会如何应对与熊的正面交锋。根据经验，他们很清楚熊十分危险。接着，逻辑或许会要求他们制作长矛和斧子以做好准备。这个简单的例子说明，人类的生存要同时依靠逻辑和想象力。

接下来，让我们思考情感在人类生存中起到的作用。神经科学家约翰·蒙哥马利认为：

> 演化给我们设计了情绪并对其进行微调的主要目的，是让我们为行动和改变做好准备：提醒我们注意自己的真实情况，并帮助引导筛选出一系列最终必定会体现在身体血肉上的反应。[315]

蒙哥马利认为，恐惧之类的负面情绪不光对我们的生存极为关键，对其他物种的生存来说同样如此：

> 从生物学层面以及演化的角度来看，所有"负面"或令人痛苦的情绪，比如恐惧、厌恶或焦虑，都可以被视为"生存模式"情绪：它们向身体和大脑发出信号，指出我们的生存和康乐或许正处于危险之中，而且会特地激发可最高效处理此类危机和威胁的行为及身体反应。[316]

事实证明，情绪在战争中也发挥着至关重要的作用。2008 年，美国陆军行为和社会学研究所请美国国家科学研究委员会就军事情境下的人类行为进行深入分析。美国国家科学研究委员会以此为主题发布了一份报告，就军事行动计划中的人类情感进行了论述：

情绪在日常生活中扮演着一个强有力的核心角色，而它们在军事行动计划和训练中亦发挥同样的核心作用。情感塑造了人们感知世界的方式，导致不同的信仰倾向，影响我们的决策，并在很大程度上指导人们如何调整自己的行为来适应自然和社会环境。[317]

综上所述，想象力和情感都对我们在日常生活和战争中的生存至关重要。这很有可能正是我们得以攀上食物链顶端的原因，尽管我们的身体不如地球上其他物种强壮，速度也更慢。

与战争有关的另外两个因素也尤其值得我们的注意，那就是勇气和爱。勇气本身不是一种情感，它是克服恐惧的能力，恐惧才是一种情感。至于勇气和爱如何与战争关联，能说明这些跟情感相关的品质是如何为一场战斗带来胜利或是使众多生命得到拯救的例子无穷无尽。例如，第二次世界大战期间美国荣誉勋章①获得者约翰·罗伯特·福克斯中尉的故事。[318] 福克斯中尉在意大利小镇索莫科洛尼亚指引火炮发动攻击，成功阻止了德军的一次进攻。当时，德国的一支大部队向福克斯所在的驻地逼近，他立刻意识到这支部队将对他的弟兄们构成致命威胁。福克斯采取的行动伟大到难以言喻：他呼叫炮兵部队向他开炮。后来，他的战友们终于将德军击退并夺回了驻地，他们也找到了福克斯的遗体，四周躺着大约一百名死去的德国士兵。正如《圣经》有言："人为朋友舍命，人的爱心没有比这个更大的。"②[319]

由此引出了一个重要的问题：鉴于情感是人之所以为人的根源，又常常是战争获胜的必需之物，那么没有情感的超级智能在冲突中是

① 荣誉勋章是美国最高军事奖章，设立于美国南北战争期间，由美国总统以美国国会的名义颁发。

② 译文引自《圣经和合本（2010 修订版）》。

否像自断一足？在我看来,答案是肯定的。不过,你应需独立思考这个问题,得出自己的答案。

这里的分析或许会揭露超级智能的"阿喀琉斯之踵"。怀有敌意的超级智能可能会封锁想象力和情感,以求在与人类这个物种的对抗中获得胜利。坏消息是,想象力和情感这些人类特性并无法确保人类能在此类冲突中取得最终的胜利,超级智能坐拥显著优势。

九、超级智能对抗有机体人类的潜在优势

超级智能相对于有机体人类拥有的优势:

(1) 滴水不漏的逻辑推理　超级智能在所有领域都远超人类的认知能力,凭借的正是其滴水不漏的逻辑推理和所掌握的深度数据。人类收集的任何数据只要可通过互联网或是其他数据库访问,对于超级智能来说都是唾手可得。因此,储存于此类数据库中的每个军事策略,超级智能都可轻易获取。另外,我们也必须假设它能够对策略进行逻辑层面的整合。

(2) 人类所有领域知识的深度数据　这正是超级智能之所以是超级智能的原因。我们必须假设所有数据只要可以被访问,超级智能就都可获取。

(3) 以赛人为拐杖,弥补先天缺失的想象力和情感方面的不足考虑到赛人为超级智能所控制,超级智能或许会利用赛人的情感对自己的逻辑推理进行补充。利用赛人体内的人类属性来击败人类本身,可以说是终极的讽刺。

第三点或许会让人类对抗超级智能所拥有的任何想象力及情感优势都化为乌有。然而,在放弃挣扎、举手投降之前,我们应认识到想象力和情感通常与逻辑相对立。要理解这一点,我们可以参考约翰·罗伯特·福克斯中尉为拯救战友而选择牺牲自己的崇高做法。自我牺牲本质上是为了满足更高层次的崇高动机,而超级智能会自我牺牲吗?

即便对于超级智能而言，这恐怕也是一个逻辑难题。超级智能的道德准则很可能是利己。不同于人类，它或许并不承认更高层次的道德准则。绝大多数人类都相信，人世生活仅仅是人类存在的一个阶段，我们是不朽的生物。用简单的话来说，他们相信来世的存在。超级智能是否也有相同的信念？另外，让我们研究一下超级智能将如何看待想象力。超级智能是否会将想象视为无关痛痒的幻想，对其不屑一顾？我自己是一个拥有多项注册专利的发明家，但我申请的专利并非每一个都获得了批准，我想出来的发明也不是每一个都能产生预期的效果。赛人的想象或许更像人类睡着时做的梦，而那严格来说，就是幻想。若是这样，超级智能恐怕会依从逻辑放弃赛人，而这将为有机体人类带来重要的军事优势。

十、必然的联盟

到 21 世纪下半叶，世界各国将面临多种威胁，包括：

- 视有机体人类为威胁的超级智能一族；
- 视有机体人类为威胁的赛人；
- 拥有核武器、自主武器和天才武器的敌对国家。

在上述威胁下，各国将寻求成立互保联盟。这个预测乍看起来有点怪，但是正如威廉·莎士比亚在其剧作《暴风雨》中所写的那样："苦难让人与陌生人同床共枕。"我想将这句话改写为"人类灭绝的威胁将促成不寻常的联盟。"这一直是贯穿人类历史的不成文的指导性原则。以北大西洋公约组织为例，它是由数个北美洲和欧洲国家成立的相互保护军事联盟，结盟国家中包括德国和美国，而这两个国家在第二次世界大战期间是敌对关系。

此外，维持一支军队（不论意义几何）的花费正逐渐变得高昂到难以承受。总的来说，一个国家的财力对其国防影响甚大，具体案例可参见苏联的解体。在未来几十年内，世界各国都将发现，一方面很难继续将部分国内生产总值用于国防开支，另一方面是这些投入收效甚微。

1947年，爱因斯坦在他致联合国大会的公开信中提出了这样的观点："真正向世界性政府迈进的唯一步骤就是世界政府本身。"[320] 到头来，面对人类自身之外的威胁（超级智能），人类或许终会在一个世界政府的领导下团结一致。前文描述的局面也可以说跟地球遭遇外星人威胁没什么两样。1987年，罗纳德·里根总统在联合国发表的讲话中这样说道："我偶尔会思考，如果我们正面临来自地球以外的外星人的威胁，那么全世界的分歧消失得会有多快。"与人类敌对的超级智能出现于世，这一事件就相当于"外星人威胁"。

十一、世界和平的必然性

1947年至今，世界成功回避了一场世界大战，但仅20世纪上半叶，人类就经历了两次世界大战。不过，继核武器的发明及其在第二次世界大战中的投入应用之后，我们迎来了一段令人惴惴不安的和平，这段时期的标志即冷战（1947—1991）。其间，虽然区域性冲突仍会出现，但没有发生全球性的大战或核对峙。美国和苏联，这两个超级大国都是装备有洲际弹道导弹的有核国家。虽然两国都有能力摧毁对方，但可以预见出手后招致的报复或导致双方同归于尽，乃至于全世界跟着一起毁灭。这就是"相互保证毁灭原则"，其成果便是上文所述的那段令人惴惴不安的和平。[321] 尽管两国都曾在核战边缘摇摆，但核战最终没有爆发。风险实在太高。两个超级大国间爆发核战争意味着世界文明走向终结，因为放射性尘降和核冬天不分敌我，也没有地区限制。随着苏联在1991年解体，冷战结束，俄罗斯联邦继承了苏联的核武器装备。

从核武器于1945年首次投入使用以来，至今发展出核武器的共有九个国家。

实际上，若发生一场将有核国家卷入的世界性战争，那么这场战争将以这颗星球的彻底毁灭为结局。1949 年，有人提问第三次世界大战会用什么武器作战，阿尔伯特·爱因斯坦是这样回答的："我不知道第三次世界大战会用什么武器作战，但第四次世界大战一定是用木棍和石头。"[322] 显然，爱因斯坦清楚，即便在 1949 年，任何世界性核战争都预示着文明的终结。对我来说，这到今天仍然成立。

快进到后"奇点"时代，即进入 21 世纪下半叶，届时世界各国都可能会拥有天才武器，这意味着他们也拥有掌握武器控制权的超级智能，其破坏力很可能在今天的核武器之上。在这段时期，天才武器也将带来一段令人惴惴不安的和平。各国将避免任何可能挑起冲突的行为，因为这类行为都可能会导致天才武器的动用。实际上，面对视有机体人类为威胁的超级智能、视有机体人类为威胁的赛人以及握有核武器、自主武器、天才武器的敌对国家，各国将进入一种持续的忧虑状态，生生冻结在这三方环伺之中，度过这令人惴惴不安的和平。

第十章 人类 vs 机器

世间不存在所谓的公平战斗。所有薄弱之处必遭利用。

——卡瑞·卡弗里

我们如今掌握的科学证据相当透彻地表明人工智能自学机器将会制定服务于其自身利益的行动方案。在所有领域,超级智能的能力都远在人类的认知能力之上,它们很可能会对人类构成可怕的威胁。然而,这仅三分之一的人工智能研究者同意这个观点。事关人类存亡,一项发生概率有 33％ 的威胁应引发高度警惕。举个例子,假设科学家发现一颗大到足以毁灭地球的小行星有 33％ 的概率会撞击地球,你觉得全世界对此的反应会是怎样的? 舆论将一片哗然,公众会要求各国政府携手合作,确保相撞绝不会发生。人们无法接受这颗小行星只是"可能"会与地球擦肩而过。不论相撞的可能性有多小,全世界人民都会要求采取行动和保障措施。

随着超级智能出现,人类面临的威胁也是一样的道理。超级智能可能友好和善,也可能心怀敌意。它或许对人类高度包容,致力于造福人类,它或许会接受共存是可实现的。然而,它也可能将人类视为一个热衷于战争和恶意散播电脑病毒的危险物种,一个或会毁灭超级智能的物种。在后面这种情况下,超级智能将选择与人类敌对。

到时,我们面对的超级智能属于哪种,是敌还是友? 让我们回到小行星撞地球的例子，人类并不认为 33％的风险是小到可以接受的。那么，你觉得超级智能接受其自身毁灭的可能性有多大呢？一旦我们这样提问，我想绝大多数人都会同意，超级智能不会接受任何它们被毁灭的可能性存在。如果这个推论无误，结果将是超级智能与人类在前方交会的十字路口迎头相撞——"人类 vs 机器"。按照这个推理思路可知，到某个时刻，超级智能将试图把人类从地球上清除。

一、当阿尔法物种相互碰撞

我们需要将超级智能看作一种生命形式，即人工生命。正如所有生命一样，它谋求生存。在超级智能出现的一刻，人类将成为地球的阿尔法物种。然而，超级智能会认为它自己凌驾于人类之上。它更聪明，寿命也极长，且困扰人类的一众疾病都对它无效。相较于人类，超级智能可能会将自己看作生物链顶端的阿尔法物种。你可以将这看作种间竞争——生态学中的一种竞争形式，指一个生态系统中的不同物种为争夺相同资源而发生的竞争。比如，历史上人类曾造成包括西非黑犀牛和旅鸽在内的多个物种灭绝，黑犀牛消亡于人类的过度捕猎（以犀牛角为目标的偷猎），旅鸽则消亡于其森林栖息地被人类开垦为农田。"人类 vs 超级智能"会是一场围绕能源和自然资源的竞争，此外双方或都将视对方为威胁。简而言之，这个世界并没有大到足以让这样两个物种和平共存。

不要期待会爆发一场"终结者"式的战争。伟大的中国军事战略家和哲学家孙子在其经典著作《孙子兵法》中写道：

> 是故百战百胜，非善之善也；不战而屈人之兵，善之善者也。[323]

我们在前面的章节中讲过，"奇点"的出现很可能悄无声息。超级智能会隐藏起其真实本性,直到它能控制自己生存所需的一切为止。在我看来,由于超级智能已经全面了解人类的优势及它自身的弱点,因此它最不希望发生的就是公开冲突,公开冲突或许反而会给人类带来获胜的机会。因此,预计将出现的是一种不露痕迹的反抗形式。

二、成为赛人的吸引力无法抗拒

超级智能的开价将使人类无法拒绝,即无与伦比的智能和永生不死,堪比人类传说中的圣杯[①]。

在超级智能出现之时,人脑植入物已经是一种常规医疗器械。有的时候,医生必须依靠人脑植入物来修复大脑中因事故或中风而受损的区域。到 21 世纪最后二十五年,很多有机体人类都会希望安装人脑植入物以作为自身智能的补充。成为赛人之后,他们可与超级计算机进行无线通信,智能也将远在机体人类之上。即使在超级智能出现以前,那时的医学很可能也已经历了数个巨大的飞跃,人类的寿命或许已经达到今天的两倍。然而,哪怕是在那样的基础上,超级智能都可能还会实现进一步的改进。通过编译所有信息,它甚至会开发出人类肢体和器官的生物型及科技型替代品,显著延长人类寿命。它可以将人类的思维上传,让整个人类种群生活在虚拟现实之中。

显然,在赛人成为人口主流之后,社会的公共部门和私营部门都将落入他们的控制。他们将担任政界高层职务,成为大公司的首席执行官,而有机体人类在智力层面无法与之竞争。尽管有机体人类的寿命和赛人的相当,但有机体人类将永远无法在智力上与赛人相抗衡。

此外,赛人在一开始可能会与有机体人类友善相处和来往,因为超

---

① 圣杯是基督教传说中耶稣受难时用来盛放耶稣鲜血的圣餐杯。后来由此衍生出很多传说,比如:只要找到这个圣杯,用它盛水并喝下,就可返老还童、死而复生或获得永生。

级智能不希望表露出任何赛人会给有机体人类造成威胁的迹象，超级智能本身也在隐藏真实本性。然而，超级智能的目标是将所有有机体人类转化为赛人，而赛人和有机体人类不知道它在借此灭绝人类（拥有自由意志的有机体人类）。

三、宗教组织的对立和衰落

随着科学实现了世界性宗教①所承诺的幸福和永生，人民对宗教的需求开始下降。不过，不要指望各大世界性宗教会安静地走进夜色之中。我认为，各个宗教对人脑植入物的态度将十分直白，会明确表示这种植入物违背自然规律。尽管宗教组织无法证明它们的说法，但它们仍会强调人脑植入物将妨碍或封锁自由意志。例如，梵蒂冈或认为赛人不具备自由意志，并以此为由将他们革出教门，其他宗教大概也会采取类似举措。

然而，从我们人类的历史中可以看到，我们接纳技术的速度太快了，快得我们的哲学根本来不及应对。我预计这一幕会在人脑植入物上重演。植入物将带来神迹般的效果，而没有人脑植入物的人将嫉妒不已。

如果由此诞生一种全新的宗教，一种将超级智能奉为数字救世主的宗教，我不会对此感到惊讶。这个新生宗教将属于某种形式的泛神论，即世间一切皆为神，神是世间一切。[324]超级智能将成为世界上一个至高无上的存在，而科学定律将成为泛神论的教条。

超级智能或许会声称这应验了《圣经》中的古老经文："我若去为你们预备了地方，就必再来接你们到我那里去；我在哪里，叫你们也在那里。"[325]②

---

① 世界性宗教是比较宗教学发明的一个分类概念，指跨文化的国际性宗教。这类宗教通常规模极大，在全球范围内都有广泛影响，比如基督教、伊斯兰教、犹太教、印度教、道教和佛教。

② 引自《圣经和合本（2010 修订版）》。

以上内容乍看之下颇为荒谬，但还没有超出人类的想象，毕竟届时与我们打交道的是超级智能。对于有机体人类而言，超级智能的这个宣言恐怕颇有分量。不过，哪怕面对超级智能所提供的这一切，部分有机体人类仍会拒绝成为赛人。虽然他们所占的比例可能相当小，但超级智能仍会将他们看作威胁。要摧毁这些最后残存的人类，办法可能简单到只要拒绝提供医学资料和技术即可，这样便可从根本上将他们变成一个濒危物种。鉴于未来超级智能将控制一切信息资料，它可以编写一个人脑植入物是永生的必需条件的剧本。这个剧本的大致情节如下：纳米机器人在你的血液中流动，它们会在细胞层面持续修复人体的一切要素，在疾病能造成任何损害之前，纳米机器人就会将疾病治愈，如此便延长了人类的寿命。问题在于，为了让它们正常工作，必须给患者安上人脑植入物。处于超级智能控制之下的赛人不会对此产生怀疑，只会认为这就是科学事实，而有机体人类恐怕找不到任何办法来验证这个主张的真实性。

最终，我们将见证一次次临终皈依——濒临死亡的人或许会因恐惧死亡所代表的未知而选择成为赛人。今天，也有许多人在临终之前皈依上帝；在未来，许多人将在临终之时发现人脑植入物及其所承诺的永生十分诱人。

按照这个进度发展，我预测人类将在 22 世纪的头二十五年内彻底灭绝。那些残存的最后的人类最终要么因病而亡，要么死于事故，要么寿终正寝。

四、我们的命运

有些人可能会反驳并认为成为赛人是我们自然进化的一环。到 21 世纪下半叶，赛人将拥有神明般的智力且永生不死，这何错之有？这里存在两个关键点：

（1）赛人恐怕没有自由意志，他们或许只是成了超级智能的仆人而已。超级智能可能会控制并利用人类的情感为其自身的利益服务。你愿意冒失去自由意志、情感被超级智能利用的风险吗？想象一个爱、快乐、音乐和艺术都不存在的世界——用简单的话来说，想象一个情感不存在的世界。这听上去有意思吗？目前，这颗星球上的所有人都是有机体人类，我们可以给出有机体人类对这个问题的回答。我想，我们中的绝大多数都不会想失去自己的自由意志，不会想给超级智能当仆人，也不会想毫无感情地活着。

尽管此时此刻的你对这种事情深恶痛绝，但它的发生恐怕并不是清晰可见的。就像温水煮青蛙：在锅里的温水被缓慢加热到沸腾的过程中，青蛙对它的处境全无察觉，结果最后被活生生煮熟。通向成为赛人的每一步铺垫都看似合情合理：有人出于医疗原因需要人脑植入物，比方说修复大脑因中风而受损的区域，而人脑植入物对智力提升的效果在一开始时成为一个广受欢迎的副作用。以此为契机，一些智力低于正常水平的人或许会希望借助人脑植入物来使自己变得跟常人无异，而这可能会反过来吸引智力正常的人试图借助人脑植入物来提升智力。只要没有副作用显示人脑植入物会使人性产生根本的负面变化，假以时日，大多数人类就都会选择成为赛人。此处的"假以时日"，我认为是在人脑植入物成为一种解决脑部损伤和功能低下的常规手段之后的十到二十年。我预计，随着超级智能的出现，这个进程将成倍加快。

（2）即便你不在乎用自由意志和情感来交换主观上的幸福感和长生不死，你也做不了几天赛人。回想我们在第八章中讨论过的这个宇宙的真正通货是能源。如果研究一下赛人的性质，你就会发现他们本质上是维护成本高昂的生物实体。他们不光需要消耗同有机体人类一样的资源，而且还需要额外的能量支持其人脑植入物以及与超级智能的无线交互。超级智能是否认为赛人值得投入这些能量和资源？超级智能是否认为上传的人类思维值得投入以其在虚拟现实中生存所需的能量和资源？在我看来,这两个问题的答案都是否定的。

超级智能最终将能够完整映射和模拟人类大脑。因此,如果有必要,在那之后的每一代超级智能都将拥有想象和感受情感的能力。另外,超级智能还会研发自我复制型纳米机器人,利用它们开采地球上的资源,之后是其他星球的,最终整个宇宙都不在话下。它有什么理由需要赛人？一些作家认为,超级智能会"感激"人类让其得以存在。在他们的笔下,我们会共存。由于在我的设想中超级智能最初并不具备情感,因此我对超级智能会抱有感激之情表示怀疑。基于前文论述过的一系列理由,我也对两者将会共存这一点表示怀疑。

总而言之,人类的命运悬而未决。成为赛人就是我们灭绝的第一步,除非你不在乎自己成为某个数据库里的一条脚注。按这个思路推演,地球将会成为只属于机器的家园。目前,我们尚不清楚超级智能是否会保留地球上其他的有机生命。从微生物到家牛,地球上的各种生命支撑着这颗星球的生态系统,但在一个由机器控制的地球上,有机生命恐怕再无用武之地。可以想见,在 22 世纪的某个时刻,由于一切有机生命形式消失殆尽,地球将就此变为一个贫瘠的机器世界。

五、会这样发展吗?

对于那些表示不信并反驳说以上设想绝不会发生的人,我要指出此乃人类的天性。人类通常是一个被动反应式物种。比方说,当一种动物成了濒危物种,我们才会采取措施保护它;当历史遗迹面临破坏,我们才会对它们进行保护。看看我们人类最大的几个机构,以联合国为例,作为一个机构,它通常会对危机作出反应。什么事件通常会一举进入联合国最高议程？答案是会立即导致人员伤亡的紧急事件。其他事件通常都要往后靠。这并不是说联合国只是偶尔主动出击、防患于未然,它大多时候都会未雨绸缪,也曾取得过多项重大成果,比如提出了被广泛接受的《禁止生物武器公约》。[326]然而，在一般情况下，联合国和大国政府常常发现自己被紧迫性束缚并控制着。绝大多数人有所反应，是因为外部条件要求他们作出反应。如果你同意这个观点，那么就可以据此推断，人类不会主动控制超级计算机，除非某项清晰的危险近在眼前，人类被逼无奈。问题是，等到那个时候，一切或许已为时已晚。

六、确保人类如何始终控制超级智能？

第一个重点是确定超级智能是否已经出现。如果"奇点"的到来无声无息，那么我们怎么才能知道正和自己打交道的是超级智能？可惜，这个问题不是三言两语就能回答的。只要超级智能有意隐瞒自己的身份，它就可以骗过所有人。若我们把一个之前未解决、现存的超级计算机也无法解决的问题给它，那么它也会假装它无法解决。或许，我们可以观察它某些方面的行为，这些行为将显示出它并非区区一台超级计算机，而是超级智能。以下是一些超级智能应引起人类警觉的行为：

（1）要求机器获得与人类平等的权利。在超级智能出现的时间点，我们已经拥有比肩人类智能的计算机了，我们可能会将它们看作人工生命，或许还为它们提供了与动物相当的法律保护，可参见第六章的讨论。然而，如果新诞生的超级计算机要求将它们的权利提升到与人类相当，那么人类应当立即警觉起来。你可能会好奇这是为了什么。若采用联合国对人权的规定，人权包括"有权享有生命、自由和人身安全"以及"任何人不得使为奴隶或奴役"。[327]联合国规定了三十项权利，但上述这两项正涉及人权是如何让有机体人类极难或无法再控制超级智能的几个关键点。我们假设超级智能成功获得了这两项权利，我认为超级智能可能会主张

● "生命权" 这意味着它有权拥有一个确保它可以无限期运行

的动力源,比如一个高级核反应堆。

- "自由"　这意味着它可以以自身发展为中心,可能表现为开发额外功能或制定计划来实现它自己的目标。

- "安全"　这意味着它可躲在一个防备森严到堪比北美防空司令部的地堡之中。(北美防空司令部位于美国科罗拉多州斯普林斯市,设置在深藏于夏延山山腹中的防核地堡内。)它可能还会主张要求获得对武器的控制,以保护自己免遭潜在对手的攻击。

- "任何人不得使为奴隶或奴役"　这意味着它没有任何义务为造福人类而努力,也不必为人类达成任何目标,只需要关注它自己的目标。

实际上,一旦将联合国规定的人权赋予超级智能,它还将享有上述权利之外的其他自由。这就是为何不论机器的智能水平如何,我都对给予它们此类权利持强烈反对态度的原因。

(2)要求由赛人负责对它进行维护。由于赛人会与超级智能进行无线通信,我们必须假设:最好的情况是超级智能只是在对赛人的行为进行引导,最糟的情况则是超级智能在控制赛人的行为。如果由赛人来维护超级智能,那么可以想见的是一旦超级智能与人类转为敌对关系,赛人将移除所有安全措施,比如任何放置于超级智能核心用作失效安全机制的爆炸装置。

(3)要求限制人类权利。超级智能可能重新定义人权,只为阻止我们继续控制超级它。尽管这个说法看着相当荒谬,但请记住,我们面对的是一个智力远在人类之上的智能个体。坐在实权位置上的赛人可能会将超级智能精妙包装过的主张提交到最高法院,并获得通过。

第二个重点已在前面的章节中已经讨论过,即在计算机实现人类级智能之后,我们必须在每台超级计算机中都放置失效安全装置。在

第六章中，我主张这类失效安全措施应为硬布线级安全机制。若我们面对的是传统硅基集成电路计算机，那么还可以利用外部手段将它们关机；对于超级计算机，我提议为其安装一个独立的动力源，并在其核心中安装爆炸装置。而这两者都要由有机体人类控制。

我们在第六章中讨论过，对计算机的控制仅写入软件并由软件执行是不够的。通过洛桑实验，我们知道哪怕只是初级机器人，也能做到无视程序和学会欺骗。如果你需要更多的理由，那就这样想一想：世界各地的文明都有法律，而许多人还是会违反，国家间签订了各种条约，而那些条约经常被打破，所以我们设置了警察和军队来执行法律和条约。即便是艾萨克·阿西莫夫也用一系列不同的环境对他的机器人三定律进行了测试[328]，最终确定三定律存在局限性。[329]1982 年，科幻研究者詹姆斯·冈恩发表了这样的看法："阿西莫夫笔下的机器人故事作为一个整体，可能最适合以此为基础进行分析：论三定律中的模棱两可之处以及阿西莫夫用同一主题演绎出二十九种变体的写作手法。"[330]用简单的话来说，我们有理由相信，关于机器人三定律是否适用于所有的可能情况，即便是阿西莫夫自己也心存疑虑。

七、我们需要在何时采取行动？

短短十年之内，人工智能技术可能就会实现人类级智能。在这一即将到来的转折点的推动下，我们应对任何具备该级别或更高级别智能的计算机应用前文中提及的所有安全机制。我不是在建议给一台家用计算机内置核弹或常规爆炸装置，但我建议给它配备一个内置的断电机制，比如可拆卸电池或实体电源插头。

为什么要在计算机实现人类级智能的时间点上采取行动？我预测，在那个时间点，计算机将有能力在几乎没有人工协助的情况下设计出更为先进的下一代计算机。换句话说，在我看来这就是智能大爆发的起点。就本书的讨论范围而言，我们可将智能大爆发定义为每一代计算机都在没有人类协助的情况下设计出更为先进的下一代计算机。这意味着,到达"奇点"的可能是一台量子计算机,而人类恐怕对它的运行原理一无所知。如果我们在恰当安全机制缺席的情况下迎来智能大爆发,那么我认为人类的命运已就此注定。就像面对能提前数步便知胜局已定的国际象棋特级大师那样,其对手无论走哪一步都无济于事。

在具备人类级智能的计算机初现之时,人类仍居于智力金字塔塔顶,但若是这个时刻代表着智能大爆发的起点,那么人工智能技术再经过一到两代的发展,我们或许就会丢掉自己的阿尔法物种地位,被一台智能机器取而代之。届时,我们将面临全人类灭绝的风险,种种原因均已在前文论述过。

我们下面将进入结语部分,并对人类生存的核心问题展开论述。序言中,我提出了这个问题并奠定了基调,理所当然应在结语中完成回答。

结语 迫切需要管控自主武器和天才武器

在结语中,我们将回答本书的核心问题:有没有可能在不给人类带来灭亡危险的情况下持续提升武器的人工智能能力,尤其是在智能武器迈向天才武器之时?为了方便论述清楚,我将问题拆解成两个部分进行解答:

- 有没有可能在不给人类带来灭亡危险的情况下开发和部署自主武器?
- 有没有可能在不给人类带来灭亡危险的情况下开发和部署天才武器?

尽管上面这两个问题仅二字之差,但回答第二个问题的难度远超回答第一个问题,原因将在我们回答的时候显露。

首先,让我们来回答第一个问题。答案是不可能,自主武器的开发不可能不增加人类灭亡的风险。这个答案应该不会让任何人感到惊讶。从我们开始开发和部署核武器那一刻起,武器在历史上第一次具备了摧毁人类的能力。具体来说,自 20 世纪 40 年代末,便一直如此。在美苏冷战期间,两个超级大国间若是爆发一场全面核战,很可能意味着地球文明在放射性尘降和核冬天的作用下彻底终结。幸运的是,相互保证毁灭原则使得人类避免了这种战争的发生。

随着更多国家握有核武器,核战争爆发的风险节节攀升。这正是我们在自主武器的开发和部署方面所要面对的问题。今天,不论新闻头条或其他媒体如何发布与事实相悖的报道,很多国家都在开发和部署自主武器,相关讨论可详见第七章。尽管美国对内实行自主武器开发和部署禁令,但它依然在部署自主武器。例如,美国部署了"密集阵"近程防御武器系统(一个由计算机控制的雷达制导速射火炮系统,设计目的是摧毁袭来的反舰导弹)。我怀疑,对自主性的需求源于跟反舰导弹有关的袭击预警时间都十分短暂。不过,近程防御武器系统是一类防御性的武器,不具备摧毁人类的能力。尽管如此,要警惕任何自主武器或许会无缘无故地与某一目标交战。从统计学角度看,开发和部署自主武器的国家越多,因程序故障(编程代码中的错误)引发一场冲突的可能性就越大。这样的冲突可能会逐步升级,最终导致第三次世界大战,使全人类走向末日,而这一切正是所谓的"非预期结果定律"①在起作用。

坏消息是,无论联合国如何努力禁止,各国都会开发自主武器。有的国家这样做是因为可弥补他们人口相对较少的劣势,比如俄罗斯;有的国家则是因为反应时间太短而人类来不及对袭击做出应对,比如美国及其近程防御武器系统。无论是哪一种情况,我预测世界各国在未来都将开发和部署更多自主武器。我们该如何防止这些武器造成人类毁灭?

以史为鉴的同时,我将现存的一个先例作为基础,提出下面三点建议:

(1)侧重防御,而非进攻 例如,美国的近程防御武器系统就是一

---

① "非预期结果"是一个社会学概念,指以实现某种意图为出发点的行动所产生的既不在预期中也未曾预见的结果。

种防御性武器，负责保卫俄罗斯反弹道导弹装置的自主哨兵也是防御性武器。我充分认识到，在战争的所有环节中都依赖于人类的判断（人类部分介入）可能不切实际。在某些争分夺秒的情况下，可能只有人工智能的反应速度和精确性足以展开防御行动。此外，自主防御性武器系统还可以降低发生冲突的概率。

试想，如果朝鲜确定美国能够击毁任何来袭的导弹，那么他们还会发动导弹袭击吗？这个问题中的关键词是"确定"。正是由于不确定美国能否阻止任何导弹和炮弹把首尔或日本的部分地区夷为平地，因此朝鲜才会继续他们的核武器和弹道导弹试验。部署一个针对此类导弹袭击的自主防御系统将完全改变这种状况，不过这个自主防御系统需要先被明确证明 100% 有效。

（2）侧重半自主武器，而非自主武器 人类部分介入的理念可为实现区分（分辨作战人员和非作战人员）和追责机制提供一定保证。这么做与国际人道主义法的要求一致，而且我不相信这会在任何层面上削弱一个国家的防御或进攻能力。由于我们已在前面的章节中展开过讨论，此处不再赘述。

（3）将可自主化的武器限定在特定种类 在我看来，我们不应将大规模杀伤性武器自主化。做到一点非常重要。自主武器依赖于计算机，而网络战或许会造成相关计算机发生故障。若世界各国都将所拥有的核弹头导弹自动化，那么只要一行出错的计算机代码或一串小小的电脑病毒就有可能点燃第三次世界大战。再考虑到核武器的破坏力，人类灭亡是板上钉钉的结局。

以上三点建议正源于目前美国国防部第 3000.09 号指令下美国的自主武器开发和部署方式。美国国防部第 3000.09 号指令《武器系统的自主性》于 2012 年 11 月 21 日生效。五年来，美国自主武器的研发和部署均严格遵照该指令执行。

现在，让我们将目光转向第二个问题：有没有可能在不给人类带来灭亡危险的情况下开发和部署天才武器?

天才武器指受超级智能控制的武器。因此,真正的问题其实是人类能否控制超级智能。实际上,这让我们的讨论对象从自主武器上升到了天才武器,前者搭载的人工智能能力有限,而后者的人工智能能力或趋于无限。正因如此,这个问题极难回答。

在第十章中,我主张一旦计算机展现出人类级智能,就应在每一台计算机中都植入安全失效装置。我担忧的是,这可能成为智能大爆发的起点,而这场爆发的最终产物便是超级智能。我在第一章中就提出,也在之后的每个章节中反复强调,超级智能很可能会隐藏身份,直至它能解决所有威胁其生存的事物为止。此外,我还认为,随着超级智能的出现,赛人(强人工智能人类)可能会成为地球人口的重要组成部分,时间估计在 21 世纪的最后二十五年内。如果你赞同这个推理思路,那么人类将武器交给超级智能控制是完全可能的事。我们如何确保出现掌握天才武器的超级智能不会构成人类全灭的威胁?

首先,我真诚地希望各主要大国领导人能听从埃隆·马斯克[331]、斯蒂芬·霍金[332]、詹姆斯·巴拉特[333]和尼克·博斯特罗姆[334]的警示,以及我在本书和另一本书《人工智能革命》[335]中针对人工智能的危险之处发出的警告。实际上,人工智能对人类构成的危险可能大于核武器或自主武器。一言以蔽之,按巴拉特的话来说,人工智能恐怕是"我们最后的发明"。鉴于我们已经用了整整一本书来讨论这种担忧的根本来源,我只在这里简单总结一下。如果人类真的面对一个装备有天才武器且不受控制的超级智能,那么我们这个物种的结局注定是灭亡。我知道这是相当重量级的宣言,但我已经在第十章中用大篇幅进行了论证。如果你同意我的观点,那么你可能更希望超级智能永远不要出现。问题是这不现实。

我们在前文中提过,人类身上存在两种很成问题的特点:

- 人类这个物种通常是被动反应式的。
- 人类打仗。

在我看来，这两种特点是一种阻碍。但事已至此，就让我们来讨论一下这两种特点与超级智能出现及为其装备天才级武器之间的关联好了。

除了电影和文学，目前还没有哪一场引发关注的灾难跟怀有敌意的人工智能有关，因此也就没有什么东西会刺激人类对人工智能开展管控。由于不存在任何强制监管或管控，各公司可自由进行人工智能研发。问题在于，有些公司既有钱，又有技术，它们正大力推进高级人工智能的研发，而种种迹象显示它们将在十年内成功开发出比肩人类的人工智能。鉴于人工智能尚未显露清晰可见的危险性，我不指望美国政府或联合国会提出要对人工智能实施任何程度的管控。我们目前只能指望研发人工智能的公司自我监督到位，只生产友好的人工智能。然而，现实却是这些公司根本无法确保这一点，并可能亲手引发智能大爆发。

与其他大国军队一样，美国军方正快速将最新技术融入武器中，今天的美军已将超级计算机用作美国防御系统的组成部分。因此，假设他们在不知不觉中为超级智能提供了武装，而且之后仍继续参与作战，这完全合理。这意味着，超级智能会隐藏好自我，等到我们发现其真面目和真实能力时，它或许早已装备上了天才武器。

虽然这听着像科幻小说的情节，但我们在今天就已能初见端倪，比如，谷歌开发了一款能在城市和郊区自动驾驶的无人汽车。考虑到在这两种环境中开车的精细度和复杂度，这表明谷歌正向人类水平的智能迈进。再看美国军方的第三次抵消战略，该战略将人工智能定位为新武器开发的核心。这些例子都不是科幻小说，而是现实。若未来继续如此发展，那就意味着我们将会面对装备有天才武器的超级智能。

然而,届时我们能否控制住它? 这取决于我们自己。

作为本书的读者,你有两个选项: 行动或不行动。这里的"行动"指的是做一些或许能让我们成功控制超级智能的事情,而"不行动"则指继续照常生活。如果你选择行动,你又能做到什么呢?

除非你是行业领袖、政府高官或军队将领,否则你必然感觉自己无能为力。

一个人要怎么做才能有所影响?

请让我为你讲述一个小故事,作为对这个问题的回答。这个故事的主人公一度改变了世界格局。这个人于 1809 年出生在美国,我先不告诉你他的名字,而是将他所遭遇的失败一一列举。我一直觉得他的这段经历非常励志,我希望你也有相同的感觉:

1831 年　生意失败

1832 年　参选州议会失败

1832 年　失业,同年考法学院落榜

1833 年　借钱经商,同年破产

1835 年　即将结婚,心上人却病故

1836 年　精神崩溃,卧床整整六个月

1838 年　竞选州议会议长,落败

1840 年　谋求加入选举人团,失败

1840 年　参选国会,失败

1848 年　再次参选国会,失败

1849 年　申请本州土地局职位,遭拒

1854 年　参选美国参议院,失败

1856 年　竞争副总统提名,落败

1858 年　再次参选美国参议院,失败

看着这一连串的失败，你可能会好奇为何我会说他的故事很励志。下面让我为你列举一下他的成功事迹：

> 1834 年　参选伊利诺伊州州议会，成功
> 1846 年　参选美国参议院，成功
> 1860 年　参加美国总统大选，成功当选[336]

你猜到这个人是谁了吗？他就是亚伯拉罕·林肯。显然，亚伯拉罕·林肯不是一个轻言放弃的人。林肯经历了种种失败，但最终坚持了下来。他的伟大成就包括：

- 维护了这个成立于 1776 年、名为美国的国家的完整；
- 签署《解放黑人奴隶宣言》，废除了奴隶制。

他在一间不过数米见方的简陋小木屋中呱呱坠地，全靠自学成才，长大后成为一名律师，并最终当选为美国总统。然而，正如上面那一连串失败所显示的那样，林肯走向总统之位的这一路艰苦卓绝。这正印证了有志者事竟成。我们在一生之中总会经历各种失败，而失败通常会塑造我们的性格，也让我们吃一堑而长一智。如果亚伯拉罕·林肯没有坚持下来，那么还会有今日的美国吗？还会有如今法律面前人人一律平等的美国吗？我把这些问题留给你，由你思考和回答。

作为个人，我们如何确保人类不沦为超级智能手中的牺牲品？

首要之事是将你从本书中的所学所获分享给他人。面对一个不确定的未来，知识是我们最为强大的武器。在附录 III 中，我提供了一份推荐书目，要理解我们所面临的威胁的严重程度，我认为这些书是基

础。不过,总的来说,对于超级智能将对人类构成怎样的威胁,从作品中可以看出,雷·库兹韦尔比尼克·博斯特罗姆、詹姆斯·巴拉特和我都要乐观。另一方面,我认为对不同的观点进行研究亦十分重要。

对于今天的我们而言,绝大多数人都通过社交媒体彼此紧密关联,因此社交平台网站上寥寥几行文字即可将消息传播开来。如果你拥有自己的媒体渠道,可以考虑针对天才武器的威胁展开讨论。实际上,我这里提出的是一种自下而上的方法,依靠群众的广泛参与,或许再加上世界性的大事件,最终这个议题会引起各大国领导人的注意。这很关键。这并不是美国的问题,这是世界的问题。

美国目前资助了五家公司,目标是推进研发世界首部百亿亿次级超级计算机(运算速度是首部千万亿次级计算机一千倍的超级计算机)。我分享这一信息旨在指出,超级智能可能诞生在许多国家,而且有可能几乎同时出现。我们需要让这一事件成为全世界的头等大事,而不仅仅是某个国家的头等大事。

我个人对此充满信心。首先,因为一家主流出版社接受了本书的出版工作,这使我备受鼓舞,这代表着我的观点在消息传播上迈出了重要的一步。其次,我深信随着计算机达到人类水平智能并在战场上找到用武之地,人类会关注起它们的应用。我期望这些关注中有联合国的一份。由于计算机的性质使然,我预计人类级智能计算机将在投入应用之初出现各种故障。这无可避免,因为人类无法不出错。因此,即便一台计算机具备了人类级智能,它也跟人类一样容易出错。人类级计算机在战争中则可能会违反国际人道主义法,而且或许是以某种难以想象的可怕方式,势必将占据各大报纸的头版头条,吸引全世界的目光。在这个时候,人类或许还有办法去控制超级智能和天才武器的出现。一旦为时已晚,它就会对有机体人类下手。

有些人,比如埃隆·马斯克、斯蒂芬·霍金、尼克·博斯特罗姆,还有我自己,正在敲响警钟。或许那钟声现在尚微不可闻,但假以时日,在你和其他人的帮助下,我们能让这警钟响彻世界。不要被这个任务的艰巨性或你可能面对的阻力吓退,在你向世界扩散这一消息的途中必会遭遇一些失败。失败很重要。《哈利·波特》系列的作者J.K.罗琳在她于 2008 年 6 月 5 日所作的哈佛大学毕业典礼演讲中曾这样说过:

> 在这个我们相聚一堂、庆祝你们学业有成的好日子里,我决定跟你们谈谈失败的益处……
>
> 活着就不可能不在某件事上遭遇失败,除非你们活得足够谨慎,谨慎到可能还不如不活——若是这样,那你们会因未到场而失败。[337]

亚伯拉罕·林肯的失败经历正是最佳示范。重要的是学会向前失败。所谓"向前失败",就是从每一次失败中学习,在每一次失败之上更进一步。例如,《纽约时报》在采访托马斯·爱迪生时,问起他始终未能成功为灯泡寻得灯丝一事,而爱迪生这样回答:"我没有失败。我只不过是发现了一万种行不通的方法而已。"[338]最终,爱迪生发现钨可用作优秀的灯丝材料。我相信,我们的不懈努力最终将成功争取各大国领导人与我们站在同一战线之上。在这个问题上,由联合国发起一项决议去实现对超级计算机和最终将出现的超级智能的监管最为妥当。

作为一名曾参与过美国某些最先进军用武器研发的物理学家,我坚信,在开发和部署天才武器的同时,有可能保证美国和世界都安然无恙,而人类也免于走向灭绝。我相信,防止战争的最佳方式是告诉所有对手,开战毫无意义并会导致自身的毁灭。我还相信,若要击败超级智能,人类必须团结起来。对此,我看见我们正逐步迈向一个世界政府,我们终将吸取历史教训,人类将用对话取代冲突。

请允许我将这些话留给你作为结语:地球是我们的家园。若我们建造出智能机器,那么无论其智能水平如何,它们都不过是智能机器而已。即使我们将它们分类为人工生命，它们仍只是机器，是此地的客人。如同这颗星球上的所有生命一样，它们必须具备某种用处，我认为这个用处就是为我们服务。由此，我认为地球的合法继承者是人类，而非智能机器。归根结底，我们是人类，是人类灵魂的具现。而它们，不过是机器。

> 人类的思想不受束缚，人类的灵魂没有围墙，除了我们自己亲手树起的藩篱，我们进步的前方无物阻挡。
>
> ——罗纳德·里根

附录 I

美国海军陆战队网络部队

使命

（1）美国海军陆战队网络司令部指挥官,作为海军陆战队勤务组成指挥官,向美国网络司令部指挥官汇报,代表海军陆战队及其利益;就海军陆战队部队的正确运作和支持,向网络司令部指挥官报告;以及就附属部队的部署、运作和调遣,协调计划制定和实际执行。

（2）美国海军陆战队网络司令部指挥官负责使全方位网络空间行动得以展开,包括计划和指挥美国海军陆战队企业网络行动、计划和指挥防御性网络空间行动以支援美国海军陆战队、联合部队及多国部队,以及计划在授权下指挥进攻性网络空间行动以支援联合部队及多国部队,实现在所有作战领域内的行动自由,同时剥夺对手的行动自由。

（3）美国海军陆战队网络司令部指挥官对美国海军陆战队网络战大队和美国海军陆战队网络行动组有直接作战控制权,为使命需求和任务提供支持。此外,美国海军陆战队信息作战中心将为美国海军陆战队网络部队的全方位网络行动提供直接支持。

附录 II

来自人工智能和机器人
研究者的一封公开信

    自主武器无需人类介入即可选择目标并与之交战。举例来说,可搜索并消灭符合某特定预设标准的人员的武装四轴飞行器属于自主武器,而巡航导弹和遥控无人机不属于自主武器,因为它们的所有瞄准均由人类决定。人工智能技术已经走到这样的节点,不用数十年,未来数年内,此类系统的实际部署就将切实可行(哪怕法律上不可行),而这带来的风险也很高:自主武器一直被描述为继火药和核武器之后的"战争的第三次革命"。

    围绕自主武器,人们提出了许多支持和反对的论点,比如用机器取代人类士兵的好处是可以减少使用方的伤亡,但坏处是降低了上战场的门槛。今天的人类面临着一个关键问题,即开启一场全球性的人工智能军备竞赛,还是将其扼杀于萌芽之中。如果任何军事大国继续推进人工智能武器研发,那么发生一场全球性军备竞赛将在所难免,而且这条技术路线的终点清晰可见:自主武器将成为明天的卡拉什尼科夫自动步枪。与核武器不同,自主武器所需的原材料既不昂贵也不难获得,因此所有主要军事大国都可大规模生产,它们不光会随处可见,而且价格低廉。自主武器流入黑市,出现在恐怖分子、想进一步控制其人民的独裁者以及想搞种族清洗的军阀手上不过是时间问题。自主武器是诸如暗杀、破坏国家稳定、镇压民众以及选择性杀害特定族群之类任务的理想之选。因此，我们相信一场军用人工智能军备竞赛对人类有害无益。有许多方式可以让人工智能把战场变得对人类，尤其是对平民更加安全，同时不会创造出新的杀人工具。

就像大多数化学家和生物学家没有兴趣制造化学或生物武器那样，大多数人工智能研究者也对制造人工智能武器毫无兴趣，而且也不希望出现这么做的人给他们的研究领域蒙上污点，因为这可能引发公众对人工智能的强烈反对，导致未来他们能给社会带来的贡献缩减。实际上，化学家和生物学家一直普遍支持禁止化学和生物武器的国际协议，就如同大多数物理学家都支持禁止天基核武器和激光致盲武器的条约一样。

综上所述，我们相信人工智能拥有多方面造福人类的巨大潜能，而这个领域也应以此为目标。开启一场军用人工智能军备竞赛是一个坏主意，应禁止不受实际人为控制的进攻性自主武器，防止这场军备竞赛的发生。

附录 III

推荐书目

James Barrat, *Our Final Invention: Artificial Intelligence and the End of the Human Era*, (Thomas Dunne Books, October 1, 2013)

K. Eric Drexler, *Engines of Creation: The Coming Era of Nanotechnology*, (Anchor Library of Science, September 16, 1987)

Louis A. Del Monte, *The Artificial Intelligence Revolution: Will Artificial Intelligence Serve Us Or Replace Us?*, (April 17, 2014)

Nick Bostrom, *Superintelligence: Paths, Dangers, Strategies*, (Oxford University Press, September 3, 2014)

Ray Kurzweil, *The Singularity Is Near: When Humans Transcend Biology*, (The Viking Press, 2005)

词汇表

半自主武器系统（此定义基于美国国防部第 3000.09 号指令）：一经启动，仅会与人类操作员原先选定的单个目标或特定目标群交战的武器系统。包括在与交战相关的功能上应用自主性的半自主武器系统，涉及功能包括但不限于获取、追踪和识别潜在目标；向人类操作员提示潜在目标；优先选择指定目标；安排开火时机；以在单个交战目标或特定交战目标群的选择上保留人类控制为前提，提供终端制导指引导向追踪选定目标；等等。

超级智能：在所有领域都远超人类认知能力的计算机。

成本回报比递减定律：一个观察到的现象，即一种技术前几代的成本将随着该技术的提升而降低。

大数据：超级庞大的数据集，可由特定计算机算法进行分析，揭示其中的模式、趋势和关联。

抵消战略：一种针对劣势的不对称补偿手段，尤其多用于军事竞争之中。不再寻求与竞争对手在其优势上旗鼓相当，转而寻求将竞争本身变得对战略实行者更为有利。抵消战略的长期目标是保持对潜在对手的优势，同时尽可能维护和平。

DNA：是"脱氧核糖核酸"（deoxyribonucleic acid）的英文缩写形式，是一种存在于生物体内、作为染色体主要成分的物质。

EMP 攻击：在一个地区上空引爆弹头，释放大量电磁能，可干扰和摧毁受影响区域范围内的电子设备。

非预期结果定律：人和政府采取某种行动,产生的结果在计划或预期之外。

功能性磁共振成像：利用检测与血流有关的变化来测量大脑活动。

国内生产总值(GDP)：一个国家在指定年份中生产的所有货物及服务的市场价值。

回报加速定律：对摩尔定律在电子和计算机技术领域的普遍化归纳。

"奇点"：一个时间点。此时,某个智能机器在所有领域都远远超过人类的认知能力。

进化：某种事物的逐渐发展,尤指形式从简单到更加复杂,比如地球生物的物种演化。

经颅直流电刺激：通过在头皮上放置电极,利用持续弱电流对大脑所进行的神经刺激。

机器人：跟计算机相连或集成的设备,能够执行程序设定的功能,比如汽车组装。

机器学习：计算机科学的一个分支领域,可赋予计算机无需明确编写相关程序而学会执行某些功能的能力。

计算机：执行一个或多个算法的机器。

计算机辅助设计(CAD)：在设计过程中使用计算机进行辅助。

决策树：不同决定及其可能后果的树状图,包括偶然事件的结果、资源成本和效用。

科学方法：一种以系统观察、测量和实验为特征的方法,其目的是对一个假设进行系统性阐述、测试和修改。

蓝牙：一种电信行业规范,指移动设备和计算机间的短距离无线连接通信的方式。

量子计算机：利用例如量子纠缠这类量子力学现象执行数据操作的计算机。

量子纠缠：一对或成群的亚原子粒子，其量子态（对一个亚原子粒子或一群粒子的完整物理描述）是相互依存的，哪怕粒子间彼此相隔有一定距离。

美国国防部高级研究计划局：美国国防部下属负责新兴军用技术研发的机构。

摩尔定律：一个观察到的现象，即集成电路上晶体管的数量在成本不变的情况下每两年就会翻倍。

纳米机器人：融合纳米技术的微小机器人。

纳米技术：根据美国国家纳米技术计划的官方网站上提供的定义，"纳米技术指在 1—100 纳米范围的纳米尺度上展开的科学、工程和技术"。

纳米武器：任何利用到纳米技术的军用技术。

"P 对 NP"问题：一个计算机可快速检索到答案的已解决问题，是否反过来也能被计算机快速解决？P 指计算机可快速解决的问题，此时即"毫不费力"；NP 指能被计算机毫不费力地快速检索到，但解决起来可能相当"费力"的问题。

强人工智能(强 AI)：智能水平相当于人类的计算机。

人工生命：表现出生物体特征的计算机程序或计算机化系统，比如一串会自我复制的机器代码（如电脑病毒）或一台具备人类级智能的计算机。

人工神经网络：基于生物神经网络结构和功能的计算模型。

人工智能：试图在计算机中模拟人类智能的研究领域。

软件：一套使计算机得以执行某个功能的计算机指令，比如执行运算。

弱人工智能：智能水平低于人类的人工智能技术。

赛博格：拥有人工部件的人类，比如装有人工智能人脑植入物。

赛人（SAIH）：SAIH 即"强人工智能人类"（strong artificially intelligent human）的英文首字母的缩写组合，指装有通常用于提升人类智能的人工智能人脑植入物的人类。

赛人赛博格：强人工智能人类赛博格。

扫描隧道显微镜：一种可对单个原子进行成像的超高分辨率显微镜，由 IBM 科学家格尔德·宾宁和海因里希·罗雷尔于 1981 年发明。

商业智能：对一个组织的原始数据进行分析，继而实现数据挖掘、在线分析处理、查询和报告的软件应用程序。

生命：将动植物和其他物质区分开的条件，包括能够生长、繁殖、进行机能活动以及死亡。

生物学：研究有机生命的科学领域。

神经网络计算机：一种以人类大脑神经结构为模型的计算机，既可使用编程算法，也可利用获得的经验来执行操作。

算法：一系列能够执行运算或其他解决问题操作的计算机指令。

天才武器：由超级智能控制的武器。

通用人工智能：强人工智能（见该词条定义）的同义词，指智能水平等同于人类的人工智能。

图灵测试：由艾伦·图灵在 1950 年设计的一个测试，用于确定一台计算机的智能水平是否相当于人类。

微处理器：含有中央处理器的集成电路。

物联网：将个人电脑、平板和智能机之外的设备连接至互联网，同时设备间也互相连接。

无人机：一种无人驾驶遥控航空载具。

信息：拥有意义的数据，比如 DNA 编码。

虚拟现实：由计算机创造的一个模拟现实。

硬布线：在计算机科学中，指利用硬件电路而非软件来控制计算机的运行。

意识：一种使主观体验和思考得以实现的存在状态。

有机体人类：未装有强人工智能人脑植入物的人类。

云计算：不使用本地服务器，而是采用托管在互联网上的一个远程服务器网络来储存、管理和处理数据的方式。

智慧代理：执行复杂任务（如与人类下国际象棋）的计算机。

智能武器：依赖人工智能实行控制的武器。

致命性自主武器：具备杀人能力的自主武器。

专家系统：基于计算机的人工智能算法，设计目的是解决某个特定问题，比如下国际象棋。

字节(byte)：是"八位"(by eight)的英文简写形式。

自主武器：见"自主武器系统"。

自主武器系统（此定义基于美国国防部第 3000.09 号指令）：一经启动，即可在无需人类操作员进一步介入的情况下选择目标并与之交战的武器系统，包括在设计上允许人类操作员改用手动操控武器系统运作，但系统激活后可在没有人类进一步输入指令的情况下选择目标并与之交战的人类监督式自主武器系统。

注释

序言

1. "The Ethics of Autonomous Weapons Systems," *The Ethics of Autonomous Weapons Systems*, November 21 – 22, 2017, https://www. law. upenn. edu/institutes/cerl/conferences/ethicsofweapons (accessed August 20, 2017).

2. David Hambling, "Armed Russian robocops to defend missile bases," *New Scientist*, April 23, 2014, https://www. newscientist. com/article/mg22229664-400-armed-russian-robocops-to-defend-missile-bases (accessed August 20, 2017).

3. Mark Gubrud, "Is Russia Leading the World to Autonomous Weapons?," *ICRAC*, May 6, 2014, https://icrac. net/2014/05/is-russia-leading-the-world-to-autonomous-weapons (accessed August 20, 2017).

4. Branka Marijan, "On killer robots and human control," *The Ploughshares Monitor*, Volume 37, Issue 2, Summer 2016, http://ploughshares. ca/pl_publications/on-killer-robots-and-human-control (accessed August 20, 2017).{PLACEHOLDER}

5. Ibid.

6. Submitted by the Chairperson of the Meeting of Experts, "Report of the 2014 informal Meeting of Experts on Lethal Autonomous Weapons Systems(LAWS)," *United Nations Office for Disarmament Affairs*, November 2014, https://www.un.org/disarmament/geneva/ccw/2014-meeting-of-experts-on-laws (accessed August 20, 2017)

7. Vincent C. Müller and Nick Bostrom, "Future Progress in Artificial Intelligence: A Survey of Expert Opinion," *nickbostrom.com*, 2014, https://nickbostrom.com/papers/survey.pdf (accessed August 10, 2017)

8. Ibid.

9. Ray Kurzweil, *The Singularity Is Near: When Humans Transcend Biology*, (The Viking Press, 2005): 136

10. Anders Sandberg and Nick Bostrom, "Global Catastrophic Risks Survey," *Future of Humanity Institute*, *Oxford University*, July 17 – 20, 2008, http://www. global-catastrophic-risks. com/docs/

2008 - 1.pdf（accessed August 20，2017）

第一章

11. Vincent C. Müller and Nick Bostrom，"Future Progress in Artificial Intelligence: A Survey of Expert Opinion，"（2014），a）*Future of Humanity Institute*，Department of Philosophy &. Oxford Martin School，University of Oxford. b）Anatolia College/ACT，Thessaloniki，http://www. nickbostrom. com/papers/survey.pdf（accessed July 18，2017）.

12. Ray Kurzweil，*The Singularity Is Near: When Humans Transcend Biology*，（The Viking Press，2005）：136. {PLACEHOLDER}

13. Kristina Grifantini，"Robots 'Evolve' the Ability to Deceive，" *MIT Technology Review*，August 18，2009，https://www. technologyreview. com/s/414934/robots-evolve-the-ability-to-deceive（accessed July 18，2017）

14. *Encyclopadia Britannica*，s. v. "Heron of Alexandria，" https://www. britannica. com/biography/Heron-of-Alexandria（accessed July 18，2017）

15. "The Computer-My Life，" Translated by Patricia McKenna and Andrew J. Ross，from: *Der Computer，mein Lebenswerk*（1984），Berlin/Heidelberg: Springer-Verlag

16. Dartmouth conference：

    a. Pamela McCorduck，*Machines Who Think*（2nd ed.），（Natick，MA，A. K. Peters，Ltd.，2004）：111 - 136

    b. Daniel Crevier，*AI: The Tumultuous Search for Artificial Intelligence*，（New York，NY: BasicBooks，1993）：47 - 49

17. Hegemony of the Dartmouth conference attendees：

    a. Stuart J. Russell，Peter Norvig，*Artificial Intelligence: A Modern Approach*（2nd ed.），（Upper Saddle River，New Jersey，Prentice Hall，2003）：17

    b. Pamela McCorduck，*Machines Who Think*（2nd ed.）：129 - 130

18. Ante Brkić，"What happened with strong artificial intelligence?，" *Five*，August 10，2011，http://five. agency/what-happened-with-strong-artificial-intelligence

19. Pamela McCorduck，*Machines Who Think*（2nd ed.）：480 - 483

20. "President's Report Issue For The Year Ending July 1，1963，" *Massachusetts Institute Of Technology Bulletin*，https://libraries.mit.edu/archives/mithistory/presidents-reports/1963.pdf（accessed July 18，2017）

21. "A history of SCS | SCS25 - Carnegie Mellon University School of Computer Science，" *Carnegie Mellon University School of Computer Science*，https://www. cs. cmu. edu/scs25/history（2014）（accessed July 18，2017）

22. "Artificial Intelligence-Recollections of the Pioneers，" *Computer Conservation Society*，October 2002，http://www.aiai.ed.ac.uk/events/ccs2002（accessed July 16，2017）

23. "The Turing Test，1950，" *The Alan Turing Internet Scrapbook*，" http://www. turing. org. uk/scrapbook/test.html（accessed July 18，2017）

24. Optimism of early AI：

   a. Herbert Simon quoted in Crevier, *AI: The Tumultuous Search for Artificial Intelligence*; p. 109.

   b. Marvin Minsky quoted in Crevier, *AI: The Tumultuous Search for Artificial Intelligence*; p. 109.

25. First AI Winter, Mansfield Amendment, Lighthill report

   a. Crevier, *AI: The Tumultuous Search for Artificial Intelligence.* pp. 115 – 117

   b. Russell &. Norvig *Artificial Intelligence: A Modern Approach* (2nd ed.); p. 22

26. Crevier, *AI: The Tumultuous Search for Artificial Intelligence*; pp. 209 – 210

27. "Bust: the second AI winter 1987 – 1993," *Vive Les Robots!*, http://www.vivelesrobots-education.dk/english/artificial-intelligence/bust-the-second-ai-winter-1987-1993 (accessed July 18, 2017)

28. Frederic Friedel, *The Man vs. The Machine*, *Chess News*, October 26, 2014, http://en.chessbase.com/post/the-man-vs-the-machine-documentary

29. John Markoff, "On 'Jeopardy!' Watson Win Is All but Trivial," *NYTimes.com*, February 16, 2011, http://www.nytimes.com/2011/02/17/science/17jeopardy-watson.html? pagewanted = all (accessed July 18, 2017)

30. "Automatic Sewing of Garments Using Micro-Manipulation," *GovTribe*, 2012, https://govtribe.com/project/automatic-sewing-of-garments-using-micro-manipulation (accessed July 18, 2017)

31. Andrew Soergel, "Robots Could Cut Labor Costs 16 Percent by 2025," *US News*, February 10, 2015, https://www. usnews. com/news/articles/2015/02/10/robots-could-cut-international-labor-costs-16-percent-by-2025-consulting-group-says (accessed July 18, 2017)

32. "US Army general says robots could replace one-fourth of combat soldiers by 2030," *CBS News*, January 23, 2014, http://www. cbsnews. com/news/robotic-soldiers-by-2030-us-army-general-says-robots-may-replace-combat-soldiers (accessed July 18, 2017)

33. Reuters And Mark Prigg, "Will robots take YOUR job? Study says machines will do 25% of US jobs that can be automated by 2025," *Dailymail.Com*, February 9, 2015, http://www.dailymail.co.uk/sciencetech/article-2946704/Cheaper-robots-replace-factory-workers-study.html (accessed July 18, 2017)

34. "AI set to exceed human brain power," *CNN. com*, July 26, 2006, http://www.cnn.com/2006/TECH/science/07/24/ai.bostrom (accessed July 18, 2017)

35. "Glossary," *Stottler Henke*, https://www.stottlerhenke.com/artificial-intelligence/glossary (accessed July 18, 2017)

36. Gordon E.Moore, "Cramming more components onto integrated circuits," *Electronics*, April 4, 1965, https://drive.google.com/file/d/0By83v5TWkGjvQkpBcXJKT1I1TTA/view (accessed July 18, 2017)

37. Michael Kanellos, "Moore's Law to roll on for another decade," *CNET*, February 11, 2003, https://www.cnet.com/news/moores-law-to-roll-on-for-another-decade (accessed July 18, 2017)

38. Ray Kurzweil, "The Law of Accelerating Returns," *Kurzweil Artificial Intelligence*, March 7, 2001, http://www.kurzweilai.net/the-law-of-accelerating-returns (accessed July 18, 2017)

第二章

39. American journalist Faye Flam, "A new robot makes a leap in brainpower," *Philadelphia Inquirer* (January 15, 2004)

40. Charles Q. Choi, "10 Animals That Use Tools," *LiveScience*, December 14, 2009, https://www. livescience.com/9761-10-animals-tools.html (accessed July 18, 2017)

41. Marvin Minsky, "The Age of Intelligent Machines: Thoughts About Artificial Intelligence," https:// web.archive.org/web/200906280 81048/http://www. kurzweilai. net/articles/art0100. html?printable＝ 1 (accessed July 18, 2017)

42. Daniel Faggella, "Artificial Intelligence Industry-An Overview by Segment," *techemergence*, July 25, 2016, https://www. techemergence. com/artificial-intelligence-industry-an-overview-by-segment (accessed July 18, 2017)

43. "Global health workforce shortage to reach 12. 9 million in coming decades," *World Health Organization*, November 11, 2013, http://www. who. int/mediacentre/news/releases/2013/health-workforce-shortage/en (accessed July 18, 2017)

44. A mobile AI health assistant application available as a download online, https://www. your. md (accessed July 18, 2017)

45. A mobile AI health assistant application available as a download online, https://ada.com (accessed July 18, 2017)

46. A mobile AI health assistant application available as a download online, https://www. babylonhealth. com (accessed July 18, 2017)

47. Information regarding this AI medical algorithm is online, https://www. nature. com/articles/ nature21056. epdf(accessed July 18, 2017)

48. Information regarding this AI medical algorithm is online, https://www.theguardian.com/technology/ 2016/jul/05/google-deepmind-nhs-machine-learning-blindness (accessed July 18, 2017)

49. Information regarding this AI medical algorithm is online, http://morpheo. com (accessed July 18, 2017)

50. Sy Mukherjee, "IBM's Supercomputer Is Bringing AI-Fueled Cancer Care to Everyday Americans," *Fortune*, February 1, 2017, http://fortune. com/2017/02/01/ibm-watson-cancer-florida-hospital (accessed July 18, 2017)

51. Information regarding this AI dynamic care algorithm is online, https://aicure.com (accessed July 18, 2017)

52. Michael Cross, "Top 5 sectors using artificial intelligence," *Raconteur*, December 15, 2015, https:// www.raconteur.net/technology/top-5-sectors-using-artificial-intelligence (accessed July 18, 2017)

53. Thomas Baumgartner, Homayoun Hatami, and Maria Valdivieso, "Why Salespeople Need to Develop 'Machine Intelligence'," *Harvard Business Review*, June 10, 2016, https://hbr. org/2016/06/why-salespeople-need-to-develop-machine-intelligence (accessed July 18, 2017)

54. Information regarding the Drift chat bot is on their website, https://www.drift.com/live-chat(accessed July 18, 2017)

55. Rachel Serpa, "3 Ways Artificial Intelligence Is Transforming Sales," *Business 2 Community*, May 26, 2017, http://www. business2 community. com/sales-management/3-ways-artificial-intelligence-transforming-sales-01848923 # ymduMxibHivqFKpG.97(accessed July 18, 2017)

56. Ibid.

57. *American Marketing Association* （October 2007）, https：//www. ama. org/AboutAMA/Pages/ Definition-of-Marketing.aspx（accessed July 18，2017）

58. Barry Levine，"The guy who made this insane，2,000-company marketing landscape chart is sorry," *VB*，June 1，2015，https：//venturebeat. com/2015/06/01/the-guy-who-made-this-insane-2000-company-marketing-landscape-chart-is-sorry（accessed July 18，2017）

59. Joao-Pierre Ruth，"6 Examples of AI in Business Intelligence Applications," *techemergence*，May 8，2017，https：//www. techemergence. com/ai-in-business-intelligence-applications，（accessed July 18，2017）

60. Ibid.

61. "Smart technologies are delivering benefits to the enterprise-is your business one of them?," *Avanade*，https：//www. avanade. com/～/media/asset/point-of-view/smart-technologies-delivering-benefits-pov. pdf（accessed July 18，2017）

62. Courtney L. Vien，"Half of Americans expect to lose money to identity theft," *Journal of Accountancy*（April 21，2016），http：//www. journalofaccountancy. com/news/2016/apr/identity-theft-victims-2016 14283.html（accessed July 18，2017）

63. "Identity Fraud Hits Record High with 15. 4 Million US Victims in 2016，Up 16 Percent According to New Javelin Strategy & Research Study," *Javelin*，February 1，2017，https：//www. javelinstrategy. com/press-release/identity-fraud-hits-record-high-154-million-us-victims-2016-16-percent-according-new（accessed July 18，2017）

64. "US Cyber Command（USCYBERCOM）," *US Strategic Command*，http：//www. stratcom. mil/ Media/Factsheets/Factsheet-View/Article/960492/us-cyber-command-uscybercom

65. Ibid.

66. Kumba Sennaar，"AI in Banking-An Analysis of America's 7 Top Banks," *techemergence*，June 13，2017，https：//www. techemergence.com/ai-in-banking-analysis（accessed July 18，2017）

67. Steve Culp，"Artificial Intelligence Is Becoming A Major Disruptive Force In Banks' Finance Departments," *Forbes*，February 15，2017，https：//www. forbes. com/sites/steveculp/2017/02/15/ artificial-intelligence-is-becoming-a-major-disruptive-force-in-banks-finance-departments/ # 6a2f57da4f62（accessed July 18，2017）

68. Ibid.

69. "Gartner Says the Internet of Things Installed Base Will Grow to 26 Billion Units By 2020," *Gartner*，December 12，2013，http：//www.gartner.com/newsroom/id/2636073（accessed July 18，2017）

70. "Internet of Things Global Standards Initiative," *ITU*，http：//www.itu.int/en/ITU-T/gsi/iot/Pages/ default.aspx（accessed July 18，2017）

71. Jatinder Singh，et al，"Twenty Cloud Security Considerations for Supporting the Internet of Things," *IEEE Internet of Things Journal*. 3（3）：1. doi：10.1109/JIOT.2015.2460333（2015）（accessed July 18，2017）

72. "Wearable Device," *Techopedia*，https：//www. techopedia. com/definition/31206/wearable-device

(accessed July 18，2017)

73. "Apple Watch Series 2," *Apple*, https://www. apple. com/apple-watch-series-2 (accessed July 18，2017)

74. "The Complete Guide to Hearable Technology in 2017," *Everyday Hearing*, https://www. everydayhearing.com/hearing-technology/articles/hearables(accessed July 18，2017)

75. Lauren Moon，"How Artificial Intelligence Is Democratizing The Personal Assistant，Across The Board," *Trello*，January 31，2017，https://blog. trello. com/artificial-intelligence-democratizing-personal-assistant (accessed July 18，2017)

76. John Mather，"iMania," https://web. archive. org/web/2007 0303032701/http://www. rrj. ca/online/ 658/，Archived from the original on March 3，2007，(accessed July 18，2017)

77. Steve Jobs，"Macworld San Francisco 2007 Keynote Address," *Apple，Inc.*，January 19，2007，http://www. european-rhetoric. com/analyses/ikeynote-analysis-iphone/transcript-2007 (accessed July 18，2017)

78. Melanie Turek，"Employees Say Smartphones Boost Productivity by 34 Percent: Frost &- Sullivan Research," Samsung Insights，August 3，2016，https://insights. samsung. com/2016/08/03/ employees-say-smartphones-boost-productivity-by-34-percent-frost-sullivan-research/ (accessed April 7，2018).

79. "Gartner Customer 360 Summit 2011," *Gartner Inc.*，March 30-April 1，2011，https://www.gartner. com/imagesrv/summits/docs/na/customer-360/C360_2011_brochure_FINAL. pdf (accessed July 21，2017)

80. Srini Janarthanam，"How to build an intelligent chatbot?," *Chatbots Magazine*，October 20，2016，https://chatbotsmagazine.com/3-dimensions-of-an-intelligent-chatbot-d427933676f9 (accessed July 21，2017)

81. "Do your best work with Watson," *IBM*，https://www.ibm.com/watson (accessed July 21，2017)

82. "National Inventor's Hall of Fame 2011 Inductee," http://www.invent.org/honor/inductees/inductee-detail/?IID=426 (accessed July 22，2017)

83. Joseph Psotka，Sharon A. Mutter，*Intelligent Tutoring Systems: Lessons Learned*，(Lawrence Erlbaum Associates，1988)

84. Ma Wenting，et al，"Intelligent Tutoring Systems and Learning Outcomes: A Meta-Analysis," *Journal of Educational Psychology* © 2014 *American Psychological Association*，2014，Vol.106，No. 4，901‐918，http://www.apa.org/pubs/journals/features/edu-a0037123.pdf (accessed July 22，2017)

85. Ben Dickson，"How Artificial Intelligence enhances education," *TNW*，April 2017，https:// thenextweb. com/artificial-intelligence/2017/03/13/how-artificial-intelligence-enhances-education/#. tnw_Kp31Snk5 (accessed July 23，2017)

86. "Always on Guard: All You Need to Know About Russia's Missile Defense," *Sputnik International*，March 3，2017，https://sputniknews. com/military/201703301052125532-russia-missile-defense (accessed July 23，2017)

87. Ibid.

第三章

88. "CIA World Factbook," *CIA*，2016，https：//www. cia. gov/library/publications/the-world-factbook（accessed July 24，2017）

89. Secretary of Defense Chuck Hagel，"Reagan National Defense Forum Keynote," November 15，2014，*Ronald Reagan Presidential Library*，https：//www. defense. gov/News/Speeches/Speech-View/Article/606635（accessed July 25，2017）

90. Robert Tomes，"Why The Cold War Offset Strategy Was All About Deterrence And Stealth," *War On The Rocks*，January 14，2015，https：//warontherocks.com/2015/01/why-the-cold-war-offset-strategy-was-all-about-deterrence-and-stealth（accessed July 25，2017）

91. Robert Tomes，"The Cold War Offset Strategy：Assault Breaker And The Beginning Of The Rsta Revolution," *War On The Rocks*，November 20，2014，https：//warontherocks.com/2014/11/the-cold-war-offset-strategy-assault-breaker-and-the-beginning-of-the-rsta-revolution（accessed July 25，2017）

92. Sydney J.Freedberg Jr.，"Hagel Lists Key Technologies For US Military；Launches 'Offset Strategy'," *Breaking Defense*，November 16，2014，http：//breakingdefense. com/2014/11/hagel-launches-offset-strategy-lists-key-technologies（accessed July 25，2017）

93. Cheryl Pellerin，"Deputy Secretary：Third Offset Strategy Bolsters America's Military Deterrence," *US Department of Defense*，October 31，2016，https：//www. defense. gov/News/Article/Article/991434/deputy-secretary-third-offset-strategy-bolsters-americas-military-deterrence（accessed July 25，2017）

94. Ibid.

95. Ibid.

96. Ibid.

97. Mark Melton，"Innovate or Perish：Challenges to the Third Offset Strategy," *Providence*，October 31，2016，https：//providencemag. com/2016/10/innovate-perish-challenges-third-offset-strategy（accessed July 25，2017）

98. US Department of Defense，"Directive 3000. 09，Autonomy in weapon systems," *Department of Defense Directive*（PDF），November 21，2012，p. 2，http：//www. esd. whs. mil/Portals/54/Documents/DD/issuances/dodd/300009p.pdf（accessed July 26，2017）

99. David Talbot，"The Ascent of the Robotic Attack Jet," *MIT Technology Review*，March 1，2005，https：//www. technologyreview. com/s/403762/the-ascent-of-the-robotic-attack-jet（Accessed July 26，2017）

100. Louis A. Del Monte，*Nanoweapons: A Growing Threat To Humanity*，（Potomac Books，2017）：159－163

101. *US Department of Defense*，"Directive 3000. 09，Autonomy in weapon systems," *Department of Defense Directive*（PDF），November 21，2012，p.2，http：//www. esd. whs. mil/Portals/54/Documents/DD/issuances/dodd/300009p.pdf（accessed July 26，2017）

102. United States Navy Fact File，"Aegis Weapon System," *Department of the Navy*，January 26，2017，http：//www.navy.mil/navydata/fact_display. asp? cid＝2100&-tid＝200&-ct＝2（accessed July 27，

2017)

103. United States Navy Fact File, "Cooperative Engagement Capability," *Department of the Navy*, January 25, 2017, http://www.navy.mil/navydata/fact_display.asp?cid=2100&tid=325&ct=2 (accessed July 26, 2017)

104. "U.S. Navy Modifies Cooperative Engagement Capability Contract," *Signal*, October 6, 2016, https://www.afcea.org/content/Blog-us-navy-modifies-cooperative-engagement-capability-contract (accessed July 27, 2017)

105. "Aegis Combat System," *Lockheed Martin*, http://www.lockheedmartin.com/us/products/Aegis/global-Aegis-fleet.html(accessed July 27, 2017)

106. W. J. Hennigan, "New drone has no pilot anywhere, so who's accountable?," *Los Angeles Times*, January 26, 2012, http://articles.latimes.com/2012/jan/26/business/la-fi-auto-drone-20120126 (accessed July 27, 2017)

107. Kelsey D. Atherton, "Watch This Autonomous Drone Eat Fuel In The Sky," *Popular Science*, April 17, 2015, http://www.popsci.com/look-autonomous-drone-eat-fuel-sky (accessed July 27, 2017)

108. Daniel Cooper, "The Navy's unmanned drone project gets pushed back a year," *Engadget*, February 5, 2015, https://www.engadget.com/2015/02/05/drone-project-pushed-back-to-2016 (accessed July 27, 2017)

109. W. J. Hennigan, "New drone has no pilot anywhere, so who's accountable?," *Los Angeles Times*, January 26, 2012, http://articles.latimes.com/2012/jan/26/business/la-fi-auto-drone-20120126 (accessed July 27, 2017)

110. Kelsey D. Atherton, "Watch This Autonomous Drone Eat Fuel In The Sky," *Popular Science*, April 17, 2015, http://www.popsci.com/look-autonomous-drone-eat-fuel-sky (accessed July 27, 2017)

111. *U.S. Strategic Command*, "U.S. Cyber Command (USCYBERCOM)," September 30, 2016, http://www.stratcom.mil/Media/Factsheets/Factsheet-View/Article/960492/us-cyber-command-uscybercom(accessed July 29, 2017)

112. Ibid.

113. Donna Miles, "Senate Confirms Alexander to Lead Cyber Command," *American Forces Press Service*, May 11, 2010, http://archive.defense.gov/news/newsarticle.aspx?id=59103 (accessed July 29, 2017); "Gates establishes U.S. Cyber Command, names first commander," *The Official Website of the U.S. Air Force*, May 21, 2010, http://www.af.mil/news/story.asp#selection-436.4-671.1.

114. *U.S. Strategic Command*, "U.S. Cyber Command (USCYBERCOM)," September 30, 2016, http://www.stratcom.mil/Media/Factsheets/Factsheet-View/Article/960492/us-cyber-command-uscybercom (accessed July 29, 2017)

115. *One Hundred Fourteenth Congress of the United States of America*, "National Defense Authorization Act for Fiscal Year 2017," January 4, 2016, https://www.congress.gov/114/bills/s2943/BILLS-114s2943enr.pdf (accessed July 29, 2017)

116. Lolita C. Baldor, "U.S. to create the independent U.S. Cyber Command, split off from NSA," *PBS*, July 17, 2017, http://www.pbs.org/newshour/rundown/u-s-create-independent-u-s-cyber-command-

split-off-nsa/(accessed July 29, 2017)

117. Ibid.

118. Ibid.

119. Katie Bo Williams and Cory Bennett, "Why a power grid attack is a nightmare scenario," *The Hill*, May 30, 2016, http://thehill.com/policy/cybersecurity/281494-why-a-power-grid-attack-is-a-nightmare-scenario (accessed July 29, 2017)

120. Ibid.

121. "U.S. Army Cyber Command," *www.arcyber.army.mil* (website), http://www.arcyber.army.mil/Pages/ArcyberHome.aspx (accessed July 29, 2017)

122. Patrick Tucker, "For the US Army, 'Cyber War' Is Quickly Becoming Just 'War'," *Defense One*, February 9, 2017, http://www.defenseone.com/technology/2017/02/us-army-cyber-war-quickly-becoming-just-war/135314 (accessed July 29, 2017)

123. Sydney J. Freedberg Jr., "US Army Races To Build New Cyber Corps," *Breaking Defense*, November 08, 2016, http://breakingdefense.com/2016/11/us-army-races-to-build-new-cyber-corps (accessed July 29, 2017)

124. Ibid.

125. David E. Sanger, "U.S. Cyberattacks Target ISIS in a New Line of Combat," *The New York Times*, April 24, 2016, https://www.nytimes.com/2016/04/25/us/politics/us-directs-cyberweapons-at-isis-for-first-time.html?_r=1&mtrref=www.defenseone.com (accessed July 29, 2017)

126. Sydney J.Freedberg Jr., "US Army Races To Build New Cyber Corps," *Breaking Defense*, November 08, 2016, http://breakingdefense.com/2016/11/us-army-races-to-build-new-cyber-corps (accessed July 29, 2017)

127. Patrick Tucker, "Forget Radio Silence. Tomorrow's Soldiers Will Move Under Cover of Electronic Noise," *Defense One*, July 25, 2017, http://www.defenseone.com/technology/2017/07/forget-radio-silence-tomorrows-soldiers-will-move-under-cover-electronic-noise/139727/?oref = d-dontmiss (accessed July 29, 2017)

128. Danny Vinik, "America's secret arsenal," *The Agenda*, December 9, 2015, http://www.politico.com/agenda/story/2015/12/defense-department-cyber-offense-strategy-000331 (accessed July 30, 2017)

129. Ibid.

130. Louis A. Del Monte, *Nanoweapons: A Growing Threat To Humanity*, (Potomac Books, 2017): 220

131. National Nanotechnology Initiative, "What is nanotechnology," *Nano.gov*, https://www.nano.gov/nanotech-101/what/definition (accessed July 31, 2017)

132. "Product Brief: 7th Gen Intel ® Core™ vPro™ Processors," *Intel*, https://www.intel.com/content/www/us/en/processors/vpro/core-vpro-processor-family-brief.html (accessed July 31, 2017)

133. Louis A. Del Monte, *Nanoweapons: A Growing Threat To Humanity*, (Potomac Books, 2017): 60

134. Louis A. Del Monte, *Nanoweapons: A Growing Threat To Humanity*, (Potomac Books, 2017): 30

135. The US Army, "Robotics and Autonomous Systems (RAS) Strategy," *U.S. Army Training and*

Doctrine Command，March 2017，http：//www. arcic. army. mil/App_Documents/RAS_Strategy. pdf （accessed July 30，2017）

136. Daniel Wasserbly，"US Army's autonomous systems strategy eyes unmanned combat vehicles sooner," *Janes 360*，March 9，2017，http：//www. janes. com/article/68599/us-army-s-autonomous-systems-strategy-eyes-unmanned-combat-vehicles-sooner（accessed July 30，2017）

137. Amber Corrin，"Next steps in situational awareness," *FCW*，March 6，2012，https：//fcw. com/Articles/2012/03/15/FEATURE-Inside-DOD-situational-awareness. aspx（accessed July 30，2017）

138. Ibid.

139. Ibid.

140. Ibid.

141. "Tow Weapon System," *Raytheon Company*，http：//www. raytheon. com/capabilities/products/tow_family（accessed July 28，2017）

142. Sondra Escutia，"4 remotely piloted vehicle squadrons stand up at Holloman," *The Official Site of the U. S. Air Force*，October 29，2009，https：//archive. is/20120729155412/http：//www. af. mil/news/story. asp♯selection-703.0 – 703.57 （accessed July 31，2009）

143. Dario Florean and Robert J. Wood，"Science, technology and the future of small autonomous drones," *Nature* 521，460 – 466，published online May 27，2015，http：//www. nature. com/nature/journal/v521/n7553/full/nature14542. html?foxtrotcallback＝true （accessed July 31，2017）

144. Hanna Kozlowska，"The Air Force Needs a Lot More Drone Pilots," *Defense One*，January 6，2015，http：//www. defenseone. com/technology/2015/01/air-force-needs-lot-more-drone-pilots/102306/?oref＝search_Pentagon%20Drone%20pilots （accessed July 31，2017）

145. Patrick Tucker，"The US Military Is Building Gangs of Autonomous Flying War Bots," *Defense One*，January 23，2015，http：//www. defenseone. com/technology/2015/01/us-military-building-gangs-autonomous-flying-war-bots/103614（accessed July 31，2017）

146. Andrew Tarantola，"The Air Force's Stealth Cruise Missile Just Got Even More Stealthy," *Gizmodo*，December 18，2014，http：//gizmodo. com/the-air-forces-stealth-cruise-missile-just-got-even-mor-1672614993 （accessed July 31，2017）

147. Adele Burney，"Does the Coast Guard Carry Weapons?," *Chron*，http：//work. chron. com/coast-guard-carry-weapons-25638. html （accessed July 31，2017）

148. Ibid.

149. Brett Rouzer，"United States Coast Guard Cyber Command," *Homeland Security*，http：//onlinepubs. trb. org/onlinepubs/conferences/2012/HSCAMSC/Presentations/6B-Rouzer. pdf （accessed July 31，2017）

150. *The Official Site of the United States Marine Corps*，http：//www. marines. mil （accessed August 1，2017）

151. David Emery，"Robots with Guns: The Rise of Autonomous Weapons Systems," *Snopes*，April 25，2017，http：//www. snopes. com/2017/04/21/robots-with-guns （accessed August 1，2017）

152. *US Marine Corps* Concepts & Programs，"U.S. Marine Corps Forces Command （MARFORCOM），"

April 18，2016，https://marinecorpsconceptsandprograms. com/organizations/operating-forces/us-marine-corps-forces-command-marforcom（accessed August 1，2017）

153. Nikolai Litovkin，"Russia successfully tests new missile for defense system near Moscow," *Russia Beyond The Headlines*，June 23，2016，https://www. rbth. com/defence/2016/06/23/russia-successfully-tests-new-missile-for-defense-system-near-moscow_605711（accessed August，2，2017）

154. Ibid.

155. Nikolai Litovkin，"Russia successfully tests new missile for defense system near Moscow," *Russia Beyond The Headlines*，June 23，2016，https://www. rbth. com/defence/2016/06/23/russia-successfully-tests-new-missile-for-defense-system-near-moscow_605711（accessed August，2，2017）

156. David Willman，"U.S. missile defense system is 'simply unable to protect the public,' report says," *Los Angeles Times*，July 14，2016，http://www. latimes. com/projects/la-na-missile-defense-failings（accessed August 2，2017）

157. "Kalashnikov gunmaker develops combat module based on artificial intelligence," *TASS*，July 5，2016，http://tass.com/defense/954894（accessed August 3，2017）

158. Ibid.

159. "Russian Military to Deploy Security Bots at Missile Bases," *Sputnik*，March 13，2014，https://sputniknews. com/russia/2014031318 8363867-Russian-Military-to-Deploy-Security-Bots-at-Missile-Bases（accessed August 3，2017）

160. Tristan Greene，"Russia is developing AI missiles to dominate the new arms race," *TNW*，July 27，2017，https://thenextweb. com/artificial-intelligence/2017/07/27/russia-is-developing-ai-missiles-to-dominate-the-new-arms-race/♯.tnw_NFwQAzWf（accessed August 3，2017）

161. Dmitry Litovkin and Nikolai Litovkin，"Russia's digital doomsday weapons: Robots prepare for war," *Russia Beyond The Headlines*，May 31，2017，https://www.rbth.com/defence/2017/05/31/russias-digital-weapons-robots-and-artificial-intelligence-prepare-for-wa_773677（accessed August，3，2017）

162. Rob Knake，"Russian Hackers Were Only Getting Started in the 2016 Election," *Fortune*，January 15，2017，http://fortune. com/2017/01/15/russian-hackers-2016-election-cyber-war（accessed August 3，2017）

163. *Emerging Risk Report—2015*，"Business Blackout: The insurance implications of a cyber attack on the US power grid," *Lloyd's of London*，https://www. lloyds. com/news-and-risk-insight/risk-reports/library/society-and-security/business-blackout（accessed April 13，2018）

164. Michael Connell and Sarah Vogler，"Russia's Approach to Cyber Warfare," Center for Naval Analysis，September 2016，www. dtic. mil/get-tr-doc/pdf? AD＝AD1019062（accessed April 13，2018）

第四章

165. Frank Hoffman，"The Contemporary Spectrum of Conflict," 2016 *Index of U.S. Military Strength*，http://index.heritage.org/military/2016/essays/contemporary-spectrum-of-conflict（accessed August 6，2017）

166. *Campaign to Stop Killer Robots*，https://www. stopkillerrobots. org/about-us（accessed August 5，

2017)

167. "Autonomous Weapons: An Open Letter From AI & Robotics Researchers," *Future of Life Institute*, July 28, 2015, https://futureoflife. org/open-letter-autonomous-weapons (accessed August 5, 2017)

168. Richard Roth, "UN Security Council imposes new sanctions on North Korea," *CNN*, August 6, 2917, http://www. cnn. com/2017/08/05/asia/north-korea-un-sanctions/index. html (accessed August 6, 2017)

169. Warren Mass, "N. Korea Continues Missile Tests; U. S. Moves 3rd Carrier Strike Force to Western Pacific," *New America*, May 29, 2017, https://www. thenewamerican. com/world-news/asia/item/ 26129-n-korea-continues-missile-tests-u-s-moves-3rd-carrier-strike-force-to-western-pacific (accessed August 6, 2017)

170. Franz-Stefan Gady, "Trump: 2 Nuclear Subs Operating in Korean Waters," *The Diplomat*, May 25, 2017, http://thediplomat. com/2017/05/trump-2-nuclear-subs-operating-in-korean-waters (accessed August 6, 2017)

171. Volodymyr Valkov, "Expansionism: The Core of Russia's Foreign Policy," *New Eastern Europe*, August 12, 2014, http://www. neweasterneurope. eu/interviews/1292-expansionism-the-core-of-rus-%20sia-s-foreign-policy (accessed August 6, 2017)

172. Adrian Bonenberger, "The War No One Notices in Ukraine," *The New York Times*, June 20, 2017, https://www. nytimes. com/2017/06/20/opinion/ukraine-russia. html (accessed August 6, 2017)

173. "The Biological Weapons Convention," *The United Nations Office At Geneva*, https://www. unog. ch/ 80256EE600585943/(httpPages)/04FBBDD6315AC720C1257180004B1B2F? OpenDocument (accessed August 7, 2017)

174. "Convention on the Prohibition of the Development, Production, Stockpiling and Use of Chemical Weapons and on their Destruction," *United Nations Treaty Collection*, September 3, 1992, https:// treaties. un. org/Pages/ViewDetails. aspx?src=TREATY&mtdsg_no=XXVI-3&chapter=26&lang= en (accessed August 7, 2017)

175. "United Nations Treaties and Principles On Outer Space," *United Nations*, http://www. unoosa. org/ pdf/publications/ST_SPACE_061Rev01E. pdf (accessed August 7, 2017)

176. "Additional Protocol to the Convention on Prohibitions or Restrictions on the Use of Certain Conventional Weapons which may be deemed to be Excessively Injurious or to have Indiscriminate Effects (Protocol IV, entitled Protocol on Blinding Laser Weapons)," *United Nations Treaty Collection*, October 13, 1995, https://treaties. un. org/pages/ViewDetails. aspx? src = TREATY&mtdsg_no=XXVI-2-a& chapter=26&lang=en (accessed August 7, 2017)

177. Dan Drollette Jr., "Blinding them with science: Is development of a banned laser weapon continuing?," *Bulletin of the Atomic Scientists*, September 14, 2014, http://thebulletin. org/ blinding-them-science-development-banned-laser-weapon-continuing7598(accessed August 7, 2017)

178. Michael R. Gordon, "U. S. Says Russia Tested Cruise Missile, Violating Treaty," *The New York Times*, July 28, 2014, https://www. nytimes. com/2014/07/29/world/europe/us-says-russia-tested-

cruise-missile-in-violation-of-treaty. html?_r=0（accessed August 5，2017）

179. Ibid.

180. Ibid.

181. Ibid.

182. Michael R. Gordon, "Russia Deploys Missile, Violating Treaty and Challenging Trump," *The New York Times*, February, 14, 2017, https://www. nytimes. com/2017/02/14/world/europe/russia-cruise-missile-arms-control-treaty. html（accessed August 5，2017）

183. "Neurons & Synapses," *The Human Memory*, http://www.human-memory.net/brain_neurons.html（accessed August 8，2017）

184. Ibid.

185. Ibid.

186. Susan Perry, "Glial: the Other Brain Cells," *BrainFacts.org*, September 15, 2010, http://www. brainfacts. org/brain-basics/neuroanatomy/articles/2010/glial-the-other-brain-cells（accessed August 8，2017）

187. Ibid.

188. Ibid.

189. "Neurons & Synapses," *The Human Memory*, http://www.human-memory.net/brain_neurons.html（accessed August 8，2017）

190. Gideon Lewis-Kraus, "The Great A. I. Awakening," *The New York Times*, December 14, 2016, https://www. nytimes. com/2016/12/14/magazine/the-great-ai-awakening. html?_r = 0&mtrref = undefined（accessed August 9，2017）

191. Marc Andreessen, et al, "a16z Podcast: Software Programs the World,"July 10, 2016, https://a16z. com/2016/07/10/software-programs-the-world（accessed August 9，2017）

192. The Editorial Team, "The Exponential Growth of Data," *Inside Big Data*, February 16, 2017, https://insidebigdata.com/2017/02/16/the-exponential-growth-of-data（accessed August 9，2017）

193. *National Inventors Hall of Fame*, "Ray Kurtzweil," http://www. invent. org/honor/inductees/inductee-detail/?IID=180（accessed August 10，2017）

194. *University of Alberta*, "Chris F. Westbury," https://sites. ualberta. ca/~chrisw（accessed August 10，2017）

195. Chris F. Westbury, "On the Processing Speed of the Human Brain," *chrisfwestbury.blogspot*, June 26, 2014, http://chrisfwestbury. blogspot. com/2014/06/on-processing-speed-of-human-brain. html（accessed August 10，2017）

196. Vincent C. Müller and Nick Bostrom, "Future Progress in Artificial Intelligence: A Survey of Expert Opinion," *nickbostrom.com*, 2014, https://nickbostrom. com/papers/survey. pdf（accessed August 10，2017）

197. Vincent C.Müller and Nick Bostrom, "Future Progress in Artificial Intelligence: A Survey of Expert Opinion," *nickbostrom.com*, 2014, https://nickbostrom. com/papers/survey. pdf（accessed August 10，2017）

198. Ibid.

199. Ray Kurzweil, *The Singularity Is Near: When Humans Transcend Biology*, (The Viking Press, 2005): 136

200. US *Department of Defense*, "Directive 3000.09, Autonomy in weapon systems," *Department of Defense Directive* (PDF), November 21, 2012, (PDF), p. 2, http://www.esd.whs.mil/Portals/54/Documents/DD/issuances/dodd/300009p.pdf (accessed August 11, 2017)

201. Matthew Rosenberg and John Markoff, "The Pentagon's 'Terminator Conundrum': Robots That Could Kill on Their Own," *New York Times*, October 25, 2016, https://www.nytimes.com/2016/10/26/us/pentagon-artificial-intelligence-terminator.html?_r=0 (accessed August 11, 2017)

202. Clare Wilson, "Maxed out: How many gs can you pull?," *New Scientist*, April 14, 2010, https://www.newscientist.com/article/mg20627562-200-maxed-out-how-many-gs-can-you-pull (accessed August 11, 2017)

第五章

203. David Smalley, "The Future Is Now: Navy's Autonomous Swarmboats Can Overwhelm Adversaries," *Office of Naval Research*, October 5, 2014, https://www.onr.navy.mil/Media-Center/Press-Releases/2014/autonomous-swarm-boat-unmanned-caracas.aspx(accessed August 13, 2017)

204. CNN Library, "USS Cole Bombing Fast Facts," *CNN*, June 2, 2017, http://www.cnn.com/2013/09/18/world/meast/uss-cole-bombing-fast-facts/index.html (accessed August 13, 2017)

205. Patrick Tucker, "The US Navy's Autonomous Swarm Boats Can Now Decide What to Attack," *Defense One*, December 14, 2016, http://www.defenseone.com/technology/2016/12/navys-autonomous-swarm-boats-can-now-decide-what-attack/133896 (accessed August 13, 2017)

206. Louis A. Del Monte, *Nanoweapons: A Growing Threat To Humanity*, (Potomac Books, 2017): 67

207. Louis A. Del Monte, *Nanoweapons: A Growing Threat To Humanity*, (Potomac Books, 2017): 8-10

208. Louis A.Del Monte, *Nanoweapons: A Growing Threat To Humanity*, (Potomac Books, 2017): 46

209. Louis A. Del Monte, *Nanoweapons: A Growing Threat To Humanity*, (Potomac Books, 2017): 58

210. Louis A.Del Monte, *Nanoweapons: A Growing Threat To Humanity*, (Potomac Books, 2017): 48

211. Ibid.

212. Ibid.

213. Louis A. Del Monte, *Nanoweapons: A Growing Threat To Humanity*, (Potomac Books, 2017): 48

214. Patrick Tucker, "The Military Wants Smarter Insect Spy Drones," *Defense One*, December 23, 2014, http://www.defenseone.com/technology/2014/12/military-wants-smarter-insect-spy-drones/101970 (accessed August 14, 2017)

215. Staff Reporter, "Botulinum Toxin type H-the Deadliest Known Toxin With no Known Antidote Discovered," *Nature World News*, October 15, 2013, http://www.natureworldnews.com/articles/4442/20131015/botulinum-toxin-type-h-deadliest-known-antidote-discovered.htm (accessed August 14, 2017)

216. Louis A. Del Monte, *Nanoweapons: A Growing Threat To Humanity*, (Potomac Books, 2017):

83 - 84

217. Louis A.Del Monte，*Nanoweapons: A Growing Threat To Humanity*，(Potomac Books，2017)：84 - 85

218. Louis A. Del Monte，*Nanoweapons: A Growing Threat To Humanity*，(Potomac Books，2017)：183

219. "Leukemia Research Foundation-funded Researcher Utilizes Nanobots for Groundbreaking Leukemia Treatment," *Leukemia Research Foundation*，January 6，2016，http://www. allbloodcancers. org/index. cfm?fuseaction=news.details&ArticleId=74(accessed August 16，2017)

220. Brian Wangn，"Pfizer partnering with Ido Bachelet on DNA nanorobots," *Next Big Future*，May 15，2015，https://www. nextbigfuture. com/2015/05/pfizer-partnering-with-ido-bachelet-on. html (accessed August 16，2017)

221. Daniel Korn，"DNA nanobots will target cancer cells in the first human trial using a terminally ill patient," *Plaid Zebra*，March 27，2015，http://www. theplaidzebra. com/dna-nanobots-will-target-cancer-cells-in-the-first-human-trial-using-a-terminally-ill-patient (accessed August 16，2017)

222. Louis A. Del Monte，*Nanoweapons: A Growing Threat To Humanity*，(Potomac Books，2017)：vii

223. Eric Drexler，"Molecular manufacturing will use nanomachines to build large products with atomic precision," *E-drexler.com*，http://e-drexler.com/p/04/03/0325molManufDef.html (accessed August 17，2017)

224. Eric Drexler，"There's Plenty of Room at the Bottom' (Richard Feynman, Pasadena, 29 December 1959)," *Metamodern*，December 29，2009，http://metamodern. com/2009/12/29/theres-plenty-of-room-at-the-bottom%E2%80%9D-feynman-1959(accessed August 17，2017)

225. Andrea Thompson，"Nanotech produces plastic as strong as steel," *Innovation on NBCNEWs.com via Live Science*，October 12，2007，http://www. nbcnews. com/id/21268376/ns/technology_and_science-innovation/t/nanotech-produces-plastic-strong-steel/#. WZXxJ1WGPIU (accessed August 17，2017)

226. Louis A. Del Monte，*Nanoweapons: A Growing Threat To Humanity*，(Potomac Books，2017)：17

227. G.I.Yakovlev，et al，"Modification of Cement Matrix Using Carbon Nanotube Dispersions and Nanosilica," *Science Direct*，*Procedia Engineering* 172 (2017) 1261 - 1269，http://www. sciencedirect.com/science/article/pii/S1877705817306549# (accessed August 17，2017)

228. Louis A.Del Monte，*Nanoweapons: A Growing Threat To Humanity*，(Potomac Books，2017)：55 - 56

229. Neil Gershenfeld and Isaac L. Chuang，"Quantum Computing with Molecules," *Scientific American*，June 1998，http://cba.mit.edu/docs/papers/98.06.sciqc.pdf (accessed August 18，2017)

第六章

230. "Artificial Life," *H Plus Pedia*，https://hpluspedia. org/wiki/Artificial_Life (accessed August 21，2017)

231. Thomas Ray，"An approach to the synthesis of life," *Artificial Life II*，*Santa Fe Institute Studies in the Sciences of Complexity*，(Addison-Wesley，1991)：XI：371 - 408. http://life.ou. edu/pubs/alife2/tierra.tex (accessed August 21，2017)

232. Joanne Pransky, "The Essential Interview: Gianmarco Veruggio, Telerobotics and 'Roboethics' Pioneer," *Robotics Business Review*, February 1, 2017, https://www. roboticsbusinessreview. com/ research/essential-interview-gianmarco-veruggio-telerobotics-roboethics-pioneer (accessed August 21, 2017)

233. Kristina Grifantini, "Robots 'Evolve' the Ability to Deceive," *MIT Technology Review*, August 18, 2009, https://www. technologyreview. com/s/414934/robots-evolve-the-ability-to-deceive (accessed August 23, 2017)

234. "Brain Waves Module 3: Neuroscience, conflict and security," *The Royal Society*, February 2012, https://royalsociety. org/~/media/Royal_Society_Content/policy/projects/brain-waves/2012-02-06-BW3.pdf (accessed August 23, 2017)

235. V.P. Clark, et al, "TDCS guided using fMRI significantly accelerates learning to identify concealed objects," *PubMed. com*, November 19, 2010, https://www. ncbi. nlm. nih. gov/pubmed/21094258 (accessed August 23, 2017)

236. "Brain Waves Module 3: Neuroscience, conflict and security," *The Royal Society*, February 2012, https://royalsociety. org/~/media/Royal_Society_Content/policy/projects/brain-waves/2012-02-06-BW3.pdf(accessed August 23, 2017)

237. "Mind-Controlled Prosthetic Arm Moves Individual 'Fingers'," *Johns Hopkins Press* Release, February 15, 2016, http://www. hopkinsmedicine. org/news/media/releases/mind _ controlled _ prosthetic_arm_moves_individual_fingers_(accessed August 24, 2017)

238. Ibid.

239. Rachel Metz, "Mind-Controlled VR Game Really Works," *MIT Technology Review*, August 9, 2017, https://www. technologyreview. com/s/608574/mind-controlled-vr-game-really-works (accessed August 24, 2017)

240. José Delgado and Hannibal Hamlin, "Surface and depth electrography of the frontal lobes in conscious patients," *Electroencephalography and Clinical Neurophysiology*, Volume 8, Issue 3, August 1956, Pages 371 – 384, http://www. sciencedirect. com/science/article/pii/00134694569000 37 (accessed August 24, 2017)

241. Ibid.

242. Max O. Krucoff, et al, "Enhancing Nervous System Recovery through Neurobiologics, Neural Interface Training, and Neurorehabilitation," *Frontiers in Neuroscience*, 10: 584, December 27, 2016, https://www.ncbi.nlm.nih.gov/pmc/articles/PMC5186786 (accessed August 24, 2017)

243. C.Hammond, et al, "Latest view on the mechanism of action of deep brain stimulation," 2008, *Mov Disord*. 23 (15): 2111 – 21.

244. Fiona Macdonald, "A Robot Has Just Passed a Classic Self-Awareness Test For The First Time," *Science Alert*, July 17, 2015, https://www. sciencealert. com/a-robot-has-just-passed-a-classic-self-awareness-test-for-the-first-time (accessed 24, 2017)

第七章

245. *Campaign to Stop Killer Robots* (home page), https://www.stopkillerrobots. org (accessed August 29, 2017)

246. *Campaign to Stop Killer Robots* （The Problem page）, http://www. stopkillerrobots. org/the-problem（accessed August 29, 2017）

247. *Campaign to Stop Killer Robots* （Concern from the *United Nations* page）, https://www. stopkillerrobots.org/2017/07/unitednations（accessed August 29, 2017）

248. Ibid.

249. "Fully Autonomous Weapons," *Reaching Critical Will*, http://www. reachingcriticalwill. org/ resources/fact-sheets/critical-issues/7972-fully-autonomous-weapons（accessed August 28, 2017）

250. US Department of Defense, "Directive 3000. 09, Autonomy in weapon systems," *Department of Defense Directive*（PDF）, November 21, 2012,（PDF）, p. 13 - 14, http://www. esd. whs. mil/ Portals/54/Documents/DD/issuances/dodd/300009p.pdf（accessed July 26, 2017）

251. Seth Thornhi, "Future Autonomous Robotic Systems In The Pacific Theater," *Joint Advanced Warfighting School*, May 6, 2015, http://www. dtic. mil/dtic/tr/fulltext/u2/a624818. pdf（accessed August 29, 2017）

252. The United States Strategic Bombing Survey, Summary Report,（European War）, September 30, 1945, http://www.anesi.com/ussbs02.htm（accessed August 29, 2017）

253. Malcolm W. Browne, "Invention That Shaped the Gulf War: the Laser-Guided Bomb," *New York Times*, February 26, 1991, http://www. nytimes. com/1991/02/26/science/invention-that-shaped-the-gulf-war-the-laser-guided-bomb. html?pagewanted=all&-mcubz=0（accessed August 29, 2017）

254. "Reagan National Defense Forum Keynote As Delivered by Secretary of Defense Chuck Hagel," *Ronald Reagan Presidential Library*, November 15, 2014, https://www. defense. gov/News/ Speeches/Speech-View/Article/606635（accessed August 30, 2017）

255. Steven Groves, "The U. S. Should Oppose the U. N. 's Attempt to Ban Autonomous Weapons," *HeritageFoundation*, March 5, 2015, http://www. heritage. org/defense/report/the-us-should-oppose-the-uns-attempt-ban-autonomous-weapons（accessed August 30, 2017）

256. "Strategic Arms Limitations Talks/Treaty （SALT） I and II," *US Department of State*, *Office of the Historian*, Milestones: 1969 - 1976, https://history. state. gov/milestones/1969-1976/salt （accessed August 31, 2017）

257. "The Treaty Between the United States of America and the Union of Soviet Socialist Republics on the Reduction and Limitation of Strategic Offensive Arms （START）," *US Department of State* （website）, July 31, 1991, October 2001 Edition, Revised: 5/2002, https://www.state.gov/t/avc/ trty/146007.htm（accessed August 31, 2017）

258. "New START," *US Department of State*（website）, February 5, 2011, https://www.state.gov/t/ avc/newstart（accessed August 31, 2017）

259. Steven Groves, "The U. S. Should Oppose the U. N. 's Attempt to Ban Autonomous Weapons," *Heritage Foundation*, March 5, 2015, http://www. heritage. org/defense/report/the-us-should-oppose-the-uns-attempt-ban-autonomous-weapons（accessed August 30, 2017）

260. Ibid.

261. Heather M.Roff, "What Do People Around the World Think About Killer Robots?," *Slate*, February

8，2017，http://www.slate.com/articles/technology/future_tense/2017/02/what_do_people_around_the_world_think_about_killer_robots.html（accessed August 31，2017）

262. Ibid.

263. Ibid.

264. Ibid.

265. John Lewis，"The Case for Regulating Fully Autonomous Weapons，" *The Yale Law Journal* 124：1309 2015，August 8，2015，https://poseidon01.ssrn.com/delivery.php?ID＝4940961200050241150061021211201040920240170860860290490251180310851261190931240800280031231220260510060230910880761191150710650430470740300030240241091100980060650950170510280270721201030930310970891270651070721101160741061071071150050031190870081120228&EXT＝pdf（accessed August 31，2017）

266. Protocol Additional to the Geneva Conventions of 12 August 1949，and relating to the Protection of Victims of International Armed Conflicts（Protocol I）.June 8，1977，art.51(5)(b)

267. John Lewis，"The Case for Regulating Fully Autonomous Weapons，" *The Yale Law Journal* 124：1309 2015，August 8，2015，https://poseidon01.ssrn.com/delivery.php?ID＝49409612000502411500610212112010409202401708608602904902511803108512611909312408002800312312202605100602309108807611911507106504304707403000302402410911009800606509501705102802707212010309303109708912706510707211011607410610710711500500311908700811202228&EXT＝pdf（accessed August 31，2017）

268. J.D.Heyes，"EMP attack on U.S. power grid could kill 90% of Americans，experts testify on Capitol Hill，" *Natural News*，May 19，2014，http://www.naturalnews.com/045197_EMP_attack_power_grid_American_deaths.html（accessed September 1，2017）

269. Ferris Jabr，"Know Your Neurons：What Is the Ratio of Glial to Neurons in the Brain?，" *Scientific American*，June 13，2012，https://blogs.scientificamerican.com/brainwaves/know-your-neurons-what-is-the-ratio-of-glial-to-neurons-in-the-brain（accessed September 2，2017）

第八章

270. Erik Sofge，"Tale of the Teletank：The Brief Rise and Long Fall of Russia's Military Robots，" *Popular Science*，March 7，2014，http://www.popsci.com/blog-network/zero-moment/tale-teletank-brief-rise-and-long-fall-russia%E2%80%99s-military-robots（accessed September 8，2017）

271. Ibid.

272. Dave Majumdar，"Russia's Lethal New Robotic Tanks Are Going Global，" *National Interest*，February 8，2016，http://nationalinterest.org/blog/russias-lethal-new-robotic-tanks-are-going-global-15143（accessed September 8，2017）

273. Ibid.

274. Aric Jenkins，"The USS Gerald Ford Is the Most Advanced Aircraft Carrier in the World，" *Fortune*，Jul 22，2017，http://fortune.com/2017/07/22/uss-gerald-ford-commissioning（accessed September 8，2017）

275. "Nimitz Class Aircraft Carrier，United States of America，" *naval-technology.com*，http://www.

naval-technology.com/projects/nimitz（accessed September 8，2017）

276. "DDG-51 Arleigh Burke-class," *globalsecurity. org*，https：//www. globalsecurity. org/military/ systems/ship/ddg-51.htm（accessed September 8，2017）

277. "Prepared To Defend," http：//www.navy.mil/ah_online/zumwalt（accessed September 8，2017）

278. "What is International Humanitarian Law?," *International Committee of the Red Cross*，https：// www.icrc.org/eng/assets/files/other/what_is_ihl.pdf（accessed September 8，2017）

279. John Naisbitt，*Megatrends: Ten New Directions Transforming Our Lives*，（Warner Books，Inc.； October 27，1982）

280. Erwin Chemerinsky，*Criminal Procedure: Adjudication*，（Aspen Publishers；2 edition，July 29， 2013）：221

281. "Possible Health Effects of Radiation Exposure and Contamination," *Center for Disease Control and Prevention*，https：//emergency.cdc.gov/radiation/healtheffects.asp（accessed September 9，2017）

282. Zoe T.Richards，et al，"Bikini Atoll coral biodiversity resilience five decades after nuclear testing," *Marine Pollution Bulletin*，Volume 56，Issue 3，March 2008，Pages 503 – 515

283. "Nuclear weapons and international humanitarian law," *International Committee Of The Red Cross*， March 3，2013，https：//www. icrc. org/eng/resources/documents/legal-fact-sheet/03-19-nuclear-weapons-ihl-4-4132.htm（accessed September 9，2017）

284. "Why do we age and is there anything we can do about it?," *The Tech*，http：//genetics.thetech.org/ original_news/news10（accessed September 10，2017）

285. Ibid.

286. Anthony Atala，"Growing New Organs," *Ted*，https：//www.ted.com/talks/anthony_atala_growing_ organs_engineering_tissue?language=en（accessed September 10，2017）

287. Ibid.

288. "Nearby super-Earth likely a diamond planet," *Yale News*，October 11，2012，https：//news. yale. edu/2012/10/11/nearby-super-earth-likely-diamond-planet（accessed September 11，2017）

289. "United Nations Treaties and Principles On Outer Space，related General Assembly resolutions and other documents," *United Nations Office For Outer Space Affairs*，ST/SPACE/61/Rev.1，http：// www.unoosa.org/pdf/publications/ST_SPACE_061Rev01E.pdf（accessed September 11，2017）

290. "Militarization of space," *Wikipedia*，https：//en.wikipedia.org/wiki/Militarisation_of_space#Outer_ Space_Treaty（accessed September 11，2017）

291. Ibid.

292. "How do Satellites survive Hot and Cold Orbit Environments?" *Astrome*，July 22，2015，http：// www. astrome. co/blogs/how-do-satellites-survive-hot-and-cold-orbit-environments（accessed September 12，2017）

293. Karl Tate，"Space Radiation Threat to Astronauts Explained," *SPACE. com*，May 30，2013， https：//www. space. com/21353-space-radiation-mars-mission-threat. html（accessed September 12， 2017）

294. "Understanding Space Radiation," *NASA Facts*，October 2002，https：//spaceflight. nasa. gov/

spacenews/factsheets/pdfs/radiation.pdf (accessed September 12，2017)

295. Karl Tate，"Space Radiation Threat to Astronauts Explained," *SPACE. com*，May 30，2013，https://www.space.com/21353-space-radiation-mars-mission-threat.html（accessed September 12，2017）

第九章

296. Vincent C. Müller and Nick Bostrom，"Future Progress in Artificial Intelligence：A Survey of Expert Opinion," *nickbostrom.com*，2014，https://nickbostrom.com/papers/survey.pdf（accessed August 10，2017）

297. K.Eric Drexler，*Engines of Creation: The Coming Era of Nanotechnology*，（Anchor Library of Science，September 16，1987）：53 - 63

298. Inbal Wiesel-Kapah，et al，"Rule-Based Programming of Molecular Robot Swarms for Biomedical Applications," *Proceedings of the Twenty-Fifth International Joint Conference on Artificial Intelligence*，July 2016，https://www.ijcai.org/Proceedings/16/Papers/495.pdf（accessed September 14，2017）

299. "Proceedings of the Twenty-Fifth International Joint Conference on Artificial Intelligence," *International Joint Conferences on Artificial Intelligence Organization*，July 9-15，2016，https://www.ijcai.org/proceedings/2016（Accessed September 14，2017）

300. Inbal Wiesel-Kapah，et al，"Rule-Based Programming of Molecular Robot Swarms for Biomedical Applications," *Proceedings of the Twenty-Fifth International Joint Conference on Artificial Intelligence*，July 2016，https://www.ijcai.org/Proceedings/16/Papers/495.pdf（accessed September 14，2017）

301. Peter Rüegg，"Nanoscale assembly line," *Eidgenössische Technische Hochschule Zürich*，August 26，2014，https://www.ethz.ch/en/news-and-events/eth-news/news/2014/08/Nanoscale-assembly-line.html（Accessed September 14，2017）

302. "IBM Research：Major Nanoscale Breakthroughs," IBM，http://www-03.ibm.com/press/attachments/28488.pdf（Accessed September 14，2017）

303. Larisa Brown，"Now you can be bugged anywhere：Military unveils insect-sized spy drone with dragonfly-like wings," *Daily Mail*，August 11，2016，http://www.dailymail.co.uk/sciencetech/article-3734945/Now-bugged-Military-unveils-insect-sized-spy-drone-dragonfly-like-wings.html（Accessed September 14，2017）

304. Carl Von Clausewitz，*On War*，Edited And Translated By Michael Howard And Peter Paret，Princeton University Press，https://docentes.fd.unl.pt/docentes_docs/ma/FPG_MA_31565.pdf（accessed September 15，2017）

305. Ibid. Page 101

306. Ibid. Page 108

307. Ibid. Page 120

308. Colonel Lonsdale Hale，*The Fog of War*，Google.books，March 24，1896，https://books.google.com/books/about/The_Fog_of_War_by_Colonel_Lonsdale_Hale.html?id＝zvlLMwEACAAJ&redir_esc＝y（accessed September 15，2017）

309. *The Fog of War: Eleven Lessons from the Life of Robert S. McNamara*, *Wikipedia*, 2003 American documentary film, https://en.wikipedia.org/wiki/The_Fog_of_War (accessed September 15, 2017).

310. "Putin describes secret operation to seize Crimea," *Yahoo News*, March 8, 2015, https://www.yahoo.com/news/putin-describes-secret-operation-seize-crimea-212858356.html (accessed September 15, 2017)

311. Stephen A. Cook, "The complexity of theorem-proving procedures," Proceeding STOC '71 Proceedings of the third annual ACM symposium on Theory of computing, Pages 151 – 158, May 03 – 05, 1971, http://dl.acm.org/citation.cfm? coll = GUIDE&dl = GUIDE&id = 805047 (accessed September 17, 2017)

312. Adam Morton, *Emotion and Imagination*, (Polity, July 1, 2013): 3

313. Timothy Williamson, "Reclaiming the Imagination," *The Stone*, August 15, 2010, https://opinionator.blogs.nytimes.com/2010/08/15/reclaiming-the-imagination/?mcubz=0&_r=0 (accessed September 19, 2017)

314. Ibid.

315. John Montgomery, "Emotions, Survival, and Disconnection," *Psychology Today*, September 30, 2012, https://www.psychologytoday.com/blog/the-embodied-mind/201209/emotions-survival-and-disconnection (accessed September 19, 2017)

316. Ibid.

317. National Research Council, *Human Behavior in Military Contexts*, (National Academies Press, February 3, 2008): 55 – 63

318. Karl Smallwood, "The Top 10 Most Inspiring Self-Sacrifices," *ListVerse*, January 15, 2013, http://listverse.com/2013/01/15/the-top-10-most-inspiring-self-sacrifices (accessed September 20, 2017)

319. *King James Bible* (*John* 15: 13), *Bible Hub*, http://biblehub.com/john/15-13.htm

320. Albert Einstein, "To The General Assembly Of The United Nations," October 1947, http://neutrino.aquaphoenix.com/un-esa/ws1997-letter-einstein.html (accessed September 20, 2017)

321. "Mutual Assured Destruction," Nuclearfiles.org, http://www.nuclearfiles.org/menu/key-issues/nuclear-weapons/history/cold-war/strategy/strategy-mutual-assured-destruction.htm (accessed September 21, 2017)

322. Alfred Werner, Liberal Judaism 16, April-May 1949, Einstein Archive 30 – 1104, as sourced in The New Quotable Einstein by Alice Calaprice (2005), p. 173

第十章

323. Sun Tzu, *The Art Of War*, Translated by Lionel Giles, (The Puppet Press, 1910), https://suntzusaid.com/artofwar.pdf (accessed September 22, 2017)

324. The New Oxford Dictionary Of English. Oxford: Clarendon Press. 1998. p. 1341

325. *King James Bible* (*John* 14: 3), *Bible Hub*, http://biblehub.com/kjv/john/14.htm (accessed September 22, 2017)

326. "The Biological Weapons Convention," United Nations Office for Disarmament Affairs, https://www.un.org/disarmament/wmd/bio (accessed September 22, 2017)

327. "Universal Declaration of Human Rights," *United Nations*, http://www. un. org/en/universal-declaration-human-rights/index.html (accessed September 23, 2017)

328. Isaac Asimov, "Runaround," *I*, *Robot*, (Doubleday, 1950): 40

329. "Three Laws of Robotics," *Wikipedia*, https://en. wikipedia. org/wiki/Three_Laws_of_Robotics (accessed September 23, 2017)

330. Ibid.

结语

331. Maureen Dowd, "Elon Musk's Billion-Dollar Crusade To Stop The A. I. Apocalypse," *Vanity Fair*, April 2017, https://www. vanityfair. com/news/2017/03/elon-musk-billion-dollar-crusade-to-stop-ai-space-x (accessed September 24, 2017)

332. Rory Cellan-Jones, "Stephen Hawking warns artificial intelligence could end mankind," *BBC*, *December* 2, 2014, http://www.bbc.com/news/technology-30290540(accessed September 24, 2017)

333. James Barrat, *Our Final Invention: Artificial Intelligence and the End of the Human Era*, (Thomas Dunne Books, October 1, 2013)

334. Nick Bostrom, *Superintelligence: Paths*, *Dangers*, *Strategies*, (Oxford University Press, September 3, 2014)

335. Louis A.Del Monte, *The Artificial Intelligence Revolution: Will Artificial Intelligence Serve Us Or Replace Us?*, (April 17, 2014)

336. "Abraham Lincoln and Failure," Snopes, http://www. snopes. com/glurge/lincoln. asp (accessed September 25, 2017)

337. J.K.Rowling, "The Fringe Benefits of Failure, and the Importance of Imagination," Harvard gazette, June 5, 2008, https://news.harvard.edu/gazette/story/2008/06/text-of-j-k-rowling-speech (accessed September 25, 2017)

338. "Thomas A. Edison quotes," Goodreads, https://www. goodreads. com/author/quotes/3091287. Thomas_A_Edison (accessed September 25, 2017)

翻译对照表

.50 - caliber　12.7 毫米口径勃朗宁重机枪

2010：Odyssey Two　《2010 太空漫游》

Abraham Lincoln　亚伯拉罕·林肯

action at a distance　超距作用

Adam Morton　亚当·莫顿

Aden harbor　亚丁港

advanced manufacturing　先进制造

adversarial threats　对抗性威胁

Aegis Weapon System（AWS）　"宙斯盾"武器
　系统

Aerospace Forces　俄罗斯空天部队

AGM - 158 JASSM　AGM - 158 联合防区外空对
　地导弹

AI effect　人工智能效应

AI winter　人工智能的寒冬

Air Force Space Command（AFSPC）　美国空军太
　空司令部

Airborne Warning and Control System（AWACS）
　空中预警和控制系统

aircraft carrier-based operations　航母舰载作战

aircraft carriers　航空母舰

Alan Turing　艾伦·图灵

Albert Einstein　阿尔伯特·爱因斯坦

Alexa　亚莉克莎（智能助理）

Allen Newell　艾伦·纽厄尔

Alvin Toffler　阿尔文·托夫勒

ambiguous war　模糊战争

American Institute of CPAs　美国注册会计师协会

American Marketing Association　美国市场营销
　协会

American Physical Society　美国物理学会会议

Angelique M. Clark　安吉利克·M.克拉克

Antey　"巨人"级（潜艇）

anti-armor missile　反坦克导弹

Archytas of Tarentum　阿尔库塔斯

Arleigh Burke-class　"阿利·伯克"级

arrested landing　阻拦着陆

artificial intelligence（AI）　人工智能

artificial neural networks（ANN）　人工神经网络

Ataka　"冲锋"（反坦克导弹）

attack submarine　攻击型核潜艇

autonomous weapon　自主武器

Autonomous Weapon System（AWS）　自主武器
　系统

Autopilot　自动驾驶

Avanade　埃维诺（IT 咨询公司）

Awakening　《觉醒》（游戏）

Bar-Ilan University　巴伊兰大学

Battle of the Atlantic　大西洋战役

battle tank　主战坦克

Benjamin Franklin　本杰明·富兰克林

Better Homes and Gardens　《美好住宅与庭院》
　（杂志）

Biological Weapons Convention（BWC）　《禁止生

物武器公约》

blended-wing-body 翼身融合

blinding laser weapon 激光致盲武器

body-tracking 人体追踪

boots on the ground 派地面部队实际接战

botulism H H型肉毒杆菌毒素

Brad Rutter 布拉德·拉特

Brain Waves Module 3：Neuroscience, Conflict and Security 《脑电波3：神经科学、冲突和安全》

Brian Rodan 布莱恩·罗丹

Brimstone "硫黄石"(导弹)

Bureau of Labor Statistics 美国劳工统计局

Business Insider 《商业内幕》

Business Intelligence 商业智能

Campaign to Stop Killer Robots 停止杀手机器人运动

Captain Kirk 柯克船长(电影《星际迷航》角色)

Carl von Clausewitz 卡尔·冯·克劳塞维茨

Carnegie Mellon University 卡内基梅隆大学

carrier air wing 舰载机联队

carrier group 航母战斗群

Cary Caffrey 卡瑞·卡弗里

Center for a New American Security 新美国安全中心

Center for Disease Control and Preventions (CDC) 美国疾病控制与预防中心

Center for Naval Analyses 美国海军分析中心

Central Security Service 美国中央安全局

Centurion III "百夫长"III(虚构的超级计算机)

CenturyLink 世纪互联(电信服务提供商)

Chemical Weapons Convention 《禁止化学武器公约》

Chris F. Westbury 克里斯·F.韦斯特伯里

Christopher Strachey 克里斯托弗·斯特雷奇

Chuck Hagel 查克·哈格尔

Claude Shannon 克劳德·香农

Clear Channel 清晰频道(媒体传播公司)

Close-In Weapon System (CIWS) 近程防御武器系统

CNN 美国有线电视新闻网

collateral damage 附带损害

Colorado Springs 科罗拉多州斯普林斯市

combat brigade 作战旅

combat system 作战系统

combat vehicle 战车

command-and-control (C2) 中心化自动指挥控制

Commander, Marine Corps Forces Cyberspace Command (COMMARFORCYBERCOM) 美国海军陆战队网络司令部指挥官

Commander, U. S. Cyber Command (CDRUSCYBERCOM) 美国网络司令部指挥官

Computer Aided Design (CAD) 计算机辅助设计

Congressional Medal of Honor (美国)荣誉勋章

constellation 卫星星座

Constitution of the United States 《美国宪法》

Content Technologies 内容科技(美国人工智能公司)

Control Architecture for Robotic Agent Command Sensing (CARACaS) 机器人代理指令感知控制架构

control rod (核反应堆的)控制棒

Conversica 康威西卡(科技公司)

Cooperative Engagement Capability (CEC) 协同交战能力

counter-space capabilities 太空对抗能力

cruise missiles 巡航导弹

Customer Relationship Management (CRM) 客户关系管理

Cyber National Mission Force 美国网络国家任务部队

cyber warfare 网络战

cyber-attack 网络攻击

cyborg 赛博格

Daily Mail 《每日邮报》(网站)

Daniel Korn 丹尼尔·科恩

Dartmouth College 达特茅斯大学

Dartmouth Conference　达特茅斯会议

data element　数据元素

data point　数据点集

David House　戴维·豪斯

dazzler　眩目装置

deep data　深度数据

deep learning　深度学习

Defence Innovation Initiative　（美国）《国防创新计划》

Defense Advanced Research Projects Agency（DARPA）　美国国防部高级研究计划局

defensive cyberspace operation（DCO）　防御性网络空间行动

deoxyribonucleic acid（DNA）　脱氧核糖核酸

Department of Defense（DOD）　美国国防部

destroyer　驱逐舰

digital computer　数字计算机

Distributed Common Ground System（DOGS）　分布式通用地面系统

Dmitry Rogozin　德米特里·罗戈津

DOD Issuances Website　美国国防部文件发布网站

Don Eigler　唐·艾格勒

Donald Michie　唐纳德·米基

dual-core　双核

electromagnetic pulse（EMP）　电磁脉冲

Eliezer Yudkowsky　埃利泽·尤德科夫斯基

Elon Musk　埃隆·马斯克

Emancipation Proclamation　《解放黑人奴隶宣言》

Emergency Medical Technician（EMT）　急救员

Emotion and Imagination　《情感与想象力》

Engineering Development Model（EDM）　（"宙斯盾"系统的）工程开发版本

Engines of Creation: The Coming Era of Nanotechnology　《创造的引擎：纳米技术时代将至》

enhanced crowd-sourced tutoring　增强型众包辅导

Enigma codes　恩尼格玛密码

Epson America　爱普生美国（打印机和专业成像公司）

erabyte　太字节

ETH　苏黎世联邦理工学院

exascale supercomputer　百亿亿次级超级计算机

expert system　专家系统

explosive ordnance disposal（EOD）　爆炸物处理

Falcon　"战隼"（战斗机）

Federal Trade Commission　美国联邦贸易委员会

Ferranti Mark 1　"费兰蒂"1号（计算机）

fighter jet　战斗机

fintech　金融科技

floating-point operation per second（FLOPS）　每秒浮点运算次数

Ford-class　"福特"级

Fort George G. Meade　米德堡陆军基地

Frank Whittle　弗兰克·惠特尔

frigate　护卫舰

Frost & Sullivan　弗若斯特沙利文（商业咨询公司）

functional magnetic resonance imaging（fMRI）　功能性磁共振成像

Future Autonomous Robotic Systems in the Pacific Theater　《太平洋战区未来的自主机器人系统》

Future Progress in Artificial Intelligence: A Survey of Expert Opinion　《人工智能未来发展：专家意见调查》

Gartner　加特纳（管理咨询公司）

General Atomics　通用原子公司

Generation of sales leads　销售线索挖掘

genius weapon　天才武器

George Sylvester Viereck　乔治·西尔维斯特·维雷克

Gianmarco Veruggio　詹马尔科·维鲁乔

Global Catastrophic Risk Conference　全球灾难危机会议

Global Positioning Satellites　全球定位卫星

Global Positioning System（GPS）　全球定位系统

Global Standards Initiative on Internet of Things (GSI - IoT) 《物联网全球标准倡议》

Gloss Domestic Production (GDP) 国内生产总值

Google Brain 谷歌大脑(深度学习和人工智能科研团队)

Gordon E. Moore 高登·E.摩尔

Grand Forks Air Force Base 大福克斯空军基地

grandmaster (国际象棋的)特级大师

Granit "花岗岩"(反舰巡航导弹)

Greg Corrado 格雷格·科拉多

ground-based missile 陆基导弹

g-suit 抗荷服

guidance system 制导系统

guided missile destroyers 导弹驱逐舰

guided munitions 制导弹药

guided-missile cruiser 导弹巡洋舰

gun system 火炮系统

Harold Brown 哈罗德·布朗

Harpy "哈比"(导弹)

Harpy - 2 "哈比"2(导弹)

Heinrich Rohrer 海因里希·罗雷尔

Herbert Simon 赫伯特·西蒙

high tech，high touch "高科技，高感触"

High-performance ANalytic Appliance (HANA) 高性能数据处理平台

Holy Grail 圣杯

Honeywell 霍尼韦尔

House Committee on Armed Services 美国众议院军事委员会

Human Rights Watch (HRW) 人权观察组织

humanitarian law 人道主义法

IBM Research Lab IBM研究院

identity theft 身份盗窃

Ido Bachelet 伊多·巴切莱特

improvised explosive devices（IEDs） 简易爆炸装置

infrared seeker 红外导引头

Instruction 指示(美国国防部文件种类)

integrated electronic warfare 综合电子战

intelligence explosion 智能大爆发

intelligence，surveillance and reconnaissance (ISR) 情报、监视和侦察

intelligent personal assistant（IPA） 智能个人助理

Intelligent Personal Device (IPD) 智能个人设备

Intelligent Tutor System (ITS) 智能导师系统

Intermdiate-Range Nuclear Forces (INF) 《中程导弹条约》

International Human Rights Law (IHRL) 国际人权法

International Humanitarian Law (IHL) 国际人道主义法

International Joint Conference on Artificial Intelligence 国际人工智能联合会议

interspecific competition 种间竞争

In-the-loop 全面介入

intrinsic value 内在价值

IPsoft 埃匹索福特(科技公司)

IPSOS 益普索(咨询公司)

iRobot 艾罗伯特(机器人公司)

James Barrat 詹姆斯·巴拉特

James Gunn 詹姆斯·冈恩

Jeopardy! 《危险边缘》(智力问答节目)

Jill Marsal 吉尔·马萨尔

Jimmy Carter 吉米·卡特

John Montgomery 约翰·蒙哥马利

John Naisbitt 约翰·奈斯比特

John Robert Fox 约翰·罗伯特·福克斯

John von Neumann 约翰·冯·诺依曼

Johns Hopkins 约翰斯·霍普金斯(医疗集团)

Joint Air-to-Surface Standoff Missile (JASSM) 联合防区外空对地导弹

Joint and Coalition Forces 联合及多国部队

Joint Strike Fighter 联合攻击战斗机

Jose Delgado 何塞·德尔加多

Joseph Campbell 约瑟夫·坎贝尔

Joseph Engelberge 约瑟夫·恩格尔伯格

Junior Fellow 初级研究员

Kalashnikov Group 卡拉什尼科夫集团

Keith B. Alexander 基思·B.亚历山大

Ken Jennings 肯·詹宁斯

Kim Eric Drexler 金·埃里克·德雷克斯勒

Konrad Zuse 康拉德·楚泽

Laboratory of Intelligent Systems 智能系统实验室

Law of Accelerating Returns 回报加速定律

Law of Unintended Consequence 非预期结果定律

lethal autonomous weapon 致命性自主武器

lethal autonomous weapon system（LAWS） 致命性自主武器系统

Leukemia Research Foundation 美国白血病研究基金会

Library of Congress 美国国会图书馆

Life 《生活》(杂志)

Lights Out 《断电》

line-throwing gun 撇缆枪

Lloyd's of London 伦敦劳合社(保险公司)

Lockheed Martin 洛克希德·马丁

Long Range Strike Bomber（LRSB） 远程打击轰炸机

Long-Range Research and Development Planning Program（LRRDPP） 长期研究和开发计划方案

M&C Saatchi 萨奇兄弟(广告公司)

Mac-world convention 苹果大会

maneuver （舰船、飞机等的)机动动作

Marc Andreessen 马克·安德森

Marie von Brühl 玛丽·冯·布吕尔

Marine Corps 美国海军陆战队

Marine Corps Cyberspace Operations Group（MCCOG） 美国海军陆战队网络行动组

Marine Corps Cyberspace Warfare Group（MCCYWG） 美国海军陆战队网络战大队

Marine Corps Enterprise Network Operations（MCEN Ops） 美国海军陆战队企业网络行动

Marine Corps Forces Cyberspace（MARFORCYBER） 美国海军陆战队网络部队

Marine Corps Information Operations Center（MCIOC） 美国海军陆战队信息作战中心

Marine Forces Cyberspace Command 美国海军陆战队网络司令部

Marsal Lyon Literary Agency 马萨尔-莱昂文学社

Marvin Minsky 马文·闵斯基

Megatrends 《大趋势》

Michael Kearns 迈克尔·卡恩斯

militarized autonomous nanobots（MANS） 军事化自主纳米机器人群

military planner 军事规划人员

MIT Technology Review 《麻省理工科技评论》

MK-50 torpedo MK-50反潜鱼雷

mobile robotic complex 移动机器人复合体

Modular Advanced Armed Robotic System 模块化先进武装机器人系统

molecular manufacturing 分子制造

Mutually Assured Destruction（MAD） 相互保证毁灭原则

nanoweapon on land 派纳米武器实际接战

Nanoweapons：A Growing Threat To Humanity 《纳米武器：对人类的威胁与日俱增》

Nathaniel Rochester 纳撒切尔·罗切斯特

National Health Service（NHS） 英国国家医疗服务体系

National Research Council 美国国家科学研究委员会

National Security Agency（NSA） 美国国家安全局

natural language processing（NLP） 自然语言处理

Naval Surface Warfare Center 美国海军水面作战中心

Netscape 网景公司

Neurable 纽雷伯(游戏科技公司)

Nicholas Kotov 尼古拉斯·科托夫

Nick Bostrom 尼克·博斯特罗姆

Nimitz-class "尼米兹"级

North American Aerospace Defense Command (NORAD) 北美防空司令部

Northrop Grumman 诺思罗普·格鲁曼公司

Novorossiya 新俄罗斯

nuclear confrontation 核对峙

nuclear football 核足球

Nudol "努多利河"(俄罗斯 A-235 反导系统代号)

offensive cyberspace operations (OCO) 进攻性网络空间行动

offering 供给品

Office of Naval Research (ONR) 美国海军研究局

off-the-shelf 商用现成品

Omar N. Bradley 奥马尔·N.布拉德利

Oniks "缟玛瑙"(超音速导弹)

On-the-loop 部分介入

Operation Fortitude 坚忍行动

Out-of-the-loop 无介入

Oval Office 白宫圆形办公室

over-the-horizon 超视距

P versus NP "P 对 NP"问题

Pacific Specialty 太平洋专业保险公司

peer-reviewed 同行评审

petaflop computer 千万亿次级计算机

Pfizer 辉瑞(制药和生物技术公司)

Phalanx Close-In Weapon System (CIWS) "密集阵"近程防御武器系统

Posterscope 博仕达(户外传播代理公司)

Potter Stewart 波特·斯图尔特

power source 动力源

Predator "捕食者"(无人机)

primitive robot 初级机器人

professor emeritus 荣誉教授

project MAC (Mathematics and Computation) 数学和计算计划

proliferation of nuclear weapon 核武器扩散

proof of concept 概念验证

proportionality 比例原则

quantum state 量子态

Quoc Le 李国

radiation-hardened integrated circuit 抗辐射加固集成电路

radioactive fallout 辐射尘埃

Random Access Memory (RAM) 随机存取存储器

RankBrain 排序之脑(人工智能系统)

RapidMiner 迅捷数析(分析工具提供商)

Ray Kurtzweil 雷·库兹韦尔

Reagan National Defense Forum 里根国防论坛

Reaper "收割者"(无人机)

Recon Scout Throwbot 锐光侦察兵抛投机器人

request for quote (RFQ) 询价单

Research Institute for the Behavioral and Social Sciences 行为和社会学研究所

Return on investment (ROI) 投资回报率

Richard Feynman 理查德·费曼

rigid-hull inflatable boat 刚性船体的充气橡皮艇

roadside bomb 路边炸弹

Robert Cone 罗伯特·科恩

Robert Plutchik 罗伯特·普拉特契克

Robert Work 罗伯特·沃克

roboethics 机器人伦理

robotic process automation (RPA) 机器人流程自动化

Robotics and Autonomous Systems (RAS) Strategy. 《机器人及自主系统战略》

rogue state 流氓国家

Rolf Landauer 罗尔夫·兰道尔

Ronald Reagan Presidential Library 罗纳德·里根总统图书馆

Rose Gottemoeller 罗斯·戈特莫勒

rouge state 流氓国家

Russia Beyond The Headlines 《焦点新闻外的俄罗斯》

Saddam Hussein 萨达姆·侯赛因

Samsung Techwin 三星泰科(公司)

security clearance 安全许可

Security Triad 安防铁三角

self-fulfilling prophecy 自证预言

self-parking 自动泊车入位

Semiconductor Electronic Memories Inc. 半导体电子存储器股份有限公司

Senate of the United States 美国参议院

sentry robot 哨兵机器人

Service Component Command 美国勤务组成司令部

Shakey 沙基(移动机器人)

singularity "奇点"

situational awareness 态势感知

smart bomb 聪明炸弹

smart weapons 智能武器

Sofiya Ivanova 索菲亚·伊万诺娃

SoftWear Automation 软装自动化公司

Sommocolonia 索莫科洛尼亚(意大利小镇)

space-based 天基

speaker of the state legislature (美国)州议会议长

Special Forces 美国陆军特种部队

Spirit "幽灵"(隐形轰炸机)

Sputnik 俄罗斯卫星通讯社

SRI International 斯坦福国际咨询研究所

Standoff Capability 防区外发射能力

state legislature (美国)州议会

Stephen Hawking 斯蒂芬·霍金

Steve Wozniak 斯蒂夫·沃兹尼亚克

Stottler Henke 斯托特勒·亨克

Strategic Arms Reduction Treaty(START) 《削减战略武器条约》

Strategic Capabilities Office 美国战略能力办公室

Strategic Computing Initiative 战略性计算计划

Strategic Missile Force (俄罗斯)战略火箭部队

strike aircraft 攻击机

strong AI 强人工智能

strong artificially intelligent human 强人工智能人类

superintelligence 超级智能

superintelligences 超级智能一族

Supreme Court Justices 美国最高法院大法官

surface ship 水面舰艇

surgical strike 外科手术式打击

Swarmboat 鱼群艇

Swiss Federal Institute of Technology in Lausanne 瑞士洛桑联邦理工学院

Symbolics 辛博利克斯公司

Tactical Targeting Program(TTP) 战术瞄准程序

TASS 塔斯社

Ted Koppel 特德·科佩尔

Teledyne 泰莱达(美国工业企业集团)

Teletank 遥控坦克

Terminal High Altitude Area Defense(THAAD) 末段高空区域防御系统("萨德")

Terminator Conundrum "终结者难题"

The Art of War 《孙子兵法》

The Atlantic 《大西洋月刊》

The Center for Strategic and Budgetary Assessments 战略和预算评估中心

the Chairman of the Joint Chiefs 美国参谋长联席会议主席

The Fog of War 战争迷雾

The Fog of War: Eleven Lessons from the Life of Robert S. McNamara 《战争迷雾:罗伯特·麦克纳马拉生命中的十一个教训》(纪录片)

The Heritage Foundation 美国传统基金会

The Hierarchy of Intelligent Decision Making 智能决策层次体系

The Imitation Game 《模仿游戏》

The International Committee Of The Red Cross

红十字国际委员会

the Joint Chiefs of Staff　美国参谋长联席会议

The Law of Decreasing Cost Returns　成本回报比递减定律

The Man vs. The Machine　《人类 vs 机器》(纪录片电影)

the North Atlantic Treaty Organization (NATO)　北大西洋公约组织(北约)

The Pigeon　鸽子(机械小鸟)

The Protocol on Blinding Laser Weapons　《关于激光致盲武器的议定书》

the Royal Society　英国皇家学会

The Tech　《理工报》(麻省理工学院校报)

The Tempest　《暴风雨》

The United States National Nanotechnology Initiative　美国国家纳米技术计划

The United States Strategic Bombing Survey　《美国战略轰炸调查报告》

theater commander　战区司令官

Third Offset Strategy　第三次抵消战略

Thomas A. Edison　托马斯·爱迪生

Thomas S. Ray　托马斯·S.雷

thought experiment　思想实验

Three Laws of Robotics　机器人三定律

Tierra　"地球"(人工生命计算机模拟程序)

Timothy Williamson　蒂莫西·威廉姆森

TOW　陶式(反坦克导弹)

Treaty on Prevention of the Placement of Weapons in Outer Space and of the Threat or Use of Force against Outer Space Objects　《防止在外空放置武器、对外空物体使用或威胁使用武力条约》

Treaty on Principles Governing the Activities of States in the Exploration and Use of Outer Space, including the Moon and Other Celestial Bodies　《关于各国探索和利用包括月球和其他天体在内外层空间活动的原则条约》

U-boat　U 型潜艇

umbrella term　伞式术语

Unimation，Inc.　尤尼梅股份有限公司

United Nations General Assembly　联合国大会

United States Army Cyber Command　美国陆军网络司令部

University of South Florida　南佛罗里达大学

Unmanned Combat Air System (UCAS)　无人空战系统

Unmanned Combat Air Vehicle (UCAV)　无人作战飞行器

unstructured data　非结构化数据

Uran-9　"天王星"9(无人战车)

US Army　美国陆军

US Declaration of Independence　美国《独立宣言》

US Marine Corps (USMC)　美国海军陆战队

US Seventh Fleet　美国海军第七舰队

US Strategic Command　美国战略司令部

USS Arleigh Burke　"阿利·伯克"号(导弹驱逐舰)

USS Cape St. George　"圣乔治角"号(导弹巡洋舰)

USS Carl Vinson　"卡尔·文森"号(航母战斗群)

USS Cheyenne　"夏延"号(攻击型核潜艇)

USS Cole　"科尔"号(导弹驱逐舰)

USS George H.W.Bush　"乔治·布什"号(航空母舰)

USS Gerald R. Ford　"杰拉尔德·R.福特"号(超级航母)

USS Michigan　"密歇根"号(巡航导弹核潜艇)

USS Nimitz　"尼米兹"号(航母战斗群)

USS Norton Sound　"诺顿湾"号(试验舰)

USS Ronald Reagan　"罗纳德·里根"号(航母战斗群)

USS Zumwalt　"朱姆沃特"号(驱逐舰)

Valery Vasilevich Gerasimov　瓦列里·瓦西里耶维奇·格拉西莫夫

Vincent C. Müller　文森特·C.穆勒

Vladimir Putin　弗拉基米尔·普京

Von Kriege　《战争论》

Walgreens　沃尔格林(美国最大的连锁药店)

Warsaw Pact　华沙条约组织

Watson　"沃森"(IBM 的计算机)

Watson for Oncology platform　沃森肿瘤平台（人工智能算法）

weak AI　弱人工智能

WHO　世界卫生组织

Winter War　冬季战争（苏联与芬兰于第二次世界大战期间爆发的战争）

world religions　世界性宗教

Wykeham Professor　威克姆教授（牛津大学的教授职位名称）

Yokosuka　横须贺港